한국기독교
문화유산답사기

# 한국기독교 문화유산답사기

| | |
|---|---|
| 초판 1쇄 | 2022년 2월 25일 |

| | |
|---|---|
| 지은이 | 김헌 |
| 발행인 | 김재홍 |
| 총괄/기획 | 전재진 |
| 마케팅 | 이연실 |
| 디자인 | 현유주 |

| | |
|---|---|
| 발행처 | 도서출판지식공감 |
| 등록번호 | 제2019-000164호 |
| 주소 | 서울특별시 영등포구 경인로82길 3-4 센터플러스 1117호{문래동1가} |
| 전화 | 02-3141-2700 |
| 팩스 | 02-322-3089 |
| 홈페이지 | www.bookdaum.com |
| 이메일 | bookon@daum.net |

| | |
|---|---|
| 가격 | 25,000원 |
| ISBN | 979-11-5622-667-3  03980 |

# 한국기독교 문화유산답사기

사도행전 29장에 나타난 성령의 역사

김 헌

지식공감

## 선조들의 순교의 피와 온 삶을 드린 헌신의 열매

김헌 장로의 "한국기독교 문화유산 답사기" 발간을 진심으로 축하합니다. 저자의 섬세함과 성실함 그리고 뛰어난 탐구력에 더해 선대로부터 계승된 신앙적 헌신이 녹아있어 더욱 의미가 깊습니다.

지난 수년간 저자는 열정적으로 국내의 기독교 문화유산들을 돌아보며 선조들의 신앙의 흔적들을 연구하였습니다. 사진과 함께한 설명들이 마치 직접 여행하는 느낌이 들 정도로 현장감이 탁월합니다. 수고와 열정에 큰 박수를 보냅니다.

그러나 제가 정말 감동하는 것은 자신의 취미와 은사를 넘어 선대로부터 이어진 신앙의 발자취를 담아 자녀세대에게 훌륭한 신앙의 유산을 계승하고 있다는 점입니다.

선조들의 순교의 피와 눈물의 기도와 온 삶을 드린 헌신의 열매들이 담담한 기록 가운데 뜨겁게 숨 쉬고 있습니다. 저는 그 힘의 원동력이 사랑이라고 믿습니다.

저자의 학창 시절의 추억이 숨 쉬는 고신 동산의 아름다운 사랑 이야기를 담은 다음 저서를 기대하며 위대한 신앙 계승의 사랑 이야기를 기쁨과 감사함으로 자랑스럽게 추천합니다.

2022년 1월
전 고신대학교 총장 안 민

# 한국기독교 신앙의 뿌리를 다음 세대에 알리게 되길

우리 한국교회는 선교 100주년을 넘어가면서 괄목한 성장을 이룩하였습니다. 이러한 성장의 배경에는 우리 신앙 선배들이 빛나는 신앙의 유산을 물려주었기 때문입니다.

그러나 많은 성도들과 다음 세대들은 이러한 신앙 유산에 대해 잘 모르고 있는 것이 현실입니다. 국내를 여행할 때 그 지역에 어떤 신앙의 유산이 있는지 잘 모르고, 그저 일반 관광지만 둘러보고 올 때가 많습니다.

이번에 우리 교회 김헌 장로가 발간한 '한국기독교 문화유산답사기'는 이러한 현실에 우리 성도들에게 꼭 필요한 책이라 생각됩니다. 여행할 때마다 내가 가고자 하는 곳에 어떤 기독교 유적이 있는지를 살펴본다면 그 여행이 참으로 뜻깊은 여행이 되리라고 생각합니다.

혹 자녀들과 함께 여행한다면 더더욱 귀한 우리의 신앙 유산을 전수하는 좋은 기회가 되리라고 생각합니다. 아무쪼록 이 책이 우리 성도들에게는 신앙의 뿌리를 찾고, 믿지 않는 사람들에게는 우리나라 근대사에 기여한 교회를 알리는 책이 되리라 믿으며 기쁜 마음으로 이 책을 추천합니다.

주님의 은혜와 평강이 함께 하시길 빕니다.

2022년 1월
진해중부교회 황봉린 목사

## 머리말

목사인 부친을 따라 초등학교를 4군데 옮겨 다녔다. 이사 가기 며칠 전부터 그곳의 교회와 마을에 대한 궁금증으로 이삿날을 손꼽아 기다리게 되었고, 새로운 곳에서의 생활은 나의 가치관 형성에 큰 영향을 주었다. 40~50년 전에 살았던 마을과 학교, 교회당을 수차례 다녀온 것도 그곳의 아름다운 추억 때문이다.

지금도 여행을 하다가 교회 건물이 보이면, 언제 세워진 건물인지, 성도들은 어떤 사람들인지, 어떻게 교제하며 예배드리는지 궁금해지곤 한다.

다른 지역에 대한 궁금증과 호기심으로 세계 여러 곳을 여행하였는데, 스위스 제네바대학에 세워져 있는 종교개혁자들의 흔적과 독일 하이델베르크의 성령교회, 스위스 취리히의 종교개혁으로 로마 가톨릭교회가 개신교로 바뀐 예배당, 터키 카파도키아 지역의 산속 동굴예배당과 지하예배당, 에베소의 폐허가 된 도시와 예배당, 비밀예배 장소로 사용된 로마의 카타콤과 로마에 있는 바울이 갇혔던 감옥 등을 보게 되었는데, 성경을 읽을 때 현장감 있는 감동으로 다가오곤 한다.

이러한 감동은 우리나라 기독교 문화유산에 대한 관심으로 이어져, 수년에 걸쳐 공휴일과 휴가를 이용하여 기독교(개신교) 문화유산을 답사하게 되었다.

목숨 바쳐 복음을 전해준 선교사들과 믿음의 선조들의 '하나님 사랑, 이웃 사랑'을 나누고자 한다.

# CONTENTS

# 3장 | 영남권

제1부 | 한국선교의 역사

### 조선에 첫발을 디딘 기독교인 '하멜'

1653년 6월 18일 네덜란드 암스테르담 동인도회사 소속 상선 스페르베르(Sperwer)호에 하멜(23세, Hendrick Hamel)을 포함한 64명의 선원이 타고 인도네시아 자카르타에서 타이완을 거쳐 일본으로 가던 중 풍랑을 만나 8월 16일 배가 파선되면서 제주도에 도착하였다.

36명만 살아남아 서울로 압송되었고 임금 '효종'은 이들의 귀국 요청을 거부하고 왕의 호위부대에 배치하였다.

하멜 일행은 여러 차례 탈출 시도 끝에 1666년 9월 4일 8명이 여수에서 탈출, 14일 일본 나가사키 데지마섬
의 네덜란드 상관에 도착, 1년 뒤인
1667년 10월 23일에 더 스프레
이우(De Spreeuw)호를 타고 귀
국하였다. 하멜이 기독교인[1]이
었음은 그가 작성한 항해일지에
잘 나타나 있다.

### 한국 최초의 성경 전래

1816년 9월 4일 영국 함선 알세스트호(함장 맥스웰)와 리라호가 충남 서천군 비인현 마량진 갈곶에 해양탐사를 위해 들어와서 함장 맥스웰이 마량진 첨사 조대복에게 영어 성경을 전달하였다.

### 최초의 개신교 선교사 '귀츨라프'

독일인 칼 귀츨라프[2] 선교사 등 67명이 암허스트호에 승선하여

---

1) 하멜 일행을 통역한 네덜란드인 얀 얀스 벨떼프레이(박연)가 1627년 조선에 왔으므로 그가 최초의 기독교인일 가능성이 크지만 직접적 증거가 없음
2) Karl Gutzlaff(1803~1851): 통역겸 선의(船醫), 선목(船牧) 자격으로 승선

1832년 7월 24일 충남 보령시 오천면 고대도를 거쳐 25일 원산도에 상륙하여 조선에 교역을 청하였다가 거절당했다.

그는 한역(漢譯) 성경을 주민들에게 나눠주었으며, 감자 심는 법과 포도 재배법을 가르쳐주고 주기도문을 한문으로 번역한 후 8월 12일 원산도를 떠나, 마카오로 돌아가 1851년 8월 9일, 48세에 홍콩에서 숨져 그곳에 안장되었다.

원산안면대교와 해저터널이 개통되어 자동차로 갈 수 있는데, 귀츨라프 첫 방문지가 원산도 옆에 있는 섬 '고대도'라는 주장도 있다.

### 최초의 순교자 '토마스' 선교사

1840년 영국에서 태어난 토마스(Robert J. Thomas) 선교사는 1863년 23세에 런던선교회의 파송으로 중국 상해로 왔으나 1864년 그의 아내 케롤라인의 죽음(유산 후유증)과 선교사들과의 갈등으로 선교사역을 포기하고 세관 통역(1865년 1월~8월)을 하였다.

1866년 1월 런던선교회 선교사와 스코틀랜드 성서공회 권서로 임명되어, 황해도와 평안도 연안을 따라 성경을 배포하였다.

그 뒤 미국 상선 제너럴셔먼호를 타고, 평양성 가까이 갔으나, 배는 개펄에 빠져 움직일 수 없었다. 조선의 쇄국정책으로 배가 들어오는 것을 막는 조선 군인과 선원들 사이에 교전은 수일간 계속되었다. 1866년 9월 2일 조선 군인은 작은 선박들에 불을 붙여 제너럴셔먼호로 보내 충돌시켜 배에 불이 붙자 토마스 선교사

평양 아래 대동강(1910년)　　　　널다리교회의 첫 예배 처소(마펫 사택)
〈출처: 서울역사박물관〉　　　　　최치량과 한석진(1893년)

는 배에서 뛰어내렸으나 살해되어, 선원 24명 전원이 사망하였다.

　11세 때 토마스 순교 사건을 목격한 최치량이 28년 후인 1894년 널다
리교회(장대현교회 전신)에서 마펫에게 세례를 받았다. 그리고 1899년
세례를 받은 박춘권(77세)은 제너럴셔먼호가 불타고 있을 당시 이 배에
올라가, 포로로 잡혔던 관리 이현익을 구해내고, 토마스 선교사가 성경
책을 전해주면서 순교하는 것을 목격한 자이다.

　최치량과 한석진이 홍종대의 소유지인 초가집을 매입하여 예배를 드
린 것이 널다리교회가 되었으며, 후에 장대현으로 이사를 하면서 장대
현교회라 부르게 되었고, 최치량은 초대 장로가 되었다.

## 한글 성경이 먼저 들어오다

　우리나라는 다른 나라와 달리, 성경(한글)
이 먼저 들어오고, 선교사가 들어왔다. 1878
년 스코틀랜드 선교사인 존 로스 목사는 만
주 국경 마을 고려문(지금의 심양 아래 봉황
성 근처)에서, 인삼 교역을 하던 서상륜을 만
나 언어를 배우고 성경 번역을 시작했다.

서상륜 〈출처: 서울역사박물관〉

존 로스(John Ross, 1842~1915), 존 매킨타이어
(John Macintyre) 목사와 그리고 한국인 이응찬,
백홍준, 김진기, 서상륜 등이 중국어 성경을 한글로
번역하기 시작하여 1882년 최초의 한글 성경인《예
수성교 누가복음전서》를, 1887년에는 최초의 한글
신약성경인《예수성교전서》를 만주 성경(盛京, 현재

존 로스

의 심양)의 문광서원에서 발행하였다(모두 국가등록문화재로 지정).

예수성교 누가복음전서(1882년)와 예수성교전서(1887년) 〈출처: 문화재청〉

서상륜 가족(서상륜 동생 서경조도 보인다) 〈출처: 서울역사박물관〉

서상륜은 1882년 로스 목사에게 세례를 받고, 번역된 성경을 가지고 1884년(혹은 1883년) 5월 16일 고향 황대도 소래에 가서 신앙 공동체를 조직했는데 이것이 소래교회이다.

### 한국인 최초의 순교자 '백홍준'

로스 목사의 성경 번역에 참여한 백홍준은 1848년 의주에서 태어나 존 로스와 매킨타이어 선교사(목사)를 통해 복음을 받아들이고, 1876년 이응찬, 이성하, 김진기 등과 함께 매킨타이어 선교사에게 세례를 받고 한국 최초의 개신교 신자가 되었다.

마펫과 게일 선교사의 길잡이로 의주와 강계 일대를 다니던 백홍준은 국법을 어기고 외국인과 내통한다는 죄로 2년의 감옥살이 도중 1893년 사망하였다.

### 한국 최초의 소래교회

서상륜, 서경조 형제가 1884년(1883년?) 황해도 장연군 대구면 송천리 소래 마을에 세운 소래교회는 언더우드, 아펜젤러 선교사가 우리나라에 들어오기 1년 전에 세운 한국 최초의 교회로 우리나라 사람의 손으로 세웠다.

소래교회 어린아이와 여성 교인들
〈출처: 서울역사박물관〉

서경조는 1901년 평양에 세워진 장로교신학교(평양신학교) 제1회 졸업생으로 최초의 한국인 목사 7인 중 한 사람이 되었다. 소래교회[3] 교인들은 1887년 9월 27일 새문안교회 설립의 주축이 되었다.

---

3) 소래교회는 솔내교회, 장연교회, 송천교회로 부르기도 한다.

1898년 소래교회를 방문한 언더우드 부부(마루에 앉은 사람) 〈출처: 연세대학교박물관〉

## 이 땅에 처음으로 정착한 선교사 '알렌'

우리나라에 처음으로 정착한 선교사는 의사 알
렌(Horace. N. Allen, 1858~1932)이다. 그는
1883년 미국 북장로교 중국선교사로 파송 받아
활동하다가 1884년 9월 20일 한국으로 재파송
되어, 12월 갑신정변 때 부상 당한 민영익을 치료
한 공로로 고종의 어의(御醫)가 되었고, 1885년
최초의 근대병원인 광혜원(제중원)을 개원하여 선           알렌
교 교두보를 확보하였다.

그런 그가 선교사들과 여러 문제로 갈등 끝에 1887년 선교사직을
사임하고 1890년에는 주한 미국공사로 부임 외교관으로 근무하다가

1905년 공사에서 물러나 미국으로 돌아갔다. 선교사로 재직한 기간은 얼마 되지 않았지만 한국 초기 선교의 토대를 마련하였다.

### 이수정의 성경 번역

1882년 9월 박영효 사절단의 비공식 수행원으로 일본에 건너간 이수정(1842~1886)은 기독교인인 농학자 츠다 박사를 만나 복음을 받아들이고, 1883년 4월 존 녹스(G. W. Knox)에게 세례를 받았다.

이수정이 미국성서공회의 제안으로 《마가복음》을 번역한 《신약 마가전 복음서언해》는 1885년 2월에 일본(요코하마)에서 출판된 최초의 한글 성경(언해)으로, 국가등록문화재로 지정되었다. 그가 번역한 언해

**일본 전국기독교도친목회(1883년)** 한복차림 이수정, 그 옆이 츠다 박사
〈출처: 연세대학교 박물관 소장 자료〉

**신약 마가전 복음서언해(1885년)**
〈출처: 문화재청 국가문화유산포털〉

(諺解)[4] 형식은 일반 백성들을 위한 로스 역 성경과는 달리 양반 지식인층을 염두에 둔 번역이라는 평가를 받고 있다.

일본에서 조선에 들어갈 기회를 찾고 있던 언더우드 선교사는 2개월간 이수정에게 한국말을 배웠다. 이수정은 1886년 5월에 귀국 후 숨졌는데 사망원인은 알려진 바 없다.

### 언더우드와 아펜젤러 선교사 입국(본격적 선교)

언더우드(Horace G. Underwood, 1859~1916)와 아펜젤러(H. G.Appenzeller, 1858~1902)는 1885년 3월 31일 일본 나가사키를 떠나 4월 2일 부산항에 도착, 오전 9시에 상륙하여 그곳을 잠시 둘러본 뒤 다음날 부산을 출발 5일 오후 3시 제물포에 도착, 작은 배에 옮겨타고 4시에 상륙하였는데 언더우드는 이수정이 번역한 성경을 가지고 들어왔다.

언더우드(24세)와 아펜젤러(43세)
〈출처: 연세대학교 박물관 소장 자료〉

언더우드는 서울로 당일에 들어갔으나 아펜젤러 부부는, 국내정세가 불안하여 임신한 아내가 서울에 오는 것은 위험하다는 미국 대리공사 폴크(George C. Foulk)의 강력한 만류로 제물포의 대불호텔에서 일주일 머물다가 일본으로 되돌아갔으

---

4) 한글과 한문을 혼용하되 한문에 한글 토를 달았다.

며, 2개월 후인 6월 20일 재입국하여 제물포에 40일간 머물다가 7월 29일 서울에 도착했다.

### 미국 북장로교 선교

미국 북장로교의 선교는 1884년 내한한 알렌 선교사, 1885년 내한한 언더우드와 헤론 의료선교사로 시작되었다. 먼저 서울을 중심으로 교회개척, 의료, 교육사업을 전개하였고, 그 후 마펫(마포삼열), 베어드, 스왈렌(소안론), 그레함 리(이길함) 목사 등이 평양과 부산에, 아담스 목사는 대구, 밀러 목사는 청주에 각각 선교지부를 개설하였다.

미국 북장로교는 해방 전까지 316명의 선교사를 파송하였다.

**미국 북장로교 서울선교지부 선교사들(1892년)** 〈출처: 연세대학교 박물관〉

## 호주 장로교 선교

데이비스(J. Henry Davis, 1856~1890) 목사는 인도 선교사였으나 건강이 좋지 않아 귀국해 코필드문법학교 교장을 지냈다. 에딘버러 뉴 칼리지를 마치고 1889년 8월 목사 안수를 받고 빅토리아주 청년연합회 파송을 받아, 8월 21일 배로 출발하여 1889년 10월 4일 그의 누나 메리(Marry)와 함께 제물포로 입국하였다.

데이비스 선교사는 한국 선교의 길을 함께 떠났던 누이 메리와 함께 파송되기 직전 찍은 사진 (1889년 멜본) 〈자료 제공: 크리스찬리뷰〉

그는 서울에서 5개월간 한국어를 공부한 후, 1890년 3월 14일 서울을 떠나 걸어서 부산에 4월 4일 도착했으나 천연두와 폐렴으로, 한국에 온 지 6개월 만인 5일에 34세의 나이로 세상을 떠났고, 그의 누이 메리는 폐렴으로 고생한 후 7월 18일 호주로 돌아갔다.

데이비스 목사의 죽음이 자극이 되어, 1891년 맥카이 목사 부부와 세 사람의 미혼 선교사를 한국에 파송하였다. 이들은 10월 부산에 도착하여 부산, 경남지역을 중심으로 선교하였는데, 호주는 해방 후 포함 총 127명의 선교사를 파송하였다.

## 미국 남장로교 선교

1892년 테이트와 전킨 등 7명[5]이 내한하였는데 이들을 '7인의 선발

---

5) 자세한 내용은 본 책 '순천시기독교역사박물관' P.387 참조

(좌측에서 시계방향) 어학 선생 장인택, 테이트, 메리 레이번, 패시 볼링, 메티 테이트, 레이놀즈, 리니 데이비스, 전킨

대'라 부른다. 그들은 전주에 선교부를 세우고, 제주도를 포함한 한국 서남부지방에 선교 사업을 전개하였는데, 해방 전까지 미국 남장로교는 178명의 선교사를 파송했다.

### 캐나다 선교

게일(James S. Gale, 1863~1937)은 캐나다 토론토대학 졸업 후 동 대학 YMCA의 평신도 선교사로 파송을 받아 1888년 12월 15일 입국하여 부산, 원산에서 성경 번역을 하다가, 1897년 미국 북장로교에서 목사 안수를 받고, 1898년부터 서울 연동교회에서 사역하였다.

한국어에 능통한 게일은 1897년에 우리나

게일 〈출처: 국립민속박물관〉

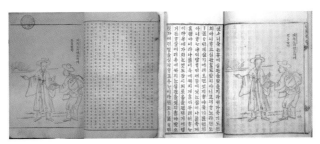

천로역정(1895년) 〈출처: 문화재청 국가문화유산포털〉

라 최초의 한영사전을 발간했다. 또 게일은 그의 아내와 1895년 소설 《천로역정》[6]을 번역하여 출간하였는데, 기독교인의 삶을 고난의 여행에 비유한 이 책은 우리나라 최초의 번역 소설이다. 그는 '한국풍습 (1898)'과 선교보고서 '과도기 한국(1909년)' 등 많은 저서를 남겼다.

하디(Robert A. Hardie. 1865~1949) 의사는 토론토 의과대학 졸업 후 동 대학 YMCA 파송으로(8년 약정) 1890년 9월 내한, 부산과 원산에서 활동하다가 약정 기간이 끝나자 1898년 미국 남감리교로 이적했다.

캐나다연합교회 한국선교회 연례회(1934. 9. 30. 만주 용정)
〈출처 및 저작권: 한국기독교역사박물관〉

1893년 12월에 독립 선교사 맥켄지(William John. Mckenzie. 1861 ~1895)가 입국, 황해도 소래교회의 초대 목

---

6) 천로역정(天路歷程): 영국 존 버니언(John Bunyan)의 소설로 1부는 1678년, 2부는 1684년에 발표, 세계적으로 성경 다음으로 많이 읽힌 책으로, 게일 부부가 번역한 천로역정은 당시의 한글문체를 알 수 있는 중요한 책이다. 목판본과 신활자본 등 두 종의 판을 동시에 발행하였는데, 이는 우리나라 인쇄출판사상 희귀한 경우이며, 초판본 2종(목판본과 신활자본)을 완본으로 소장하고 있는 연세대학교 학술정보원 소장의 2종 5책을 〈천로역정(합질)〉이라는 이름으로 국가등록문화재 지정

**평양지역 장로교 및 감리교 선교사들(1910년)** 〈출처: 연세대학교박물관 소장 자료〉

사로 부임하여 헌신적으로 활동했으나 과로 등으로 정신착란을 일으
켜, 1895년 7월 23일(34세) 권총으로 자살하였다. 이것이 계기가 되어
1898년 9월에 푸트(W. R. Foote) 목사 부부 등을 파송하였다.

캐나다 장로교는 해방 전까지 80명의 선교사를 한국에 파송하였다.

## 미국 감리교 선교

남감리교는 1885년 4월 5일 아펜 
젤러 입국을 시작으로, 목사이자 의 
사인 스크랜턴(W. B. Scranton)이 
1885년 5월 3일 서울에 도착하였 
고, 아내와 어머니 스크랜턴(M. F. 
Scranton, 1832~1909)은 1885년

스크랜턴과 어머니

6월 20일 아펜젤러 부부가 재입국할 때 함께 들어왔다.

북감리교는 중국주재 의료선교사인 리드(C. F. Reid)가 1895년 내
한, 서울에서 사역하므로 시작되었다.

남감리교와 북감리교는 1930년 12월 2일 기독교조선감리교회 창립
총회를 열고 통합되었다.

## 여러 교파의 선교(미국 침례교, 성결교, 구세군)

미국 침례교 계통의 선교단체인 엘라딩기념선교회 는 파울링, 가들라인 등을 한국에 파송, 부산, 공주 등에서 활동했으나 재정난으로 1900년 사역이 중단 되어, 1889년부터 개인적으로 선교하던 캐나다인 펜 윅(Fenwick)에게 이양하였다.

펜윅

1906년 대한기독교회라는 조직으로 사역하였는 데, 해방 후 침례교회의 모체가 되었다.

성결교는 카우만(Cowman)과 킬보른(Kilbourne)에 의해 1905년 11월 일본에 동양선교회가 조직되고, 동경에 성서학원을 설립, 여기서 교육받은 한국인 김상준 등이 1907년 귀국하여 동양선교회 복음전도 관을 설립하였다.

1921년 '조선예수교 동양선교회 성결교회'로, 1945년 '기독교대한성 결교회'로 개칭되었고, 1961년 기독교대한성결교회(기성)와 예수교대한 성결교회(예성)로 나누어졌다.

구세군은 1908년 10월, 선교사 호가드(R. Hoggard 한국명 허가두) 입국으로 시작되었는데 금주 금연운동과 성탄절 자선냄비로 잘 알려져 있다.

## 한국인 최초의 목사 7인

1907년 6월 20일 평양신학교 제1회 졸업생 7인이 그해 9월 17일 조 직된 대한예수교장로회 독노회(전국을 하나의 노회로 조직)에서 최초 로 목사 안수를 받았는데, 그중 길선주, 양전백은 3·1운동 민족 대표 33인으로, 이기풍은 최초의 선교사로(제주도) 기록되었다.

*First Presbytery in Korea Sep. 1907.*

**대한예수교장로회 독노회 최초의 목사 7인(평양장대현교회 1907. 9. 17)**
앞줄 가운데가 노회장 마펫 목사. 좌측 4인(서경조, 이기풍, 길선주, 방기창),
우측 3인(한석진, 송인서, 양전백) 〈출처: 연세대학교 박물관 소장 자료〉

## 일제 강점기의 독립운동과 신사참배

1910년 일본이 한국을 강제로 점령하자, 선교사들의 근대교육을 받은 기독교인들이 항일운동의 중심세력이 되었다. 고종의 죽음이 계기가 되어 장례일인 1919년 3월 1일, 민족대표 33인의 이름으로 〈독립선언서〉가 발표되었고, 각계각층의 항일독립운동이 6개월간 계속되었다.

한국의 많은 교회가 3·1운동의 중심에 서게 되자 일제는 기독교를 통치 방해 세력으로 인식, 반기독교 정책을 치밀하게 전개했다.

멀리 남산의 조선신궁으로 올라가는 계단이 보인다. 〈출처: 서울역사박물관〉

1930년대 조선총독부는 전국에 신사를 만들어(해방될 때까지 총 1,144개소) '신사참배는 종교 의례가 아니라 국가의례'라고 회유하며 교회의 참여를 강요했다.

## 평양노회의 동방요배 실시

1938년 3월 22일 오후 7시에 평양 산정현교회당에서 열린 평양노회(제34회)에서 한국기독교 역사에 큰 오점을 남기는 사건이 일어났는데, 〈조선예수교장로회 제27회 총회〉(1938.9.9.)의 신사참배 결의 예고편이었다.

1938년 3월 25일 매일신보 기사 내용은 다음과 같다.

"200여 명의 노회원이 참여하고, 수백 명의 방청객이 쇄도한 가운데 첫째 날에는 황은(皇恩)의 무궁함을 감사하는 심익현 목사의 개회 기도로 시작되어 다음 날 23일 오후 2시에 특별히 애국 예배시간을 정하고 일본기독교회 영전목사

**매일신보 기사(1938. 3. 25.)**
〈출처: 국립중앙도서관 소장 자료〉

(永田牧師)를 초청하여 내선일체의 예배가 있었다. 예배시간에 황거요배(皇居遙拜), 국민서사제창(國民誓詞齊唱) 등 의식을 행함은 물론 제1선에서 악전고투하는 황군에게 감사하고자 최고 지휘관에게 감사 전보를 타전하였다.

또한 회의장에는 일장기를 게양하였는데, 평양 내 교회에서 국기를 게양한 것은 처음으로 이것이 효시라고 한다. 이번 노회의 이러한 국민적 경건한 태도는 전조선 기독교계에 좋은 영향을 미칠 것이라 하여 크게 기대되는 바이다. (사진은 동방요배 하는 노회 회원들)"

## 총회, 신사참배 결의

1938년 9월 9일 평양 서문밖교회에서 27개 노회의 총대 193명(목사 86명, 장로 85명, 선교사 22명)이 모여서 〈조선예수교장로회 제27회 총회〉를 개최하였다.

경찰관들이 감시하는 가운데 첫날 선거를 실시, 총회장에 홍택기, 부총회장에 김길창이 선출되었다.

이튿날 총회가 속개되자 박응률 목사가 신사참배는 국민의 당연한 의무라고 하면서 신사참배 결의안을 상정하였다.

이에 블레어(William N. Blair) 선교사가 반대 발언을 하였으나 총회를 방해한다는 명목으로 경찰관들에게 끌려나갔고, 이어 총회장이 가결을 선포하였다.

> "아등(我等)은 신사(神社)는 종교가 아니오, 기독교의 교리에 위반되지 않는 본의를 이해하고 신사참배가 애국적 국가의식임을 자각한다. 그러므로 이에 신사참배를 솔선려행(勵行)하고 나아가 국민정신동원에 참가하여 비상시국 하에 있어서 총후(銃後) 황국 신민으로서 적성(赤誠)을 다하기로 한다.
>
> 소화13년(1938년) 9월 10일 조선예수교장로회 총회장 홍택기"

신사참배 가결 후 부총회장 김길창이 임원을 대표하고, 각 노회장들이 총회를 대표해 평양신사에 참배하였다. 그러나 신사참배를 거부한

**주기철 목사 사택에 모인 출옥 성도(1945. 8. 17)**
신사참배 거부로 평양형무소에 수감 중 8·15해방과 함께 풀려남
(뒷줄 좌) 조수옥, 주남선, 한상동, 이인재, 고흥봉, 손명복
(앞줄 좌) 최덕지, 이기선, 방계성, 김화준, 오윤선, 서정환

평양신학교와 200여 교회가 폐쇄되었고, 2천여 성도들이 투옥되고, 40여 교역자들이 순교를 당했다.

해방 후 1946년 6월 12일 서울 승동교회당에서 열린 장로교 총회에서 1938년 장로교 총회의 신사참배 결의를 백지화했지만 출옥 성도의 참배 책임자에 대한 근신과 회개 등의 권징 건의가 기각되자 1952년 9월 11일 경남 진주 성남교회당에서 제1회 총노회가 조직되어 고려파(고신)로 나누어졌는데 장로교 최초의 분열이었다.

「1947년 1월 경남노회 안의 '친일 세력'을 척결하고 새로운 노회를 조직하자는 호소문(40×27㎝). 초량교회와 마산교회, 부산진교회, 거창읍교회, 영도교회, 남해읍교회 등이 성명에 참여했는데 이것이 고려파 운동의 효시다.」

**고려파 선언문**
〈출처 및 저작권: 한국기독교역사박물관〉

## 8·15 광복

**제헌국회 개원식(1948. 5. 31)**
〈소장처: 미국 국립문서기록관리청〉, 〈제공처: 국사편찬위원회〉

1945년 8월 15일 해방이 되고, 1948년 남북 동시 선거를 하려고 했으나 북측의 거부로 5월 10일 남한만 선거를 실시하였다.

1948년 5월 31일 제헌국회 개원식이 있었는데, 임시의장의 지위로

(최고 연장자) 연단에 선 이승만[7]은 다음과 같이 말했다.

"대한민국 독립민주국 제1차 회의를 여기서 열게 된 것을 우리가 하나님에게 감사해야 할 것입니다. 종교 사상 무엇을 가지고 있든지 누구나 오늘을 당해 가지고 사람의 힘으로만 된 것이라고 우리가 자랑할 수 없을 것입니다. 그러므로 하나님에게 감사를 드리지 않을 수 없습니다. 나는 먼저 우리가 다 성심으로 일어서서 하나님에게 우리가 감사를 드릴 터인데 이윤영[8] 의원 나오셔서 간단한 말씀으로 하나님에게 기도를 올려 주시기를 바랍니다."

## (이윤영 의원 기도 / 일동 기립)

"이 우주와 만물을 창조하시고 인간의 역사를 섭리하시는 하나님이시여, 이 민족을 돌아보시고 이 땅에 축복하셔서 감사에 넘치는 오늘이 있게 하심을 주님께 저희들은 성심으로 감사하나이다. 오랜 시일동안 이 민족의 고통과 호소를 들으사 정의의 칼을 빼서 일제의 폭력을 굽히시사 하나님은 이제 세계만방의 양심을 움직이시고 또한 우리 민족의 염원을 들으심으로 이 기쁜 역사적 환희의 날을 이 시간에 우리에게 오게 하심을 하나님의 섭리가 세계만방에 계시된 것으로 저희들은 믿나이다.

하나님이시여, 이로부터 남북이 둘로 갈리어진 이 민족이 어려운 고통과 수치를 신원하여 주시고 우리 민족 우리 동포가 손을 같이 잡고 웃으며 노래 부르는 날이 우리 앞에 속히 오기를 기도하나이다.

하나님이시여, 원치 아니한 민생의 도탄은 길면 길수록 이 땅의 악마의 권세가 확대되나 하나님의 거룩하신 영광은 이 땅에 오지 않을 수밖에 없는 줄 저희들은 생각하나이다. 원컨대 우리 조선 독립과 함께 남북통일을 주시옵고, 또한 우리 민생의 복락과 아울러 세계평화를 허락하여 주시옵소서.

---

7) 이승만(1875~1965): 대통령(1~3대), 상해임시정부 대통령(1919. 9.~1920. 12), 1905년부터 5년간 프린스턴대학(철학박사) 등 유학. 1960년 4대 대통령 선거에서 민주당 조병옥 후보의 사망으로 무투표 당선되었으나 3·15 부정 선거로 인한 4·19의거로, 4월 26일 대통령직에서 물러나 이화장에 머물다 5월 29일 하와이로 망명, 1965년 7월 19일 호놀룰루에서 사망하여 국립서울현충원에 안장되었다.

8) 이윤영 목사(1890~1975): 평양 남산현교회 목사, 서울 종로 갑구 국회의원, 사회부 장관 역임

거룩하신 하나님의 뜻에 의지하여 저희들은 성스럽게 택함을 입어 글자 그대로 민족의 대표가 되었습니다. 그러하오나 우리들의 책임이 중차대한 것을 저희들은 느끼고 우리 자신이 진실로 무력한 것을 생각할 때 지와 인과 용과 모든 덕의 근원이 되시는 하나님 앞에 이러한 요소를 저희들이 강구하나이다.

이제 이로부터 국회가 성립되어서 우리 민족이 염원이 되는 모든 세계만방이 주시하고 기다리는 우리의 모든 문제가 원만히 해결되며 또한 이로부터 우리의 완전 자주독립이 이 땅에 오며, 자손만대에 빛나고 푸르른 역사를 저희들이 정하는 이 사업을 완수하게 하여 주시옵소서. 하나님이, 이 회의를 사회하시는 의장으로부터 모든 우리 의원 일동에게 건강을 주시옵고, 또한 여기서 양심의 정의와 위신을 가지고 이 업무를 완수하게 도와주시옵기를 기도하나이다. 역사의 첫 걸음을 걷는 오늘 우리의 환희와 우리의 감격에 넘치는 이 민족적 기쁨을 다 하나님에게 영광과 감사를 올리나이다. 이 모든 말씀을 주 예수 그리스도 이름을 받들어 기도하나이다. 아멘"[9]

## 대한민국 정부 수립

1948년 7월 24일 이승만 대통령 취임식을 거쳐,(20일 국회에서 대통령으로 선출) 8월 15일 대한민국 정부가 탄생하였고, 유엔은 12월 12일 남한을 한반도 유일의 합법 정부로 승인하였다.

**정부 수립 선포식(1948. 8. 15.)**
〈소장처: 미국 국립문서기록관리청〉, 〈제공처: 국사편찬위원회〉

---

9) 〈출처: 대한민국 국회〉, 제헌국회 속기록(제1호), 1948. 5. 31.

## 여수 순천 사건

정부 수립 2개월 뒤인 1948년 10월 19일 여수에 주둔 중인 치안유지군 14연대는 제주 4·3사건 진압 출동명령을 거부하고 반란을 일으켜 여수와 순천을 장악하여 수많은 사람들이 목숨을 잃었다.

순천에 유학 중이던 손양원 목사의 두 아들도 살해되었는데, 손 목사는 두 아들을 죽인 이재선을 양자로 삼아 사람들을 놀라게 했다.

## 6·25 전쟁

1950년 6월 25일(일) 새벽 4시, 북한의 남침으로, 1953년 7월 27일까지 계속된 전쟁에서 쌍방 600만 명이 넘는 군인과 민간인이 목숨을 잃었거나 부상당했고, 8만5천 명이 북한에 납치되었다. 또한 북한 인구의 1/4인 300만 명 이상의 주민들이 자유를 찾아 남쪽으로 내려왔다.

이 전쟁으로 많은 기독교인들이 순교하고 교회당이 불타는 등 일제 강점기에 이은 또 한 번의 큰 시련을 한국교회가 겪었다.

무너진 대동강 철교(남쪽으로 내려오는 피난민)
〈소장처: 미국 국립문서기록관리청〉,
〈제공처: 국사 편찬위원회〉

## 선교정책

우리나라에 온 선교사들이 두 가지의 큰 원칙을 가지고 복음을 전했는데 선교지역을 나눈 '선교지역 분할협정(예양협정)'과 모든 교회는 스스로의 힘으로 자립한다는 '네비우스(Nevius) 정책'이다.

### ▌선교지역 분할협정(예양협정)

19세기 말부터 들어온 선교사들이 선교 과열과 중복, 그리고 갈등을 막고 효율적으로 복음을 전하기 위해 선교회별 선교 구역을 분할하였는데 이것이 '선교지역 분할협정'인데, 예의를 지켜 사양한다는 뜻으로 '예양협정'이라고도 부른다.

1909년 선교지역 분할

캐나다 장로교
미국 북장로교
미국 남장로교
호주 장로교
미국 북감리교
미국 남감리교

1893년에는 모든 장로회(4개)가 참여한 치리기구인 '조선예수교장로회공의회'가 창립되었고, 1901년 장로회공의회로 계승되었다. 그리고 1905년부터 감리교회가 참여하여 1909년에 이르러 선교지역 조정이 마무리되었다.

선교 구역은 한 번 확정되면 고정되는 것이 아니라 다른 선교회가 들어올 때마다 양보를 통해 계속 조정해 나갔으며, 비교적 뒤에 들어온 침례교와 성결교 등은 지역 구분 없이 자유롭게 선교하였다.

파송 국가와 교단과 교파가 다름에도 불구하고 협력하여 선교한 그들의 모습은, 연합사역의 좋은 본보기가 되었다.

**제1회 장로회공의회(1901년 9월, 서울)**
– 미국 북장로교, 미국 남장로교, 캐나다 장로교, 호주 장로교
4열: 테이트, 애덤스, 해리슨, 휘트모어, 웰본, 스왈른, 엥겔.
3열: 마펫, 맥래, 빈튼, 불, 브루엔, 헌트, 베어드.
2열: 로스, 사이드보텀, 롭, 번하이즐, 밀러, 블레어.
1열: 전킨, 푸트, 애덤슨, 밀러, 게일, 샤프, 바레트.

## 네비우스 선교정책

초창기 우리나라에 온 선교사들은 대체로 나이가 20대[10]의 젊은 사람들로 학교를 졸업하고 바로 선교지에 투입된 경우가 많아, 선교경험이 적었다. 이러한 젊은 선교사들의 시행착오를 조금이라도 줄이기 위해 중국에서 30년 이상 선교하고 있던 미국 북장로교 네비우스(John L. Nevius, 1829~1893) 선교사를 1890년 6월 서울에 초청하여 2주간 세미나를 통해 한국인 스스로 교회를 세우도록 한 것이 네비우스 선교정책이다.

---

10) 게일 25세, 언더우드 26세, 아펜젤러 27세, 알렌 27세

**초창기의 예배당과 교인들(1910년)** 〈출처: 서울역사박물관〉

1. 선교사가 개인적으로 순회하며 전도한다.
2. 모든 사역에 성경이 중심이 되어야 한다.
3. 모든 신자는 다른 사람들을 가르치는 자가 되며, 다른 사람으로부터 배우는 자가 된다.
4. 선임된 무보수 영수의 관할을 받으며, 나중에 목사가 될 유급 조사들의 관할을 받는다.
5. 신자들은 자신의 힘으로 예배당을 건축하며, 목사 사례도 자체에서 해결한다.
6. 모든 신자는 영수와 순회 조사 아래서 조직적인 성경 공부를 한다.
7. 성경에 규정한 벌칙에 따라 엄중한 훈련과 치리를 해야 한다.
8. 다른 선교 단체와 협력하고 연합한다. 적어도 지역을 분할하여 일한다.
9. 교인들의 법정소송문제에 일체 간여하지 않는다.
10. 경제 문제에서 가능할 경우 일반적인 도움을 준다.

이 선교정책을 요약해서 3자 정책이라고 부른다. 즉 자치(Self-Government), 자립(Self-Support), 자전(Self-Propagation)으로, 스스로 다스리게 하고(영수와 조사의 관할을 받음), 스스로 경제적 자립하게 하고(교역자 생활비, 예배당 건축 등), 모든 교인은 가르치고, 배우는 자가 되어야 한다는 것이다.

다른 선교회도 자연스럽게 이 정책을 따르게 되었는데, 우리나라 교회가 세계에서 유례를 찾아보기 힘든 성장을 하게 된 배경의 하나가 되었다.

제2부 | 기독교 문화유산을 찾아서

한국기독교
문화유산답사기

# 1장 | 수도권과 강원도

서울특별시, 인천광역시, 경기도, 강원도

서울 외곽도로 〈출처: 서울역사박물관〉

1876년 강화도조약(조일수호조규)에 의하여 부산항과 원산항에 이어 1883년 제물포항(인천)이 개항되었다. 선교초기에 제물포항을 통해 선교사들이 본격적으로 들어왔으며, 또한 국외 이민을 통해 한인교회 교인들이 미국과 남미로 퍼져 나간 복음의 나들목 역할을 한 곳이다.

인천을 통해 입국한 선교사들은 서울을 거점으로 하여 전국 각지로 흩어져 복음을 전파하였다.

# 1. 양화진외국인선교사묘원 선교사의 안식처

양화진외국인선교사묘원[11]은 많은 이야기를 간직하고 있다. 제일 먼저 이곳을 방문한 것도 그들의 이야기를 듣기 위함이다.

양화진은 강물이 깊어 전국각지에서 제물포로 들어온 물건들이 이곳을 통해 궁궐과 도성으로 공급하는 중요한 곳으로 외국의 침략 통로가

11) 서울시 마포구 양화진길 46(합정동)

되기도 하였다.

먼저, 묘원 우측에 있는 양화진봉사관에서 묘원에 대한 개략적인 설명을 듣고 묘원에 들어갔다. 자원봉사자인 해설사는 묘원을 돌아보면서 설명을 해 주었다. 묘원은 13,224㎡(약 4천 평) 규모로 15개국 417명(선교사와 가족 6개국, 145명)의 외국인이 안장되어 있다.

당시 선교사들은 세상의 변방이던 조선 땅에 들어와서 의료, 교육을 통해 복음을 전파하였고, 우리나라의 독립을 위해 고난을 감수하였다. 자신의 고국에서 편안한 삶을 포기하고 젊은 나이에 언어와 문화가 다른 어려운 환경에서 "땅 끝까지 복음을 전파하라"는 주님의 말씀을 실천한 사람들이다.

묘원 맨 안쪽 중간 위치에 '언더우드 선교사와 아내'를 비롯해 4대에 걸쳐 7명의 가족묘가 있다. 언더우드 선교사

언더우드 선교사 가족 묘

는 처음 우리나라에 들어와 제중원에서 일하면서 그곳에서 의사로 근무하고 있던 8세 연상의 릴리어스 호튼[12]과 결혼하였는데 아내는 8년간 명성황후의 시의를 맡았다. 새문안교회와 연세대학 설립, 신문발행, 영어사전 발간 등 선교에 대한 열망이 뜨거웠던 한국선교의 개척자 언더우드 선교사는 1916년 10월 16일 미국에서 소천하여 그곳에 묻혔다가 1999년 이곳에 이장되었다.

이 묘원에는 유일한 일본인이 있는데 '소다 가이치(Soda Gaichi

---

12) Lillias Horton(1851~1921): 미국 시카고 여자의과대학 졸업, 1888년 내한.

1867~1962)'로 1921년부터 그의 아내와 함께 1945년 해방될 때까지 고아들을 돌보았고, 이로 인해 한국으로부터 문화훈장을 받은 첫 일본인이 되었다. 1906년 한국에 들어와 YMCA 일본어 교사가 되었으며, 이상재 선생을 통해 기독교인이 되었고, 41세 때에 독실한 신자인 30세의 우에노 다키와 결혼하였다.

소다는 105인 사건으로 YMCA 동료들이 감옥에서 고초를 겪자 일제의 만행을 알리고 그들의

소다 가이치 묘

석방을 위해 노력했다. 1913년 카마쿠라보육원을 세워 해방될 때까지 천 명의 고아들을 돌보았고 그 과정에서 많은 고난을 겪었다.

해방 후 일본으로 돌아가서 복음을 전하다가 1961년 94세 되던 해에 한경직 목사의 초청으로 내한하여 영락보린원에서 1년간 고아들을 돌보다가 세상을 떠나 양화진에 묻혔다.

헐버트(Hulbert, Homer B. 1863~1949) 선교사는 '한국 사람보다 더

헐버트 선교사 묘(맨 앞)

한국을 사랑한 외국인'이라고 칭송받는 선교사이다. 그는 23세 때 육영공원의 영어교사로 한국에 와서 5년 동안 교사생활을 한 후 귀국하였다가, 감리교 선교사로 다시 한국에 와서. 1903년 창설된 한국 YMCA 초대회장을 맡았다. 1889년 천문지리서(사민필지)를 출간하였다.

헐버트는 한국 독립에도 많은 노력을 기울였는데 고종이 헤이그에 이준 등 세 사람을 밀사로 파견하는 데 일조하였고, 유럽 언론과의 인터뷰를 통해 한국 독립의 정당성을 호소하였다.

광복 후 이승만 대통령의 초청으로 87세에 한국에 왔다가 1949년 8월 5일 세상을 떠났다. "웨스트민스트 사원보다 한국에 묻히고 싶다."라는 유언에 따라서 양화진에 안장되었는데 그곳에는 태어난 지 1년 만에 죽은 아들(Sheldon Hulbert, 1896~1897)도 묻혀있다.

묘원의 중간 위치에 헤론(John W. Heron, 1856~1890) 선교사의 묘지가 있다. 영국에서 회중교회 목사의 아들로 태어나 14세 때 가족이 모두 미국으로 이주하였다. 테네시의과대학을 졸업하고 한국선교에 자원하여 1884년 미국 북장로교의 첫 한국선교사로 임명받았으나 언더우드보다 두 달 늦은 1885년 6월 20일 부인과 함께 내한했다. 알렌의 광혜원(제중원)에 근무하다가 알렌이 미국공사관 직원으로 옮긴 1887년 이후부터는 병원 일을 도맡아 하면서 복음전도, 성경번역, 문서선교에도 참여했다.

헤론 선교사 묘

그는 수시로 지방에 나가 진료하며 전도했는데 무리한 여행으로 이질에 걸려 한국에 온 지 5년만인 1890년 7월 26일 33세에 별세하였다. 내한 선교사 중 첫 희생자가 된 그의 유해를 양화진에 안장하여 외국인묘원이 조성되었다.

당시 한여름으로 인천에 있는 외국인 묘원까지 유해를 옮기기 어려워 인근에 매장할 수 있도록 유가족과 선교사들이 미국 공사를 통해 정부에 요청하여 외국인을 위한 매장지로 결정되었다.

루비 켄드릭(Ruby Kendrick 1883~1908) 양은 북텍사스 엡윗 청년회 후원을 받아, 미국 남감리교 소속으로 파송, 1907년 9월 서울에 도착하였고, 11월 송도(개성)에서 한국어 공부와 여성사역을 시작했다. 그러나 질병으로 서울 세브란

루비 켄드릭 묘

스병원에서 수술을 받았으나 1908년 8월 15일(묘비 기록) 25세의 나이로 숨졌다. 그녀의 묘비에는 "나에게 줄 수 있는 생명이 천 개가 있다면 모두 드리겠습니다."라는 글이 새겨져 있다.

이곳에는 빈튼(C. C. Vinton, 1856~1936) 선교사의 세 자녀와 부인 Lefitia의 묘가 있다. 1891년 내한하여 1908년 선교사직을 사임하고 귀국할 때까지 의료사역을 하였는데, 아들 Walter(1살)와 Cadwilard(4살)와 딸 Mary(6개월), 세 자녀가 한국에서 사망하여 이곳에 묻혔다. 1903년에는 부인 Lefitia마저 생명을 잃어 자녀들이 묻혀있는 양화진에 같이 묻혀있는데, 의사인 빈튼마저도 약이 없어서 치료할 수 없는 견디기 힘든 고난을 감당하였다.

묘원에는 더글라스 에비슨(Douglas B. Avison, 1893~1952) 선교사 부부의 묘가 있다. 더글라스는 캐나다 토론토대학 의학부를 졸업하고 1920년 의료선교사로 내한하여 세브란스의전 교수 및 병원장을 역임하였으며 1952년 소천하였고, 그의 아내

더글라스 선교사 부부 묘

캐서린(Kathleen Isabel Avison, 1898~1985)과 같이 양화진에 안 장되었다.

　고국에서의 풍요로운 삶을 뒤로하고 조선에 와서 그리스도의 사랑을 행함으로 보여 준 그들의 삶을 통해 "피차 사랑의 빚 외에는 아무에게 든지 아무 빚도 지지 말라(로마서 13장 8절)"는 말씀과 같이 사랑에 빚 진 자임을 생각해 본다.

　선교100주년기념관을 마주보고 있는 양화진 홀은 구한말과 일제강 점기에 우리나라에 복음을 전하기 위해 목숨까지 바친 선교사들의 삶 을 기리고 재조명하는 공간이다. 당시 선교사들은 어떤 사람들이며, 왜 조선을 찾았는지, 하나님께서 이들을 이끌기 위해 어떻게 섭리하였 으며, 이들은 어떤 활동을 하였는지, 양화진의 어제와 오늘이 주제별 로 전시되어 있다. 한글 성경 변천을 한 눈에 볼 수 있고, 선교사들의 사역과 유품들이 전시되어 있다. 불빛에 손바닥을 펼치면 성경 구절이 나타나는데, 나에게 주시는 예수님의 지상 명령이다.

　'온 천하에 다니며 만민에게 복복음을 전파하라.(마가복음 16장 15절)'

## 서울 선교의 중심지

　광화문 광장 부근, 특히 덕수궁 주변은 한국 근대사의 정치적 사건들

이 많이 일어난 곳으로 곳곳 에 선교사의 발자취가 묻어있 는데, 정동지역은 덕수궁 돌 담길과 함께 근대화 역사를 느낄 수 있고 걷기 좋은 명소 로 서울시민의 사랑을 받아 왔다.

## 2. 배재학당 우리나라 최초의 근대교육기관

〈배재학당 역사박물관〉

덕수궁 돌담길을 따라 300여m 가면 나오는 사거리 맞은편이 정동제
일교회당이며, 좌측 길로 100m 더 가면 배재학당 역사박물관이 있다.
배재학당은 1885년 8월 아펜젤러 선교사가 세운 우리나라 최초의 근
대적 중등교육기관으로 1887년 고종 황제는 '유능한 인재를 기르고 배
우는 집'이라는 뜻의 '배재학당'이라는 이름을 하사했다.

2008년 7월 배재학당 동관을 근대유물 등과 함께 배재학당역사박

**아펜젤러와 학생들**(뒤줄 우측이 아펜젤러 선교사) 〈출처: 서울역사박물관〉

물관[13]으로 문을 열었는데 서울시기념물[14]로 지정되었다.

　이 건물은 1916년에 준공하여 배재중·고등학교가 1984년 2월 강동구 고덕동으로 이사하기 전까지 사용하였던 역사적인 곳이다. 배재학당은 1979년 3월 대전여자초급대학을 인수하여 몇 차례 학제변동이 있었고, 1992년에 종합대학인 배재대학교로 승격되었다. 마당에는 책을 읽고 있는 설립자 아펜젤러 동상이 우리를 맞아준다.

---

13) 서울시 중구 서소문로 11길 19(정동)

14) － 기념물: 시·도가 사적지(史蹟地)와 특별히 기념될 만한 시설물로서 역사적·학술적 가치가 큰 것을 지정
　－ 문화재자료: 시·도가 향토 문화 보존상 필요하다고 인정한 문화재
　－ 시·도유형문화재: 시·도가 건축물과 같이 일정한 형태를 지닌 문화적 역사적 가치를 지닌 것을 지정한 문화재
　－ 향토유적: 시·군·구에서 조례로 지정한 문화재
　－ 국가등록문화재: 국가지정 문화재로 근대화 과정의 유산(근대화 시기부터 해방 전후까지)
　－ 사적: 국가지정 문화재로 역사적으로 기념할 만한 지역과 건물
　※ 2021년 11월 19일, 문화재 지정(등록)번호가 폐지 됨

'상설전시실 1'에 들어서면 1930년대의 배재학당의 교실을 재현해 놓았는데 당시의 교실 분위기를 느낄 수 있다. 또 당시의 교과서도 전시해 놓았는데, 기독교 교육이념의 구현과 민족정신을 일깨우는 계몽운동의 활동을 엿볼 수 있었다.

명예의 전당에는 이 학교 출신인 이승만, 주시경, 나도향, 김소월 관련 자료가 전시되어 있다.

'상설전시실 2'에는 선교사들의 다양한 활동을 사진으로 만나볼 수 있다. 특히 아펜젤러의 친필 일기와 그가 남긴 1900년대 초 사진들은 외국선교사들의 눈에 비친 우리나라의 사회상을 볼 수 있다.

아펜젤러 뒤를 이어 배재학당 교장(1920~1939)이 된 그의 아들 헨리다지 아펜젤러(H. D. Appenzeller)가 쓰던 책상, 타자기, 피아노 및 거주 허가증 등 당시 선교사들의 일상을 짐작해 볼 수 있는 유품들도 전시되어 있다. 그 가운데 피아노는 헨리 다지 아펜젤러가 대강당을 신축하면서(1932~1933년경) 들여온 것으로 1911년에 독일의 블뤼트너(Bluthner)사가 제작한 것인데 1930년대 이후 김순열, 김순남, 이흥렬, 한동일, 백건우 등 많은 음악가를 배출한 배재학당 강당에서 사용하던 것을 배재고등학교에서 보관하다가 현재 배재학당 역사박물관에 전시하고 있다.

1890년, 이 학교의 '24개 조의 학칙'에는 생활규칙, 시험, 징계의 종류, 출결 사항과 안식일에 대한 규정이 있는데, 공부 외에도 주일성수 개념을 확실하게 가르친 기독교 학교였다.

**배재학당 피아노(국가등록문화재)**
〈출처: 문화재청 국가문화유산포털〉

건물의 특징

이 건물은 외장 및 치장 쌓기 벽돌구조가 뛰어나고 원형을 그대로 잘 보존하고 있어서 근대건축물의 귀중한 자료가 되고, 현대교육의 발상지에 현존하고 있다는 점에서 큰 가치가 있다.

지상 3층, 지하 1층으로, 각층은 316.68㎡(95.79평)이고 3층은 다락층이며, 연면적은 1,194.59㎡(361.33평)이다.

**배재학당 소풍**(1908년 9월 배재학당 교사와 학생들의 가을 소풍 사진)
장소는 정확히 확인할 수 없으나 선교사 부인들이 가마를 타고 왔던 것으로 보아 서울 교외 먼 곳에서 야유회를 열었던 것으로 보인다. 학생들은 한복 교복을 입고 모자를 착용하였으며 학생들이 행렬하면서 앞세웠던 각종 깃발도 보인다. 〈출처 및 저작권: 한국기독교역사박물관〉

# 3. 정동제일교회 3·1운동의 요람

사적(史跡)으로 지정된 정동제일교회[15]는 1885년 10월 11일(창립일) 아펜젤러 목사의 집례로 한국 개신교 최초의 성찬식을 거행하였다.[16]

첫 건축 예배당은 1897년 12월 26일에 봉헌되었다. 당시 교인들은 학생과 부녀자 중심으로 되어있어서 헌금이 많이 나올 수 없는 형편인데, 어떤 여학생이 자신의 머리를 잘라 헌금한 사건은 전 교인을 감동시키기에 충분했다.

---

15) 서울특별시 중구 정동길 46

16) 정동제일교회, 새문안교회, 남대문교회는, 1885년 6월 21일 제중원에서 공식적으로 예배를 드린 제중원교회(외국인이 중심이 된 연합교회)와 연결되어 있어서 각 교회가 표방하는 설립일을 그대로 인용하였음

첫 건축 예배당(1910년). 앞 건물은 사택
〈출처: 서울역사박물관〉

헌당 당시 머릿돌 상자에 《찬미가》, 《한문성경》, 《성경문답서》, 《1895년도 선교 회의록》, 〈선교사 명단〉, 《Korea Repository》 1895년 1월호 등을 넣었다.

붉은 벽돌 예배당 옆건물은 1979년 4월 15일 감리교 선교 100주년을 기념하여 봉헌되었으며, 1층에 아펜젤러 기념박물관이 있다.

교회당 마당에는 1885년 4월 5일 부활주일에 내한하여 1902년 6월 11일 순직하기까지 정동제일교회의 초대 목사로 시무한 아펜젤러의 흉상과 2대 담임(1902~1913) 최병헌 목사(1858~1927)의 흉상이 있다.

### 우리나라 최초의 파이프오르간

1918년 벧엘예배당에 설치한 파이프오르간이 우리나라 최초의 파이프오르간으로, 1916년 본 교회 성도인 하란사[17]가 미국에서 동포들을 대상으로 파이프오르간

벧엘예배당(정면에 파이프오르간이 보인다)
〈자료 제공처: 대한민국역사박물관〉

---

17) 하란사(1872~1919): 본명은 김란사. 이화학당을 졸업하고 남편과 함께 일본 유학 후 1906년 미국 웨슬리안대학 유학 중 남편의 성을 따라 하란사로 개명. 귀국 후 이화학당에서 교편을 잡았을 때 유관순에게 민족정신을 일깨워 주었다. 1916년 신학 공부를 위해 미국에 유학 중 파이프오르간 모금 운동을 하여 정동제일교회에 설치하였다. 귀국 후 1919년 고종의 밀사로 파리 강화회의에 참석 예정이었으나 갑작스러운 고종의 죽음으로 무산되자, 개인 자격으로 참석하기 위해 베이징에 갔다가 급서했는데, 독극물에 의한 사망으로 추정된다.

구입 모금 운동을 벌여 1918년에 설치하였다. 그러나 6·25 전쟁 중 예배당이 폭격을 맞아 부서지면서 파이프오르간도 파손된 것을 2003년에 다시 설치하였다.

## 3·1운동 민족대표(이필주 목사, 박동완 전도사)와 유관순

3·1운동의 민족대표 33인 중 한 사람인 이필주(1869~1942) 목사는 서울 정동에서 태어나 1903년 서울 상동교회에서 스크랜턴에게 세례를 받고 그 후 상동청년학원 교사를 역임했다.

협성신학교에서 수학한 후 1915년 미국 감리교연회에서 목사 안수를 받은 후, 1918년부터 정동제일교회를 담임했다. 일찍이 상동교회 전덕기 목사와 교류하면서, '상동파' 일원으로 민족운동에 참여했고, 3·1운동이 일어났을 때는 민족대표 33인 중 1인으로 참여했다가 3년간 옥고를 치렀다.

출옥 후 서울 미아리교회와 연화봉교회를 거쳐 남양교회를 담임하다가 1934년 은퇴하였다. 은퇴 후에도 신사참배를 거부하는 등 끝까지 신앙 양심을 지켰다.

박동완(1885~1941) 전도사도 33인 중 한 사람으로 2년간 옥고를 치른 후 1933년 하와이에 망명하여 한인교회에서 목회하였다.

정동제일교회는 2명의 민족대표 외에도 이 교회에 출석하던 유관순[18] 열사를 배출한 민족운동의 중심교회가 되었다.

---

18) 유관순: 1902년 12월 16일 충남 천안의 기독교 집안에서 태어나, 미션스쿨인 영명학교를 거쳐 서울 이화학당에 재학 중 1919년 3.1 만세운동에 참여하였고, 3월 10일 전국적인 휴교령으로 고향에 돌아와 1919년 4월 1일 병천시장에서 수천 명이 참가한 독립 만세운동을 (아우내독립 만세운동) 주도하여 서대문형무소에 수감 되었고, 1920년 3월 1일 감옥에서 수감자들의 만세 운동을 주도, 고문으로 인해 1920년 9월 28일 순국하였다.

# 4. 최초의 여자학교 이화학당

정동제일교회를 지나면 바로 우측에 1905년 을사늑약의 현장인 중명전이 나오고, 조금 더 가면 이화여자고등학교가 있다.

프라이홀 〈출처: 서울역사박물관〉

## 설립 배경

이화학당은 1886년 감리교 여 선교사 메리 플레처 스크랜턴(Mary Fletcher Scranton, 1832~1909)이 자택에 세운 학교다. 처음에는 한옥으로 지은 교실을 사용하다가

1899년 양옥교실인 메인 홀, 심슨 기념관, 프라이 홀 등을 지어서 본격적인 캠퍼스의 모습을 갖추었다. 메인 홀은 한국전쟁 때 파괴되었고, 프라이 홀은 1975년 화재로 소실되어, 옛 건물 중 심슨기념관(국가등록문화재)만 남아 있다.

## 설립자 스크랜턴

스크랜턴은 한국 여성 교육의 선구자로 1832년 12월 9일 미국 매사추세츠 감리교 벤튼 목사 딸로 태어나 결혼 후 아들 윌리엄 벤튼 스크랜턴[19]을 낳았으나 1872년 남편과 사별하고 아들과 함께 선교사로 임명되어 1885년 53세의 나이로 내한했다.

1886년 5월 31일, 한 명의 학생으로 이화학당을 개교, 그리스도 정신에 의한 한국사회에 이바지할 수 있는 여성 육성이라는 교육목표를 통해 유관순 같은 독립 운동가를 배출했다. 이화학당 재학 중 1919년 3·1운동에 참여하여 옥중에서 순국한(1920. 9. 28) 유관순에게 1996년 개교 110주년을 맞이하여 명예 졸업장을 수여하였다.

스크랜턴은 여성교육 외에 선교에도 힘을 써 학당 내에 주일학교를 세웠으며, 상동교회, 동대문교회, 아현교회를 설립하였고, 1909년 10월 8일 별세(77세)하여 양화진외국인선교사묘원에 묻혔다.

1935년 보통과(이화여고)는 이 자리에 남고, 고등과(이화여자대학교)는 신촌으로 옮겨 오늘에 이르게 되었다. 이화여자대학교에 있는 문화재는, 1935년에 완공된 본관 건물로 미국인 후원자 파이퍼를 기념한

---

19) William Benton Scranton,(1856~1922) 예일대학과 뉴욕의과대학 졸업, 미국감리교회 목사, 그의 어머니와 함께 1885년 내한. 처음에는 정동에서 의료사업을 하였으나 가난하고 소외된 계층을 위해 남대문과 동대문 시장에 시약소를 설립하였다. 헤리스 감독과 갈등을 빚어 1907년 감리교 선교사직을 사임, 개인적 의료 활동을 한 후, 1918년 일본 고베 외국인병원에서 근무하다가 1922년 일본에서 소천하였다.

**서울지역 장로교, 감리교 선교사(1886년)** 〈출처: 연세대학교박물관 소장 자료〉
서울 정동의 언더우드 선교사 사택에서 찍은 것으로 보이는데, 언더우드와 아펜젤러를 비롯해
장로교와 감리교의 초기 선교사들이다.
(뒤) 헤론, 아펜젤러, 스크랜턴
(가운데) 헤론 부인, 아펜젤러 부인, 스크랜턴 부인, 스크랜턴 어머니
(앞) 앨러스(Annie Ellers), 언더우드


파이퍼홀과, 1935년도에 지어진, 학교체육시설로 가장 오래된 건물로
감리교 부인선교부의 한국 사업 간사였던 토마스 여사의 업적을 기리
기 위한 토마스홀이 있다. 이 건물들은 모두 미국인 건축가 보리스[20]가
설계하였다.


## 이화박물관(심슨기념관)

학교 동문에 들어서면 심슨기념관인 이화박물관[21]이 있다.

---

20) 윌리엄 보리스(1880~1964)는 일본에서 '윌리엄 보리스건축사무소'를 운영하던 기독
교인으로 공주영명학교, 계성학교 본관, 안동교회, 철원제일교회, 연세대학 등 많은
기독교 계통 건물을 설계하였다.
21) 서울특별시 중구 정동길 26.

남대문로 전경(1910년), 멀리 우측에 상동교회, 그 앞이 명동성당이다. 〈출처: 서울역사박물관〉

　박물관에 들어서자 수십 명의 회교 외국인 여자 학생들이 단체로 관람을 하고 있었는데 말레이시아에서 온 학생들이라고 한다. 방송 카메라 앞에서 인터뷰하는 학생들도 있었는데, 왁자지껄했다.

　기독교계 학교에 회교 학생들이 단체로 온 것이 신기했다.

박물관 앞에선 이슬람 여학생

이 건물은 미국인 사라 심슨(Sarah J. Simpson)이 죽을 때 기탁한 기금으로 1915년 이화학당에 세워졌으며, 기증자의 이름을 따 심슨 홀이라 불리게 되었고, 그 후 이화학당 창립 120주년을 기념하여 2006년 5월 31일 이화박물관으로 재탄생(개관)하였다.

지하 1층 지상 3층의 벽돌 건물로, 1922년 교실 부족으로 증축되었는데 당시 방이 모두 24개였다. 6·25 전쟁 때 폭격으로 무너진 부분을 1961년 변형된 모습으로 증축하였고, 이후 2011년 교내에 흩어져 있던 벽돌과 화강석으로 원형을 복원하였다. 지금은 이화박물관과 다양한 교육을 위한 공간으로 활용하고 있다.

### 박물관 둘러보기

박물관 1층에는 대한민국 여성 교육의 발자취를, 2층에는 이화학당의 역사를, 3층에는 이 학교와 깊은 인맥이 있는 작가의 작품을 전시하고 있다.

# 5. 남대문교회

남대문교회[22]는 서울 역 건너편 빌딩 숲에 있어서 길에서 잘 보이지 않는다.

**교회 연혁**

예배당 안내판에는 "남대문교회는 1885년 4월 10일 알렌이 제동에 세운 광혜원에서 태동하였다."고 되어있고, 교회 홈페이지(연혁)는 1885년 6월 21일 알렌의 집에서 드린 예배를 남대문 교회의 공식적 예배라고 하여 제중원교회를 남대문교회의 기원으로 보고 있으며 설립일은 1887년 11월 21일(홈페이지 연혁)로 되어있다.

남대문교회는 1910년 12월 4일 세브란스병원 구내에 예배당을 헌당

---

22) 서울특별시 중구 퇴계로 6. (남대문교회당 입구에 '중구 공영주차장'이 있음)

하였으나 1950년 6·25 전쟁으로 소실되었고, 현재의 예배당은 1955년 7월 27일 기공예배를 드렸고(1958. 6. 25. 정초식), 1969년 11월 21일 지하 2층, 지상 5층의 예배당 헌당식을 하였다.

### 건물의 특징

고딕 양식의 석조 건물로 건축가 박동진의 작품으로 1950년대 석조 건축양식을 잘 보여주고 있다. 세부 표현이 아름다운 외관과 장방형의 단순한 내부평면이 비교적 양호하게 보존되어 있어 건축사 측면에서 보존가치가 높아 '서울미래유산'으로 지정되었다.

### 3·1운동의 주역

남대문교회는 함태영 조사[23]와 민족대표 33인 중 한 사람인 이갑성 집사 그리고 학생 진영 대표 중 한 사람인 이용설을 배출하였는데, 함태영과 이갑성은 옥고를 치렀고, 이용설은 중국으로 망명하는 등 남대문교회는 3.1운동을 이끌었다.

---

23) 함태영 조사: 복심법원 판사, 연동교회 장로, 남대문교회 조사(담임), 청주제일교회 목사, 제3대 부통령(자세한 내용은 본 책 P.152 참조)
　*조사: 오늘날의 전도사로 선교 초기의 과도기적 직임

## 고층 콘크리트 숲 속의 휴식 공간

남대문교회는 서울역 앞 고층건물들에 둘러싸여 있었지만, 오솔길과 쉼터, 그늘진 공간 등 삭막한 콘크리트 건물 사이에서 사막의 오아시스 같은 휴식 공간을 시민들에게 제공하고 있었다. 직장인 몇 사람이 점심 식사 후 커피를 마시는 모습이 보였는데 교회가 영적 충전뿐 아니라 육적인 충전에도 관심을 가져 지역사회에 이바지하는 모습이 인상적이었다.

## 한국 교회음악의 선구자 박태준 찬송비

예배당 우측에, 한국 교회음악의 선구자 박태준(1900~1986)의 찬송비(나 이제 주님의 새 생명 얻은 몸)가 서 있다. 이 찬송 외에도 '오빠생각', '동무생각' 등 150여 곡을 작곡한 박태준은 1945년부터 1973년까지 남대문교회에서 찬양대 지휘자로 사역하였다.

어릴 적 대구제일교회에 출석하면서 음악에 관심을 가져 미국에서 음악을 전공하고 숭실대학교 교수를 거쳐 연세대학에 음악학과를 개설하여 학장을 역임하였다.

# 6. 구세군의 본산 **구세군중앙회관(정동 1928 아트센터)**

정동제일교회에서 새문안교회로 가는 길(덕수궁 길)의 덕수궁 영역에 구세군 건물이 길게 늘어서 있다.

구세군중앙회관[24]은 구세군 사관 양성 및 선교와 사회사업을 위해 1928 년 벽돌 2층 건물을 완공했다. 1959년 건물 일부를 증축하고 구세군

---

24) 서울특별시 중구 덕수궁길 130

(1935년경) 앞쪽의 건물은 구세군사관학교(정동1-28번지 구역)이며, 그 왼쪽에 있는 건물은 경성여자공립보통학교(정동 1-6번지)이다. 뒤쪽 언덕에 철탑이 높게 서 있는 곳이 1926년 2월 16일 개국한 경성방송국 〈출처: 서울역사박물관〉

대한본영의 사무실 일부가 입주했는데, 이때부터 '구세군중앙회관'으로 불리게 되었다. 일부 증축과 개조가 있기는 했지만, 건축 당시의 원형을 비교적 잘 유지하고 있으며 1920년대 후반 서울의 10대 건축물 중 하나에 꼽혔을 정도로 건축사적 의미가 깊다.

또한 일제 강점기부터 신사참배 반대운동, 6·25 전쟁 상흔과 한국의 근대화 과정을 함께 경험한 구세군의 역사를 보여준다는 의미도 담겨 있다. 이러한 가치를 인정받아 2002년에는 서울특별시 기념물로 지정되었고, 2019년부터 〈정동 1928 아트센터〉를 설립하여 열린 문화예술 공간으로 운영하고 있다.

### 건물의 특징

건물의 외관은 단순하지만 좌우 대칭의 안정감을 느끼게 하며, 마치 고대 그리스의 신전처럼 4개의 큰 기둥은 출입문 위에 있는 삼각형의 박공(페디먼트, pediment)을 떠받치고 있는 모습이다. 목조 트러스 구조가 대강당 지붕을 받치고 있는 영국의 전통양식이 돋보이는 구조로 대강당 내부에는 기둥이 없다.

책을 펼쳐서 엎어놓은 구조를 닮은 박공 구조의 지붕 또한 특별한 설계형식으로 주목받고 있다.


### 구세군역사박물관

2003년 설립된 2층 건물의 구세군역사박물관은 구세군 한국군국이 '마음은 하나님께, 손길은 이웃에게'라는 슬로건으로 1908년부터 이 땅에 펼쳐온 사랑과 봉사 그리고 섬김과 나눔의 발자취를 돌아볼 수 있는 공간이다.

1층은 한국에서의 선교활동과 교육사업 그리고 신앙고백과 구세군의 상징들을 소개하고 있고, 독립운동가 및 순교자에 대한 내용도 있으며, 100년이 넘는 성경과 찬송가를 비롯한 유서 깊은 기독교 문화유산과 구세군 유물을 전시하고 있다.

2층은 자선냄비 체험 및 구세군이 전도할 때 사용하는 악기들을 볼 수 있다. 사전예약을 하지 않아 자율 관람을 하였는데 평일에 한산하여 관람하기 좋았다.

# 7. 새문안교회 최초의 조직교회

우리나라 최초의 조직교회[25]인 새문안교회를 찾았다. 서대문역 부근
대로에 회색의 곡선으로 이루어진 건물이 새문안교회[26] 건물이다.

---

25) 조직교회: 치리회인 당회(목사와 장로로 구성)가 조직되어 있는 교회로, 치리회는 당
회, 노회, 총회가 있다.
26) 서울특별시 종로구 새문안로 79 (명칭: 정동교회 → 서대문교회 → 새문안교회)

〈출처: 대한예수교장로회 새문안교회 교회역사관〉

건물 좌측 하단의 새문안교회라는 표지석과 맨 위의 십자가를 보지 못했다면 박물관 건물로 생각되기에 충분하다. 건물 입구 우측에 언더우드 선교사 기념비와 김영주 목사 순교기념비가 서 있다.

2015년 완공된 이 건물은 새문안교회의 여섯 번째 건축된 예배당으로 약 3년 6개월의 공사 기간을 거쳐 지하 6층, 지상 13층, 연면적 29,388㎡로 축구장 약 4개 크기에 달한다.

그리고 건물 앞부분은 타원형으로 공간을 두어 시민들이 이용하도록 배려하였다. 이 건물은 2019년 미국 아키텍처 마스터프라이즈(AMP) 건축설계(문화건축 부문) 수상작으로 선정되어 창의적인 건물로 인정받았다.

노춘경 (盧春京)
〈출처: 서울역사박물관〉

## 교회 역사

처음에 선교사들은 각자 집에서 예배를 드렸으나, 1885년 6월 21일 알렌의 집에서 알렌 부부, 헤론 부부, 스크랜턴 여사가 모여 최초의 외국인연합 주일예배가 시작되었고, 10월경에는 다른 선교사들과 미국 대사관 직원, 미국 군함 함장 등이 참석하여 아펜젤러 선교사를 중심으로 한 외국인연합교회가 활성화되었다.

그 뒤에는 한국인들이 참석하기 시작하였고, 언더우드 선교사는 1886년 7월 18일 주일에 노춘경(魯春京)에게 세례를 베풀었는데, 이것이 한국에서 한국인에게 처음으로 세례를 베푼 것이다.

1887년 9월 27일(화요일 밤) 언더우드 목사, 로스 목사(잠시 다니러 옴) 그리고 서상륜, 노춘경 등 한국인 14인이 정동에 있는 언더우드 목사 자택에서 예배를 드리므로 창립되었고, 10월 2일 장로 2인(이름은 모름)이 안수받아 우리나라 최초의 조직교회가 되었다.

서상륜(1848~1926)은 의주 출신으로 1878년 만주에 갔다가 열병에 걸려 영국 선교사 로스와 매킨타이어의 극진한 진료로 살아났다. 그 뒤 회심하고 로스 목사와 최초의 번역서 《누가복음》을 발간하였고, 로스 목사로부터 세례도 받았다. 그는 영국성서공회 첫 조선인 권서로 임명되어 성경을 몰래 반입하여 전파하다가 피신하여 황해도 소래교회를 설립하고, 그가 전도한 교인들과 함께 새문안교회를 창립했다.

새문안교회는 첫 성찬식을 1887년 성탄절에 언더우드 목사 사택에서 7명이 참석하여 시행하였다.

언더우드 선교사 부인은 모화관 근처에 진료소와 수요일마다 열리는 여성 집회소를 개설하여 성경, 한글과 합창을 가르치면서 복음을 전했다.

세 번째 예배당을 1895년 착공하였을 때는 자금이 부족하여 선교사와 교인들이 노역을 담당하였다. 마침 여름에 콜레라가 창궐하여 예배당 건축을 중단하고, 선교사 부부와 교인들이 구호와 간호 활동을 전개하자 조선 정부에서 감사의 표시로 이들에게 일당을 지급하였고, 교인들은 이것을 모두 건축헌금으로 드려 20칸 짜리 목조 한국식 예배당을 건축하였다.

새문안교회 첫 예배당(1887년)

## 김영주 목사(1896~1950) 순교

함북 명천 출생으로, 일본에서 신학을 공부한 후 1933년 남대문교회를 거쳐, 1944년 새문안교회에 부임하였다. 1950년 6·25 전쟁 때 서울에 남아서 교회를 지키던 중 북한군이 예배당에서 선전용 연극공연을 하려는 것을 못 하게 막자, 8월 10일 북한군에게 끌려가 54세의 나이에 순교하였다.

언더우드 선교사
〈출처: 서울역사박물관〉

언더우드 기념비(1927년)와 김영주 목사 순교비

## 언더우드 목사(제1대 당회장)

1885년 4월 5일, 26세의 미혼으로 한국에 건너와 찬송가 발행과 성경번역, 장로교 초대총회장, 경신학교, 연희전문학교 설립과 20여 교회 설립 등 많은 일을 하였다. 또한 1894년 찬송가인 '찬양가'를 펴내었는데 117편(악보 88곡)의 곡을 실어 우리나라 최초의 오선 악보집으로 인정받아 2011년에 국가등록문화재로 지정되었다.

한국 선교를 개척하며 여러 방면에서 열정적으로 복음을 전하던 그는 누적된 과로로 인해 미국에 요양하러 갔다가 1916년 10월 12일 오후 3

시 30분 뉴저지주 아
틀랜틱에서 57세로 하
나님의 부르심을 받았
다. 언더우드 선교사의
묘는 1999년 양화진으
로 이장되었다.

《찬양가》〈출처: 문화재청 국가문화유산포털〉

## 원두우(언더우드) 목사 별세

30여 년 전부터 미국에서
건너와 예수교 전도에 일생
을 바치고, 조선기독교의 기
초를 만든 원두우(元杜宇,
언더우드의 한국 이름) 목사
가 금년 유월에 미국에 들어
가 요양 중 지난 12일 이 세
상을 떠났다. (중간 생략)

지금 조선에는 120여 명의 선교사들이 들어와 있지만, 원두우 선교사가 초기
에 들어와 조선기독교의 터를 닦았고, 신구약 선경번역과 같은 큰 사업도 원 목
사가 중심이 되었다. 사대문 안에 있는 정동예배당도 원 목사가 사택에서 시작
하여 지금과 같이 성장시켰고. 조선기독교의 여러 교파 중 북장로교가 가장 발
전된 것도 원 목사의 힘인데, 원 목사가 본국에 가서 재정 청원과, 많은 선교사
가 조선 오도록 힘썼다. (중간 생략)

원두우 목사가 처음 입국하였을 때, 경성에 기독교 신자가 거의 없어서 입국
과 동시에 전도 연설을 시작하였는데, 한 사람도 귀를 기울이지 않았고, 여러
사람들에게 온갖 모욕을 당하는 등 어려움이 많았다.

그의 친형은 미국에서 유명한 자산가인데 원 목사는 유복한 가정에서 귀중히
길러졌고, 친구들은 그를 팔자 좋은 사람이라고 부러워하는 처지로 직업을 얻
어 사회에 나갈 길이 많이 있었지만 스스로 즐겨하여 선교사로 몸을 던진 것이
다. 친형과 친구도 반대하였지만 원 목사는 듣지 않고 친형이 나누어주는 재산

도 물리치고 얼마의 여비와 약간의 짐만 가지고 홀몸으로 조선에 건너왔다. 원 목사의 성품은 매우 근엄하나 신도에 대하여는 친절하기가 한량없어 신도들은 모두 그를 아버지와 같이 사랑하였다.

매일신문(1916. 10. 19) 〈출처: 국립중앙도서관 소장 자료〉

## 원두우(언더우드) 목사 미망인의 아름다운 이야기

원두우 선교사가 사망한 지 1년이 지난 5월 30일(1917년) 밤 미망인은 아들 원한경과 함께 서울에 돌아왔다.

남편이 사망하자 조선을 사랑하던 고인의 뜻을 생각하여 시신을 경성으로 운반하여 안장하려고 하였으나 운구비용이 삼천 원이나 들어, 차라리 이 돈을 좋은 사업에 기부하는 것이 고인의 뜻에 합당하다고 생각하여 예수교 각 교파가 연합하여 운영하는 사립경신학교(현 연세대학교)의 학교건축비로 기부하였다. (뒷부분 생략)

매일신보(1917. 6. 2) 〈출처: 국립중앙도서관 소장 자료〉

---

**새문안교회가 배출한 독립운동가 김규식 장로(1881~1950)**

어릴 때 언더우드의 아들로 입양된 김규식은 미국 유학을 다녀와 새문안교회 장로로 봉직하다가, 1911년 일제의 105인 사건으로 인해 1913년 중국으로 망명하였다.

1943년 대한민국임시정부 부주석을 지내고 광복 후 귀국하였으나, 1950년 6.25전쟁 당시 북한군에 납치되어 12월 10일 69세로 별세하였다.

---

김규식 장로 전별식(1913년, 새문안교회) 앞줄 왼쪽에서 네 번째 언더우드, 다섯 번째 김규식
〈출처: 대한예수교장로회 새문안교회 교회역사관〉

언더우드 선교사 사택. 형인 존 토마스 언더우드가 선물한 서울의 언더우드 자택 모습
〈출처: 서울역사박물관〉

# 8. 양반과 백정이 함께 예배드린 **승동교회**

승동교회[27]는 인사동에 위치해 있는데 바로 앞에 탑골공원이 있다. 교회 표지판이 붙어있는 긴 골목길을 따라 들어가면 긴 게시판에 붙어있는 사진들이 교회의 역사를 말해주고 있다.

규모가 큰 예배당과 기와로 된 부속건물 그리고 주차장이 눈에 들어왔다. 예배당을 높은 빌딩 사이에 숨겨놓은 듯하다.

---

27) 서울특별시 종로구 인사동길 7-1

## 교회 설립

1893년 6월 미국 선교사 사무엘 무어 목사(모삼열 Samuel F. Moore, 1860~1906)에 의해 곤당골교회(승동교회 전신)가 설립되었다. 사무엘 무어 선교사는 미국에서 목사의 아들로 태어났으며 그의 형도 목사이고, 동생은 장로로 온 가족이 믿음의 가정이었다. 그는 1892년 32세의 나이에 우리나라에 들어왔는데 한국어에 남달리 뛰어나 1년이 되지 않아서 전도를 시작했다.

선교사는 당시 하층계급으로 여겨지던 백정들을 전도하였으나 교인들의 대부분을 차지하던 양반 교인들이 백정과 같이 예배드릴 수 없다고 하여 한동안 교회를 떠났다가 돌아오는 일도 있었는데, 백정 박성춘은 심한 병으로 앓고 있던 중 고종황제의 어의로 의료선교사인 에비슨(O. R. Avison)이 집에까지 와서 치료해주자 큰 감동을 받고 예수를 믿어 1911년에 장로가 되었다.

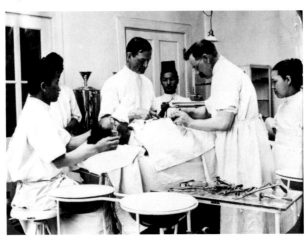

**에비슨의 수술 장면 유리 건판.**
조수 박서양이 에비슨에게 가위를 건네고 있다. 세브란스병원에서 수술 장면은 대한제국 당시의 수술실, 수술 도구, 수술 인력, 수술 복장 등을 보여주는 희귀한 사진 원판필름이라는 점에서 사료적 가치가 크다.
〈국가등록문화재〉 〈출처: 문화재청 국가문화유산포털〉

또한 그의 아들 박봉출(박서양 1885~1940)도 아버지와 같이 곤당
골 교회에 다니면서 믿음 생활에 열심을 다했다.

박서양은 1908년 세브란스 의학대학 1회로 졸업하여 한국인 최초의
외과 의사 중 한 사람이 되어 모교에서 강의를 하다가, 1918년에 만주
에서 교회와 병원, 학교를 설립하고 독립운동에 힘썼고, 1936년 귀국
하여 개인 병원을 운영하다가 1940년 12월 15일 소천하였다.

## 건물의 특징

서울시 유형문화재인 예배당은 1912년에 완공(1913. 2. 16 헌당)되
었다. 붉은 벽돌 건물은 동적인 구조를 갖춘 초기 개신교 예배당의 대
표적인 건물로 그 규모가 웅장하다.

건물 1층 방들의 벽이 2층의 넓은 예배실 공간과 바닥을 받쳐주는

**동대문 문루에서 바라본 종로(1911년)** 〈출처: 서울역사박물관〉
종로를 관통하는 전차선로는 동대문의 홍예를 향해 이어지며, 왼쪽으로 휘어진 선로는 동대문
전차 차고(발전소 및 기계창)로 들어가도록 되어있다. 시내 안쪽에는 드문드문 2, 3층 높이의 서
양식 건물들이 들어서 있으며, 주로 서양인 선교사들에 의해 건립된 학교나 교회의 용도로 사용
되었다.

벽돌조 건축의 전형적인 방식을 채택하고 있다. 예배당은 수리와 증축이 거듭되면서 건물의 외벽에 구조적 결함이 생겨, 외관을 훼손하지 않는 범위 내에서 철골로 보강하여 안전하게 복원하였다.

건물의 벽체와 창호 주변, 지붕과 바닥 틀 등은 20세기 초 서양식 건축기술의 정착과정을 살펴볼 수 있는 귀중한 자료다.

예배당 내부 〈자료 제공처: 대한민국역사박물관〉

### 3·1 운동

1919년 2월 20일 승동교회당 1층에서 승동교회 면려청년회장 김원벽은 제1차 학생지도자 회의를 열고 3·1학생 독립만세운동을 숙의하였으나, 독립만세운동이 범국민적으로 이루어지게 되어 23일 학생측이 작성한 독립선언서를 소각하고 28일 3·1독립선언서를 배포하였다.

한편 승동교회 차상진 목사는 일제의 탄압에 반대하는 "12인 등의 장서"[28]를 조선 총독에게 제출하고 투옥되었다.

---

28) 1919년 3월 12일, 각도 대표 12인의 이름으로 발표한 독립선언서

## 9. 연세대학교 우리나라에서 제일 오래된 사립대학

연세대학교의 상징인 설립자 언더우드 선교사 상

    연세대학교[29]는 우리나라에서 가장 오래된 사립대학교로 국가등록 문화재와 사적(史跡) 그리고 복원된 광혜원 등 볼거리가 많고, 특히 언더우드 선교사 가족과 그 후손들의 발자취가 남아 있는 곳이다.

---

29) 서울특별시 서대문구 연세로 50

## 연세대학교 설립

1886년 언더우드는 고아원을 겸한 교육기관인 경신학당을 설립하고, 1915년 경신학교 대학부(조선기독교대학)를 설립하여 교장을 맡았고, 세브란스의학교 교장 에비슨이 부교장을 맡았다.

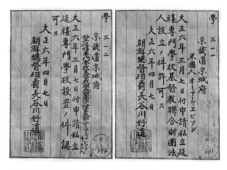

**서울 사립 연희전문학교 정부허가서**
1917년에 총독이 연희전문학교 기독교연합재단법인 설립과 사립 연희전문학교 설치에 대한 에비슨의 신청을 허가한다는 내용 〈출처: 서울역사박물관〉

**언더우드(1884년)**
〈출처: 서울역사박물관〉

언더우드 선교사가 1916년 4월 건강 악화로 미국으로 돌아가 10월에 숨지자 에비슨이 경신학교 대학부와 세브란스의학교 교장을 겸임하게 되었고, 1917년 연희전문학교(4년제) 허가를 받았으며, 1946년 연희대학교(종합대학교)로 승격되고 1957년 연세대학교로 교명이 변경되었는데, 우리나라 최초의 남녀공학이다.

## 언더우드가(家) 기념관

'서울 연세대학교 언더우드 가옥'이라는 이름으로 국가등록문화재로 지정된 언더우드가 기념관은 나무에 둘러싸여 있어서 신비로움을 더해 준다. 연희전문학교의 제3대 교장 원한경 박사(언더우드 2세)는 1927년 연희교정 서편 언덕에 사택을 지었는데, 1952년 6·25 전쟁 중 피폭되어 1955년 원한경 박사의 아들 원일한(언더우드 3세) 박사가 재건축

**존 모트 박사와 함께한 에비슨과 언더우드(1907년)** 〈출처: 서울역사박물관〉
뒷줄 왼쪽 4번째 존 모트, 가운데 한복 이상재, 맨 오른쪽에는 언더우드와 에비슨(Oliver R. Avi-
son) 선교사. 1910. 6. 14.~23. 스코틀랜드 열린 세계선교사대회에 참석하기 전에 존 모트 박사
와 한국 주재 선교사들이 찍은 사진.
John R. Mott(1865~1955)는 선교사 활동경력이 없지만 선교동원가로 활동, 1921년 국제선
교협의회(IMC)를 조직하고, 1948년 세계교회협의회(WCC) 창립에 기여하였으며, 1946년 미국
YMCA 회장 재직 시 노벨평화상을 수상하였다. 1907년 한국을 방문한 그는 한국이 비기독교
국가중 첫 기독교 국가가 될 것이라고 예견하였다.

하였고, 1974년 원일한 박사가 이 사택과 주변 토지 약 1만 평을 연세
대학교에 기증하여, 2003년 이곳을 "언더우드가(家) 기념관"으로 개관
하였다.

그러나 2016년 11월 24
일에 화재가 발생하여 건물
내부가 상당히 타거나 그을
렸는데, 다행히 전시품 대부
분은 피해를 입지 않았다.
화재로 1년 가까이 방치됐

던 연세대학교 '언더우드가(家) 기념관'은 설계도면을 참고하여 개보수 공사를 마치고 2018년 5월 11일 재개관하였다. 이곳은 1949년에 원한경의 아내가 괴한에게 피격되어 사망하는 안타까운 일이 발생한 곳이다.

## ▎「국경 넘은 사랑의 발로」

### 선교사 부인 살해범에 감형을 요청한 남편의 탄원서

1949년 3월 17일 원한경(언더우드 2세) 선교사의 부인(Ethel 언더우드)이 복면 괴한으로부터 피격되어 사망(60세)한 사건에 대해, 남편 원한경 선교사는 범인을 감형해 달라는 탄원서를 이승만 대통령에게 보낸 '민주중보'기사 내용이다.

"나의 아내를 살해한 범인 3인에 대해 사형을 언도한데 대해 국가법 질서에 따라 마땅한 판결이지만, 자신들이 한국 땅에 온 것은 오로지 이 나라를 돕고 젊은 청년들을 위해 온 것으로 우리의 가족들은 비단 한국의 문화와 교육뿐만 아니라 기독교 선교사로서 적을 사랑하고 죄인을 용서하라는 가르침을 한국에 널리 펴기 위한 것입니다. 본인은 한국의 모든 사람, 특히 젊은 청년들을 깊이 사랑하였습니다. 죽은 아내의 소원이요 또한 자신이 바라는 것으로, 한국 사람들이 앞으로 기독교를 더욱 더욱 알게 되어 더 유족한 생활을 할 수 있기를 바라는 것입니다.

그러므로 우리의 가족 때문에 한국 동포 중 어떠한 사람이라도 죽게 되는 것을 원치 않습니다. 한국에 있는 우리뿐 아니라 멀리 미국에 있는 우리 가족들도 이와 같은 생각을 가지고 있으며, 나의 죽은 아내도 같은 생각일 것입니다. 그들을 자유롭게 풀어달라는 것이 아니라 생명만은 지키고 싶습니다.

범인들이 상소하여, 형이 경감되면 이 청원이 필요 없겠지만 어떻게 될지 몰라 청원합니다. 우리는 한국 사람들로부터 많은 은혜를 입었습니다. 각하께서 은전을 베풀어 주시기 바랍니다. 언더우드 가족 일동"

⟨출처: 국립중앙도서관 소장 자료⟩(민주중보 1949. 11. 12)

　지하 1층, 지상 2층(다락층)의 기념관에는 고종 황제가 언더우드 선교사에게 하사한 '사인참사검'과 명성황후가 선물한 손거울 등 언더우드 가문의 유품 150여 점이 전시돼 있다.

　지하 1층은 아이들의 침실, 창고, 세탁실 등으로 사용되던 공간을 '여행과 사랑'이라는 주제의 전시실로 꾸며 개방하고 있고, 1층은 응접실과 서재, 주방과 식당 등으로 사용되던 공간을 언더우드 1세~3세의 이름을 붙인 전시실로 꾸며 개방하고 있으며, 다락층은 아이들 놀이

(1898년) 한국에서 1888년에 결혼한 언더우드 부부의 신혼여행을 겸한 서북지방 전도여행.
(맨 앞사람이 언더우드 목사. 가마 옆에 서 있는 어린이가 큰아들 원한경)
〈출처: 연세대학교박물관 소장 자료〉

덕수궁에서 열린 조선주일학교대회에서 설교 중인 언더우드(1913. 4. 19.) 〈출처: 서울역사박물관〉

공간으로 사용되던 공간을 휴식공간과 사무실로 꾸미며 개방하고 있다. 언더우드가는 4대까지 한국을 섬기는 일을 계속하고 있다.

### 광혜원

대학 중심부를 가로지르는 백양로(언더우드길) 우측 길을 따라 약 400m 걸어가면 100주년 기념관과 학생회관 사이에, 실제 크기로 복원한 광혜원이 있고, 광혜원 뒤에는 세브란스병원이 자리 잡고 있다.

광혜원은 미국 북장로교 선교사 알렌이 고종의 어의가 되어 민영익을 치료한 보답으로 고종의 윤허를 받아 1885년 4월 10일에 설립한 우리나라 최초의

고종 황제 〈출처: 국립고궁박물관〉

복원된 광혜원

현대식 병원으로, 개원 며칠 후 제중원으로 개칭되었다.

1904년 미국인 사업가 세브란스로부터 거액을 기부받아 세브란스병원으로 명칭이 변경되어 연세대학교 탄생에 일조하게 된다.

광혜원은 1885년 4월 5일 서울에 도착한 언더우드 선교사가 처음 일한 곳이기도 하다. 광혜원은 처음에 재동에 있는 홍영식의 저택을 사용하였으나 세월이 흐르면서 원래 건물의 형적조차 찾아볼 수 없게 되자 연세대학교 창립 100주년 기념으로 1987년에 복원하였다.

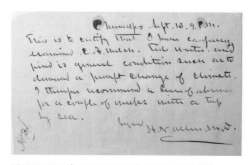

**알렌의 진단서(국가등록문화재)** 〈출처: 문화재청〉.
진단서는 1885. 9. 13. 알렌이 세관직원 웰쉬(C. A. Welsch)에게 발급한 것으로 1~2주간의 요양이 필요하다는 내용이다.

## 우리나라 최초의 근대병원 세브란스병원

광혜원 뒤쪽에 세브란스병원[30] 이 있는데, 과거에 마을마다 세브란스병원(의원)이 있어서인지 정겹게 느껴진다. 우리나라 최초의 근대병원인 세브란스병원은 창립 정신인 '하나님 사랑과 의료서비스를 통한 이웃 사랑'을 실천하고 있다.

---

30) 주소: 서울특별시 서대문구 연세로 50

(1910년대) 세브란스병원. 왼쪽에는 서소문과 정동 일대의 서울 도성의 모습이, 오른쪽에는 백악산과 덕수궁 일대의 전경이 보이고, 맨 오른쪽에는 숭례문(남대문)의 모습도 보인다.
〈출처: 서울역사박물관〉

연세대학교 세브란스병원 〈자료 제공처: 대한민국역사박물관〉

## 사적(史跡)으로 지정된 고풍스런 건물들

　광혜원에서 백양로를 따라 약 400m 걸어 올라가면 건학 이념인 '진리가 너희를 자유케 하리라(요한복음 8장 32절)'는 성경 말씀을 새긴 돌판과 언더우드 동상이 서 있다.

　뒤로 넓은 잔디가 깔린 고풍스런 건물 3개 동이 눈에 들어오는데, 정면에 있는 건물이 언더우드관, 좌측이 스팀슨관, 우측이 아펜젤러관으로 모두 사적으로 지정되어있다.


### 언더우드관

　정면의 건물은 연세대학교의 전신인 연희전문학교에서 1924년에 완공된 연면적 2,700㎡의 근대식 3층 건물로, 설립자인 언더우드(H. G. Underwood)를 기념하기 위해 그의 이름을 따서 언더우드관이라 하였다. 설립자의 장남 원한경(H. H. Underwood) 교수가 초석을 놓았고, 공사 감독은 스팀슨관과 아펜젤러관을 감독한 화학과 교수 밀러(E. H. Miller)가 맡았다. 당시 문학관이라 불리었으며 본래는 강의동으로 사용되다가 지금은 대학본부로 사용하고 있다.

건물 중앙 현관문이 튜더(Tudor: 영국 후기 건축양식)풍의 아치 (Arch 반원형으로 된 구조)로 되어있는 준 고딕 양식의 웅장한 석조 건물이며, 건물의 중앙부는 탑옥이 솟아있다.

## 스팀슨관

본부 좌측에 있는 건물은 연세대학교 전신인 연희전문학교에서 1920년 9월에 완공된 연면적 1,150㎡의 근대식 2층 건물이다. 스팀슨 (C. M. Stimson)이 건축비 2만 5천 달러를 기부하였기 때문에 그의 이름을 따서 스팀슨관이라고 하였다. 학교 설립자인 언더우드의 미망인(L. H. Underwood)이 초석을 놓았고, 공사 감독은 화학과 교수 밀러(E. H. Miller)가 맡았으며, 당시 미국 건축가들이 한국에 와서 설계와 건축을 하였다.

근처 산간에서 나오는 운도편암과 화강석을 주재료로 하여 만든 석조 건물의 건축양식은 준 고딕 양식이며 튜더(Tudor)풍의 아치형 입구를 가지고 있다.

## 아펜젤러관

아펜젤러관은 본부 우측에 위치한 건물로 1924년에 완공된 연면적 1,656㎡의 3층 건물이다. 연희전문학교 설립자인 언더우드와 함께 한국에 와서 선교 활동을 한 아펜젤러(H. G. Appenzeller)를 기념하기 위해 이름 붙여졌다. 건물의 초석은 미국 북감리교의 웰치(H. E. Welch)가 놓았고 감독은 화학과 교수 밀러(E. H. Miller)가 맡았다.

당시 이 건물은 이학관으로 자연과학계 강의동으로 쓰였으며 지금은 사회복지대학원에서 사용하고 있다. 이 건물은 스팀슨관이나 언더우드관처럼 중앙 현관문이 튜더(Tudor) 풍의 아치로 되어있는 준고딕 양식의 단아한 석조 건물이다. 이 건물들은 앞모습뿐 아니라 옆모습과 뒷모습도 아주 웅장하다. 담쟁이 푸른 덩굴이 온 건물을 감싸고 있어서 한여름의 열기를 식혀주고 있었다. 이 건물뿐 아니라 언더우드관 뒤편에 있는 건물들도 이국적인 느낌을 주고 있어 흡사 건축박람회장에 온 것 같았다.

연세대학교는 언더우드대학교라고 불러도 손색이 없을 만큼 건물 곳곳에 묻어있는 언더우드 선교사 가족의 대를 이은 희생과 사랑을 느낄수 있었다.

# 1. 한국기독교100주년기념탑교회

한국기독교100주년기념탑교회 건물[31]은 1883년 개항 이후, 선교사들이 상륙한 지점에 2013년에 세웠다. 마침 어느 교회에서 30~40명이 단체로 방문하였는데, 이렇게 많은 교우들이 선교 유적지를 답사하는 것이 부러웠다. 나는 인솔 목사님에게 양해를 얻어 그들과 같이 설명을 들었다.

예배당 외벽에도 당시 선교사의 제물포 도착 당시의 항구 사진과 함께 도착지의 설명 사진이 있어서 당시의 상황을 이해하는 데 도움이 되었다. 일행과 함께 기념탑예배당에서 나와 바로 앞에 있는 한국기독교100주년기념탑으로 자리를 옮겼다.

---

31) 인천시 중구 인중로 278

## 한국기독교100주년기념탑

한국기독교100주년기념탑[32]은 아펜젤러 부부와 언더우드 선교사 입국 100주년을 기념하여 1986년 3월 30일 부활절에 선교사 상륙지점 부근에 세웠다.

17m 높이로 하늘로 솟은 세 개의 탑신은 성부, 성자, 성령의 삼위 하나님을 나타내고, 하늘 한 곳에서 만나는 것은, 한국교회의 일치와 하나됨을 표현한다.

탑의 하단부에 조각상은 부활의 환희에 찬 그리스도인 모습을 표현하고 있다. 탑의 전체 모양은 옛날 교회당 종처럼 생겼다.

기념탑 중앙의 세 사람은 좌로부터 아펜젤러 부인, 아펜젤러, 언더우드 선교사이다.

이들이 입국할 때 한국 선교현장을 답사하기 위한 테일러(Taylor)와 스커더(Scudder) 선교사도 같은 배로 들어왔다. 기념탑 가운데 기둥에 이 탑을 세운 목적을 기록해 놓았는데, 한국 선교역사를 한눈에 볼 수 있도록 정리되어 있었다.

아펜젤러 선교사가 인천 대불호텔에서 머물면서, 1885년 4월 8일 밤, 선교부 총무 레오나르드 목사에게 쓴 아펜젤러의 편지 마지막 구절을 생각해 본다.

> "우리는 부활절에 이곳에 왔습니다. 오늘 사망의 권세를 이기신 부활하신 주께서 이 백성들을 옭아맨 결박을 끊으사 그들에게 하나님의 자녀가 누리는 빛과 자유를 주옵소서!"

한국기독교100주년기념탑을 둘러보고, 3㎞ 거리의 월미도에 있는 한국이민사박물관으로 차를 몰았다.

---

32) 인천광역시 중구 항동1가 5-2

# 2. 한국선교역사기념관

〈자료 제공: 한국선교역사기념관〉

기념관은 4층 건물로 주차장을 사이에 두고 맞은편에는 순복음부평교회가 자리해 있었다. 2008년에 개관한 한국선교역사기념관[33]은 천지창조로부터 예수님의 십자가 사건을 비롯한 성경 내용과 1885년부터 현재까지의 한국기독교 역사를 전시물을 통해 볼 수 있다.

### 전시관
1층은 성서역사관으로, 천지창조와 인간의 타락, 이스라엘 출애굽 과

---

33) 인천시 부평구 장제로 393(갈산동)

정을 통한 구원의 역
사를 유물과 자료를
통해 확인할 수 있
고, 예수님의 십자가
에 죽으심과 부활 사
건을 전시하고 있다.

1층 전시관 〈자료 제공: 한국선교역사기념관〉

2층은, 동양과 한
국의 기독교 전래 과
정과 선교사들의 활
동 그리고 일제강점
기의 기독교의 민족
운동을 보여주고, 신
앙의 순수성을 지키
기 위한 순교자들과
조선에 기독교가 들
어와서 복음전파와
함께 사회, 경제, 교

2층 전시관 〈자료 제공: 한국선교역사기념관〉

육, 문화 근대화에 기여하였음을 알 수 있었다.

3층은, 한국전쟁 당시 공산당의 기독교 박해와 순교, 전쟁의 상처를
치유하고 국민들에게 희망과 용기를 주며 시대를 이끌었던 기독교의
모습을 볼 수 있었는데, 전시관에서는 사진 촬영이 금지되어 있었다.

선교사와 가족의 희생과, 일제 강점기와 6·25 한국전쟁 중 뿌린 순
교자의 피가 오늘의 대한민국을 만든 밑거름이 되었음을 생각한다.

# 3. 한국이민사박물관

## 인천 내리교회 발자취를 찾아

한국이민사박물관[34]을 찾게 된 이유는 인천 내리교회와 관련이 있기 때문이다.

우리나라 이민의 계기는, 미국에서 설탕 수요는 증가하였지만 남부지방에서 공급이 어렵게 되자 기후조건이 최적인 하와이가 주목을 받으면서 재배 인력이 부족하였다. 처음에는 원주민들이 담당하였으나 기대에 미치지 못하자 중국인과 일본인을 받아들였다. 그러나 1882년 중

---

34) 인천광역시 중구 월미로 329

국인 배척법이 통과되자 더 이상 중국인을 고용하지 못하게 되었다. 이에 일본인 이민이 빠르게 증가하면서 노동운동을 일으키자 고용주들은 일본인을 배척하기 시작했고, 그 대안으로 떠오른 것이 조선인 노동자였다. 한국 하와이 이민은 선교사를 지낸 미국 공사 알렌의 활동이 가장 컸다.

그는 1884년 조선에 도착 이후 고종황제의 주치의로 발탁되어 정부의 신임을 얻고 있었기 때문에 양국의 중재자 역할을 톡톡히 담당하였다. 1897년 미국 공사로 임명된 것은 친구인 오하이오 미국 주지사 내쉬(G. Nash)의 추천 때문이었다. 한국인의 하와이 이민 사업권을 따낸 사람은 내쉬의 양아들인 데쉴러(D. W. Deshler)로, 알렌의 추천을 받은 데쉴러는 고종황제로부터 하와이 이민사업 책임자로 임명되었다.

1902년 12월 22일 첫 이민자 121명이 인천 제물포를 떠났는데, 일본 나가사키에서 19명이 신체검사에서 탈락되고, 102명이 갤릭호(S. S. Gaelic)를 타고 1903년 1월 13일 하와이 호놀룰루에 도착하여 보건검사에서 16명이 다시 탈락, 86명만이 상륙하였다.

을사조약(1905년)으로 주권이 상실되자 이민도 중단되었다(약 7천 명 이민).

### 인천 내리교회 교인들의 이민

첫 이민 모집에 큰 역할을 한 사람이 인천 내리교회 2대 담임으로 있던 조지 존스 목사였다. 그는 교인들의 경제 사정을 돕기 위해 하와이 이민을 적극 권유하여 첫 이민선에 탄 121명 중 50명의 내리교회 교인들이 이민단에 포함되었다.

이때 이주 교인들의 신앙생활을 위해 홍승하 목사를 이민단에 포함시켜 파송하여(첫 해외 선교사) 1903년 하와이 한인감리교회가 세워졌는데, 현재 그리스도연합감리교회라는 이름으로 이어져 오고 있다. 감리교 외에도 한인성공회와 한인구세군이 활발한 활동을 하였다.

1918년 이승만이 한인기독교회를 설립하자 많은 교인들이 한인기독교회로 모였다. 따라서 감리교회와 한인기독교회는 각각 하와이 여러 지방에 교회를 설립하면서 발전하였다.

### 이민 사회의 교회 역할

교회 생활을 통해 고국을 떠나 먼 타국에 정착한 이민자의 고독과 애환을 나누고 친목 도모와 인재양성을 위해 이승만(대한민국 초대 대통령)은 한국기독학교(1923~1947)를 세웠으며, 독립운동을 위한 자금모금 등 교회는 사회를 이끌어 가는 한인 사회의 구심점이며 안식처였다.

현재 미국의 한인교회 수는 2,800여 개로(2021년 기준) 하와이에 39개가 분포하고 있다.

미국 하와이 호놀룰루 한인 감리교회 부인전도회(1920년대)
〈출처: 인천광역시 한국이민사박물관 소장 자료〉

## 이민자들의 생활

1905년 하와이에는 약 65개의 농장에 5,000여 명의 한인 노동자들이 다른 나라 사람들과 같이 규칙적인 생활을 했다. 새벽 4시 30분 기상 사이렌이 울리면 일어나서 아침식사 후 6시부터 일을 시작하고 30분간 점심시간을 가진 후 오후 4시 30분까지 하루 10시간씩 일하고 일요일은 쉬었다.

이민자들이 하는 일은, 잡초 뽑기, 수확 때 줄기 자르기, 물 대는 일인데 가장 어려운 것이 추수한 수수를 등에 지고 마차나 기차에 싣는 것이다. 한 달 일을 마치면 현금으로 월급을 받았는데, 1905년까지 남자의 월급은 17달러 정도였고, 여자나 소년들은 50센트를 받았다.

농장에는 가족과 독신자를 위한 숙소가 있었는데, 결혼한 부부에게는 작은 정원이 있는 통나무집이 제공되었고, 독신자는 기숙사식 건물에 서너 명씩 거주하였다.

> **인하공과대학(현 인하대학교)**은 1952년 하와이 교포 이주 50주년 기념사업으로 이승만 대통령이 제안하여 하와이 동포의 성금과 국민성금, 국고보조 등으로 세웠고, 인천과 하와이의 첫 글자를 따서 '인하공과대학'으로 이름 지었다.

인천 제물포 부두(1913년) 〈출처: 서울역사박물관〉

## 4. 내리교회 우리나라 최초의 감리교회

  한국이민사박물관 구경을 마치고 우리나라 최초의 감리교회인 내리 교회당[35]을 방문하였다. 이곳을 방문한 이유는 아펜젤러 선교사가 처음 세운 교회이기 때문이다.

35) 인천광역시 중구 우현로 67번길 3-1(내동)

## 교회 설립

1885년 4월 5일 언더우드 선교사와 함께 제물포에 들어왔지만 당시 시국 상황이 좋지 못하여 일본으로 돌아갔다가 6월 20일 다시 입국하였다. 이때 인천에 도착하여 7월 29일 서울로 가기 전까지 38일간 머물면서 세운 교회가 우리나라 최초의 감리교회로 교회 홈페이지에 의하면 첫 집회를 개최한 7월 29일을 창립일로 하고 있다.

이 교회 2대 목사인 조지 존스의 부인 존스 여사는 1893년 우리나라 최초의 서구식 초등교육기관인 영화학당(현, 영화초등학교)을 세워 기독교 사상을 교육이념으로 삼았다.

또 내리교회는 1893년 강화 교산교회를 개척하는 등 국내 선교에 힘썼다. 현재 예배당으로 사용하고 있는 '창립 100주년 기념교회당'은 선교 100주년을 맞아 1985년에 입당하였다.

예배당 뜰에는 초대 담임목사인 아펜젤러, 2대 존스[36] 목사, 3대 김기범 목사의 흉상이 있다.

'감리교회의 한국선교' 표지(1910년) 〈출처: 서울역사박물관〉
*총 60여 면의 작고 얇은 소책자 안에 한국에 대한 소개와 감리교의 한국 선교역사(선교과정) 및 선교 사업에 대해 사진과 설명을 함께 싣고 있다.

## 한국 최초의 해외 선교사 파송

개신교 최초의 해외 선교사는 홍승하(1863~1918) 목사이다.

1902년 12월 22일, 내리교회 교인 50명이 포함된 121명의 하와이 이민단이(이민선 제1호) 제물포항을 떠날 때 홍승하 목사도 이민단으

---

36) 존스(George. H. Jones, 1867~1919): 1867년 미국 뉴욕주에서 태어나 아메리칸 대학을 졸업하고, 1888년 21세의 나이로 감리교 선교사로 파송. 배재학당에서 수학교사로 근무하다가 내리교회 담임 목사로 부임. 20년간 선교사로 활동 후 1909년 미국으로 돌아가 북감리교 총무로 활동했으며, 1919년 5월 마이애미에서 52세에 별세하였다.

로 출국하여 교회를 세웠다. 많은 교인들이 하와이로 떠나자 처음에는 교회 교세가 약화 되었으나, 활발한 국내외 선교 사업으로 교회는 오히려 부흥하였다.

**호놀룰루 한인감리교회(1906년)**
내리교회 존스 목사가 호놀룰루를 방문해 교인들을 격려하였다.

홍승하 목사는 또 그곳에서 신민회를 조직(1903. 8. 7)하여 초대회장이 되어 민족의 독립을 위해 힘쓰다가 질병으로 1907년 2월에 귀국하여 순회 목사와 수원읍교회를 담임하다가 건강 악화로 1918년 55세에 소천하였다.

### 웨슬리 예배당
1891년 8월 제물포교회 초대 담임목사로 부임해온 아펜젤러 선교사가 11월에 10평 정도의 한옥으로 제물포웨슬리기념교회당(아펜젤러의 White Chapel)을 건축한 것을, 제2대 조지 존스 목

사가 헐고, 현재의 '창립 100주년 기념교회당' 자리에 1901년 12월 25일 입당예배를 드린 것이 웨슬리예배당이다.

웨슬리예배당을 1955년 철거하고 새로 지은 예배당은 1964년 화재로 소실되어 '창립 100주년 기념교회당' 좌측 길 건너편에 붉은 벽돌의 십자가 모양의 웨슬리 예배당을 복원(295㎡)하여 2012년 9월 23일 헌당하였다. 설계도면이 없어서 남아있는 사진과 기록물을 토대로 원형에 가깝게 인천광역시의 지원으로 복원한 것이다.

### 내리역사전시관

웨슬리예배당 좌측에 붙어있는 7층 규모의 건물이 '아펜젤러 비전센터'로 웨슬리예배당과 같이 2012년 9월 23일 헌당하였다. 이 건물 3층에는 '내리역사전시관'이 있는데 2015년 4월 5일 내리교회 설립 130주년을 맞아 개관하였다.

전시관에는 예배당의 변천을 알 수 있는 시대별 예배당 모형과, 1954년 12월에 한국 최초로 〈헨델의 메시아〉 전곡을 연주할 때 사용했던 악보, 1897년 존스 선교사의 '찬미가' 도 전시되어 있는데, 내리교회가 교회의 문화적 사명을 잘 감당하였음을 알 수 있었다.

언더우드, 아펜젤러 입국 당시의 제물포항(1885년)

# 5. 선상 세례로부터 시작된 강화 교산교회

## 역사가 숨 쉬는 강화도

한강 하류에 위치한 강화도는 1232년 몽골의 침입으로 고려 임시 수도가 되었고, 1627년 후금(청)의 침입 때는 조선 인조가 피신한 곳이며, 우리나라 최초의 국제조약으로 일본의 강압에 의한 불평등 조약인 강화도조약(1876년)이 체결된 역사적인 곳이다.

또한 강화도는 고구려 소수림왕 때로 거슬러 올라가는 현존 최고의 사찰 전등사, 단군신화가 시작된 참성단, 우리나라 최초의 향교인 교동향교, 한국 최초의 한옥성당인 대한성공회 강화성당, 교인 4명이 처형된 순교지 위에 세워진 천주교 강화성당 등이 있는 종교 전시장이다.

한편 분단의 현실을 느낄 수 있는 평화전망대, 신미양요의 격전지인 광성보, 철종이 어릴 적에 살았던 용흥궁, 그리고 연산군 유배지와 고려궁지 등 볼거리가 많아 기독교 문화유산뿐 아니라 주위 여러 곳을 둘러볼 수 있었다. 강화대교를 건너 곧바로 교산교회당[37]에 도착했다.

### 교회 설립

1892년 제물포교회(현, 인천 내리교회) 제2대 존스 목사는 복음을 전하고자 강화를 찾았지만, 서양 사람을 오랑캐라고 증오하던 강화도 사람들의 냉대로 입성을 거부당하고 돌아와야 했다. 하지만 하나님은 제물포에서 주막을 하던 이승환을 통해 강화 선교의 문을 열어주셨다.

이승환은 존스 선교사를 통해 복음을 받아들여 존스 목사가 시무하는 인천 내리교회에 다니고 있었는데 세례받기를 거절했다. 이유는 고향에 있는 노모보다 자신이 세례를 먼저 받을 수 없다는 것과 술장사를 하는 것이 신앙 양심에 가책이 되었기 때문이었다. 결국 그는 주막을 그만두고 고향인 강화로 돌아와 농사를 지으면서 어머니를 전도했고, 어머니가 믿음을 갖게 되자 존스 선교사에게 세례를 요청했다.

이승환의 요청을 받은 존스 선교사는 조선인 복장을 하고 몰래 강화를 찾았지만, "만일 서양오랑캐가 우리 땅

선상 세례 조형물

---

37) 인천광역시 강화군 양사면 서사길 296

을 밟으면 그가 가는 곳을 따라가 그 집을 불살라 버리겠다."라는 주민들의 협박에 존스는 이승환에게 노모를 업고 배로 오게 하였다. 이승환은 어머니를 업고 다리를 건너고 산을 넘고 갯벌을 지나 선교사의 배에 올라 존스 선교사가 배 위에서 세례를 베풀었다.

## 양반이 복음을 받아들이다

이후 몇 달 되지 않아 양반인 김상임은 인천 내리교회 존스 목사에게 세례를 받고 신학회 과정을 거쳐 강화도 최초의 전도사가 되었다. 교산교회는 1893년 4월 이승환의 집에서 서너 명이 예배를 드리므로 시작되어 1894년 교인 수가 50명으로 증가하여, 리목 마을에 초가 예배당을 신축한 것이 오늘의 교산교회로 발전했다. 그는 열심히 복음을 전하다가 1902년 4월 15일 51세의 나이로 사망하자, 그의 자녀들의 헌신으로 강화도에 150여 교회가 세워지는 밑거름이 되었다.

양반 김상임이 복음을 받아들이자 하류층의 사람들만 믿는 것으로 생각하던 사람들의 생각을 바꾸어 놓아 모든 계층의 사람들이 복음을 받아들이게 되었다.

## 기독교선교역사관

새 예배당은 2003년에 신축한 존스기념예배당으로 불리고 신축 전 사용하던 마주 보고 있는 건물은 2013년부터 기독교선교역사관으로 사용하고 있다. 역사관에 들어가자 한 무리의 탐방객이 조금 전에 들어왔는지

홍보 영상을 감상하고 있었다. 강화도 선교역사를 보여준 후 본 교회 장로님이 전시물을 설명해 주었다.

역사관은 당시의 상황을 잘 표현해 놓았는데, 당시의 교회당 조형물과 사진, 1950년 당회록, 교적부, 교회일지 등을 보고 있으면 1900년 초로 거슬러 올라가는 것 같았다. 역사관 옆에 따로 세워져 있는 종탑은 어릴 때의 추억을 되살리기에 충분했다.

나의 부친이 전도사로 재직할 때 교회당 옆에 별도의 높이 솟은 붉은색 종탑에 커다란 스피커 2개가 매달려 있어서 초등학교 4학년부터 6학년까지 예배시간을 알리는 레코드판의 차임벨을 울렸다.

예배시간 30분 전 〈초종(初鐘)〉과, 예배시간 10분 전 〈재종(再鐘)〉 두 번을 송출하였다. 주일학교를 마치면 친구들과 놀러가야 하는데, 나는 예배시간을 알리는 차임벨을 울려야 하므로 갈 수 없어서 많이 억울했던 적이 있었다.

단체 방문객들이 모두 떠나자 우리 부부만 남았다. 역사관 화단에 핀 아름다운 꽃을 보니 교인들의 수고가 느껴졌다. 사진을 찍고 있는데 역사관 설명을 해 주시던 장로님이 우리 부부의 사진도 찍어주시고, 존스 기념예배당 1층에 있는 카페에서 차도 끓여 주셨다. 장로님은 공무원으로 정년퇴직 후, 방문객을 위해 봉사하고 있었다. 매일 찾아오는 방문객을 위해 힘든 일을 하는 것을 보고 한편으로는 이렇게 설명해 줄 수 있는 역사가 있는 교회가 부러웠다.

교산교회 방문을 마치고 강화평화전망대, 석모도 미네랄온천 야외 족욕탕을 이용하고 강화읍 중앙시장 부근에서 1박을 하였다.

# 6. 구 교동교회 예배당 강화도에서 4번째로 오래된 건물

## 출입 통제구역을 지나

구 교동교회 예배당을 둘러보기 위해 방문하는 교동도는 섬이지만 다리가 놓여 있어서 차로 쉽게 들어갈 수 있었다. 강화읍에서 28km 거리에 있는 구 교동교회당[38]으로 출발했다.

교동은 민간인 출입 통제구역으로, 교동도 입구에 있는 군부대 초소에서 출입증을 발급받아 승용차 앞 유리에 올려놓고 운행해야 한다. 3.4km의 교동대교는 우리나라 서해 최북단의 다리로 바다를 건너는 동

---

38) 인천광역시 강화군 교동면 교동남로 423번길 71

안 아름답게 펼쳐진 강화도와 북한 땅도 볼 수 있었다.

## 교회 설립

강화도 홍의교회 교인이던 권신일이 교동에 들어와 1899년 교동면 읍내리(연산군 귀양지 앞)에 교동교회를 세웠다. 처음에는 교회가 세워지는 것을 반대하는 마을 사람들이 강화 군수에게 청원하였다. 이에 강화 군수는 "임금님이 살고 있는 덕수궁 옆에도 교회(정동제일교회)가 있는 것을 보면 임금님도 교회를 인정하는데 내가 어찌 막겠는가."라고 하여 반대 여론을 잠재웠다.

일제 강점기 시절 교회 박해가 심해지고 교회가 쇠퇴해져 교인이 줄어들자, 1933년 박성대가 교인들이 살고 있는 2㎞ 떨어진 마을에 처음 예배당을 그대로 복원 건축하였는데, 이것이 구 교동교회 예배당이다.

## 구 교동교회 예배당

1933년에 세워진 구(舊) 교동교회당[39]은 강화도에서 4번째로 오래된 건물로 초가지붕이 양철지붕으로 바뀐 것 외에는 옛 모습을 잘 간직하고 있는데, 첫 예배당의 대들보를 가져와 재건축한 것이다. 전통한옥(109㎡) 형태로 출입문이 두 개인데 좌측 문이 남자, 우측 문이 여자 출입문이다. 옛날 초창기 교회당은 모두 남녀출입문이 달랐는데, 이것을 제일 먼저 폐지한 곳이 인천내리교회다.

건물 안에는 당시의 대들보와 100여 년 된 오르간이 있고, 일

---

39) 인천광역시 강화군 교동면 교동남로 423번길 71

제가 전쟁물자 확보를 위해 종을 공출해 배에 싣고 가다가 풍랑을 만나 다시 가져 왔다는 종이 현재 종탑에 매달려 있다.

이 예배당은 현재 사용하지 않으며, 이곳에서 조금 떨어진 곳에 교동교회 예배당[40]이 있는데, 1979년 일부 교인이 교동제일교회로 분리해 나간 사람들과 기존 교회가 합쳐서 1991년에 세웠다.

(1920년) 강화도 해안풍경 〈출처: 서울역사박물관〉

구(舊) 교동교회 예배당을 둘러보고 교동읍성으로 향했다. 교동읍성은 1629년(인조 7년) 축조된 둘레 870m의 성으로 동, 남, 북쪽의 세 개의 성문이 있었으나 지금은 남문의 홍예문 부분만 남아있다.

대룡시장과 연산군 유배지를 돌아보고 교동도를 빠져나와 출입증을 군 초소에 반납하였다. 강화읍내에 있는 고려궁지, 한국 최초의 한옥 성당인 대한성공회 강화성당, 용흥궁을 둘러보았다. 역사적인 많은 볼거리를 제공해 주고 있는 강화도는 그 자체가 지붕 없는 역사박물관이다.

---

40) 인천광역시 강화군 교동면 교동남로 432

# 1. 제암리 3·1운동순국유적지

'제암리3·1운동순국유적지'는 제암교회[41] 교인들의 희생에 의해 만들어졌다.

### 3·1 만세운동

고종 황제의 장례일인 1919년 3월 1일 서울, 의주, 평양 등 전국각지

---

41) 경기도 화성시 향남읍 제암길 50

에서 독립선언서를 낭독하고 태극기를 흔들며 시작된 3·1 만세운동은 전국으로 번졌다. 경기도 화성에서는, 1919년 3월 21일 동탄면에서 만세시위가 시작되어, 28일(장날) 송산면 사강리로 번져 만세시위를 진압하던 일본 순사를 처단하였고, 31일에는 향남면 발안리(장날) 만세시위로 일본인 소학교, 우편국, 면사무소가 방화 되었으며, 4월 1일에는 일본인 가옥에 불을 질렀다.

3일에 우정면, 장안면 사람들은 면사무소와 경찰관주재소를 방화하고 일본 순사 가와바타를 처단하는 등 일제의 식민 통치에 강하게 저항하였다.

## 학살사건 개요

〈자료 제공처: 대한민국역사박물관〉

이에 일본의 아리타 도시오 중위는 1919년 4월 15일, 군인 11명을 이끌고 제암리로 들어와 만세운동 강제진압을 사과하러 왔다고 하면서 15살 이상의 남자는 교회로 다 모이게 하였다.

오후 2시경 23명이 모이자, 교회당 문을 잠근 후 중위의 신호로 군인들이 사격하여 23명을 학살하였는데 이 중 11명이 기독교인이었다. 또한 교회당과 주택에 불을 질러 33채 중 31채가 불에 탔다.

그리고 바로 이웃 마을 팔탄면 고주리로 가서 독립운동가 유흥렬 일가족 6명을 학살하고 불태우는 만행을 저질렀다.

아리타 도시오 중위가 군법회의에 회부 되었지만, 점령지 학살에 대한 처벌 규정이 없고, 임무 수행상 당연한 조치라는 이유로 무죄 판결을 받았다.

## 34번째 민족대표 스코필드 선교사

이 사건을 세계에 알린 사람이 있는데 스코필드[42] 선교사 이다.

일제의 만행으로 사람들은 현장 접근도 하지 못할 때, 세브란스병원 위생학 교수로 재직 중이던

불타버린 제암리 마을(1919. 4. 15.)
〈자료 제공처: 대한민국역사박물관〉

스코필드는 제암리 사건 소식을 듣고, 수원역까지 열차를 타고 와서 경계가 삼엄한 일본 경찰의 눈을 피해 자전거를 이용하여 제암리 현장으로 달려갔다.

제암리 현장에 도착한 스코필드는 처참한 제암리 현장을 목격하고, 일본 경찰의 눈을 피해 이를 카메라에 담았다. 마을 주민들의 상처와 아픔을 보듬고 돌아온 스코필드는 캐나다 선교부에 〈제암리 학살보고서〉를 보냄으로 일제의 만행을 폭로하였으며, 장로교 기관지(Presbyterian Witness)에도 실어 세계가 한국 독립운동에 관심을 가지게 되는 계기가 되었고, 스코필드는 이 때문에 1920년 강제출국 당했다.

---

42) Frank W. Scofield(1889~1970), 의료선교사, 영국 출생, 1907년 캐나다로 이주. 토론토대학 의학박사, 모교에서 교수로 재직, 1916년 세브란스병원 부임. 1920년 강제출국 후 토론토대학에서 교수로 재직 후 1955년 은퇴, 1958년 서울대 교수로 부임, 한국에서 생을 마침

그는 1968년 건국훈장 독립장을 받았고, 1970년 4월 12일 한국에서 81세의 나이로 별세하여 국립현충원에 안장되었다. 이러한 이유로 스코필드는 34번째 '민족대표'로 부르고 있다.

제암리 학살에서 수습된 불탄 유해들은 스코필스 선교사의 주선으로 제암리에서 약 4㎞ 떨어진 도이리 공동묘지에 매장되었다가 63년이 지난 1982년 9월 21일부터 유해 발굴 조사를 시작, 29일에는 합동장례식을 거행하고 순국유적지 내 '23인 순국합동묘지'에 합장하였다.

3·1운동순국기념탑(학살당시 제암예배당 건물 자리 – 사적으로 지정)

### 제암리3·1운동순국기념관

2001년 3월 1일 개관한 제암리3·1운동순국기념관[43]은 시청각실과 2개의 전시관으로 구성되어 있는데, 시청각실에서 17분간 동영상을 시청할 수 있다. 전시관 중 제1전시관은 제암리 학살사건의 배경과 내용을, 제2전시관은 세계 각국에서 일본군의 만행을 보여주고 있다.

### 제암교회

제암교회는 1905년 8월 5일 초가 예배당(현, 3·1운동순국기념탑 위치)에서 창립하였다. 일제의 만행으로 불탄 교회당(초가 8간)을 1919년 7월 12일 건축하였다. 그리고 1968년 2월 29일 일본 오야마 레이지 목사와 대학생들이 방문하여 일본의 만행을 참회하였으며, 1938년 9월에 건축한 기와지붕 교회당(세 번째 건물)을 헐고 1970년 9월 22일 네 번째 교회당을 준공하였다.

2001년 3월 1일, 교회당 400m 떨어진 곳에 제암리3·1운동순국기념관과 함께 교회당과 목사관이 준공되어 오늘에 이르고 있다.

불에 탄 교회당을 복원해 놓았으면 하는 아쉬움이 남는다.

---

43) 경기도 화성시 향남읍 제암길 50

# 2. 수촌교회

제암교회당에서 자동차로 10분(5km) 거리에 있는 수촌교회당[44]은 3·1운동 당시 제암교회와 밀접한 관련이 있다.

---

44) 경기도 화성시 장안면 수촌큰말길 32

## 교회 설립

1905년 김응태의 주도하에 정청하의 집에서 교인 7명이 모여 예배 드리므로 설립된 수촌교회는 1907년 초가 15칸을 매입하여 예배당을 건축하였는데, 이 무렵 교인이 약 100여 명에 달했다.

## 3·1운동과 고난

1919년 3·1운동 당시 수촌교회는 장안면 수촌리 지역에서 만세운 동을 주도한 교회로, 인근에 있는 제암교회와 같이 4·3일 만세운동에 동참하였다. 일본 경찰이 주동자를 색출한다고 4월 5일부터 8일 사이 에 여러 차례에 걸쳐서 주민들에게 총격을 가하여 부상을 입히고, 마 을 주민들을 주재소로 끌고 가 고문을 하였으며, 마을에 불을 질러, 결 국 마을 가옥 40채 가운데 36채와 교회당이 불에 타는 만행을 저질렀 다. 또한 당시 전도사인 김교철은 경성복심법원에서 징역 3년형을 선고 받고 옥고를 치렀다. 당시 김의태 성도는 불에 타고 있는 수촌교회당으 로 달려가 교회의 중요문서인 교적부와 당회록 등이 들어있는 궤짝을 들고 나왔는데 현재 교회에서 보관하고 있다.

불에 탄 예배당을 대신하여 1922년 4월에 선교사 아펜젤러(Alice .R. Appenzeller, 1885~1950)와 감리사 노블(W. A. Noble)의 도움 으로 초가 8칸의 예배당을 건립하였다.

## 복원된 예배당

1974년에 양식 기와로 지붕을 개량하였으나 퇴락이 심하여 1987년 본래의 초가 형태로 복원하였다. 규모는 정면 7.33m 측면 4.93m이며, 마루, 방2개, 부엌, 현관 용도의 공간으로 이루어져 있으며 1986년 화 성시 향토유적으로 지정되었다. 옆에 있는 붉은 벽돌 현재 예배당은 1965년 6월 15일 미국인의 후원으로 건립되었다.

# 3. 최용신기념관 소설 〈상록수〉의 무대

## 소설 상록수의 무대

심훈의 소설 상록수의 주인공 최영신의 실제 인물이 최용신이며, 그녀가 학생들을 가르친 안산의 샘골 마을에 최용신기념관[45]이 있다. 최용신(1909~1935)은 1909년 8월 12일 함경남도 덕원에서 태어나, 1928년 함남 원산의 선교사가 세운 루씨여자고등보통학교를 졸업하고, 서울 감리교 협성여자신학교(현 감리교신학대학교) 농촌지도사업과에 재학 중이던 1931년 10월 YWCA에서 교사로 이곳에 파견되었다.

샘골에 온 최용신은 교회 예배당에서 학생들을 가르치기 시작하였

---

45) 경기 안산시 상록구 샘골서길 64

는데, 어린이들과 함께 놀고, 부녀자들과 함께 일하면서 마을 사람들과 가까워지려고 노력하였고, 노블 박사가 마련해준 초가에 머물면서 마을 사람들과 하나가 되어갔다.

최용신은 직접 교재를 만들어 보조교사였던 황종우와 한글, 재봉, 수예, 동화, 노래, 성경을 가르쳤고 수업 후에는 가정을 방문하여 그들의 형편을 파악하고 교육에 참고하였다.

오전반, 오후반, 야간반 수업 및 부녀자와 노인들을 가르치고, 방학이 되면 마을 이곳저곳을 다니며 한글, 성경을 가르치고 농촌계몽활동을 하였다.

학생 수가 늘어나면서 교실이 비좁아지자 새로운 강습소를 1933년 1월에 건축하였다.

1928년 루씨여고보 시절 최용신 (앞줄 우측). 〈자료 제공: 최용신기념관〉. 협성신학교 시절 사진으로 알려져 있으나, 루씨여고보 시절 사진임

최용신은 1934년 3월, 일본고베여자신학교 사회사업학과에 입학하였으나 질병으로 샘골로 돌아와 1935년 1월 23일 과로와 영양실조로 인한 장중첩증으로 26세의 나이에 소천하였다.

학교가 잘 보이고 종소리가 들리는 곳에 묻어 달라는 유언에 따라 공동묘지에 묻혔다가 이곳으로 이장되었다. 장례는 사회장으로 치러졌는데 학생들과 시민 등 1천여 명이 상여 뒤를 따랐다고 한다.

최용신의 묘 우측에는 1926년에 약혼한 장로 김학준 교수의 묘가 있는데, 최용신은 김학준과 결혼을 3개월 앞두고 숨을 거두었다. 그 후 김학준은 다

1933년 샘골강습소 낙성식(앞줄 오른쪽에서 5번째가 최용신) 〈자료 제공: 최용신기념관〉

최용신의 묘(좌측). 우측은 약혼자 김학준의 묘 – 향토유적으로 지정

른 사람과 결혼하여 자녀까지 있었으나 "최용신 옆에 묻어 달라."는 유
언에 따라 옆에 묻히게 되었다.

## 전시실 둘러보기

2007년 안산시 공립박물
관으로 개관한 최용신기념
관은 '샘골강습소'가 있던 자
리에 세웠으며, 전시실에는
최용신 선생의 건국훈장과
유언장, 상록수 초판본(1936년)과 당시의 사진 등이 전시되어 있다.

샘골강습소가 있던 상록수공원에는 강습소 건물의 주춧돌과 최용신
이 심은 향나무가 남아 보존되고 있다. 도심 한가운데 있는 기념관은
공원으로 조성되어 주민들에게 휴식공간을 제공하고 있었다.

## 샘골교회

샘골교회(구 천곡교회)는
1907년 7월에 6칸짜리 예배
당을 처음 지었다.

1931년 상록수의 주인공
최용신 선생이 농촌 계몽운
동 지도자로 처음 부임하여
교육활동을 펼쳤던 곳으로
현재 건물은 다섯 번째 예배
당으로 1998년에 건축되었다.

# 4. 한국기독교역사박물관

2001년 개관한 3층 건물의 한국기독교역사박물관[46]은 출판사 기독
교문사로부터 시작되었다. 설립자 한영제 장로는 기독교문사의 자료와
개인이 틈틈이 자료를 수집하여 해방 전 출판자료 5천여 점을 비롯하
여 기독교 정기간행물, 교회 주보와 요람, 한국교회사 자료, 선교사 관

---

46) 경기도 이천시 대평로 214번길 10-13

련 자료 등 총 10만 점의 자료를 보유하고 있다.

전시실에는 19세기 말 선교사들이 들어와 복음 전파, 의료사업과 더불어 교육, 성경 보급을 통한 한글 사용이 일상화되고, 일제 강점기에 독립운동을 통해 민족의식을 깨우치고 근대화에 기여한 교회의 역할을 자료로 확인할 수 있었다.

그리고 선교사들의 초창기 사진과 성경, 그리고 당시 언더우드가(家)에서 만든 언더우드 타자기도 전시되어 있다.

특히 눈에 띄는 것은 선교사들이 전도에 사용한 4복음서를 설명한 도표와 요한계시록을 당시의 시대 상황에 맞게 그림으로 만들어 어려운 계시록 내용을 잘 설명하고 있었는데, 선교사들은 이러한 도구를 사용하여 복음을 효과적으로 전하였다.

당시 선교사로 파송되면 해당 국어를 배우는데 5년의 기간이 배정되었지만, 이들은 한글을 배우면서 사역에 바로 투입되었는데, 풍토병의 위험과 일상적인 설사와 자녀 교육 등의 어려움을 통해 현재 우리가 파송하는 선교사의 어려움도 생각해 볼 수 있었다. 특히 선교사들은 이화학당 등 학교를 세워 여성에게 교육 기회를 제공하고, 여성을 깨우치기 위한 기독교 잡지(1906년)와 월간 여성잡지(1924년)를 발간하여 여성의 권익신장을 위해 노력하였다.

1923년부터 시작된 절제운동은 금연, 금주운동을 노래로 만들어 전국에 보급하였는데 관련 악보도 전시되어 있다. 또한 찬송가 보급을 통해 한국 현대음악에 큰 기여를 하였음도 확인할 수 있었다.

말씀을 배우기 위해 8㎞～80㎞를 걸어서 평양에 모인 여성들(1918년)
〈출처 및 저작권: 한국기독교역사박물관〉

정동여학교(정신여학교, 1890년) 〈출처 및 저작권: 한국기독교역사박물관〉

## 장대현교회당 복원

박물관 뒤편에 장대현교회 예배당을 1/5 크기로 복원해 놓았는데, 교회 관련 자료가 전시되어 있고 사진 촬영도 가능했다.

복원된 장대현교회 예배당

장대현교회는 평양에 파송 받은 마펫 선교사가 1893년 10월 널다리골에 있던 홍종대의 가옥을 구입하여 예배를 드리므로 시작되었다.

공사 중인 장대현교회 예배당
〈출처 및 저작권: 한국기독교역사박물관〉

예배당은 1901년에 교인들의 자체 헌금과 선교부의 지원으로 건축되었는데 2천 평 대지에 72칸(120평) 규모의 'ㄱ'자형 건물이다. 이 시기에 건축된 다른 예배당과 마찬가지로 두 개의 출입문을 만들어 좌측은 남성이, 우

평양 옛 거리 대동문(大同門) 쪽에서 포착한 평양의 옛 시가지 전경
왼쪽 언덕에 보이는 건물은 1903년 준공된 평양 장대현교회당이다. 〈출처: 서울역사박물관〉

측은 여성이 출입하게 하였다.

　장대현교회는 많은 교회를 분리 개척하였는데, 주기철 목사의 마지막 목회지로 1906년에 세워진 산정현교회도 그중 하나다.

　1907년 1월 6일, 장대현교회당에서 열린 평안남도 사경회의 길선주 장로가 인도하던 집회에서 교인들이 공개적으로 죄를 회개하고 용서를 구하는 회개운동이 일어나 1주간 예정된 집회는 한 달 동안 계속되었다. 이 집회를 통해 평양은 주일날에 가게 문을 열지 않는 동방의 예루살렘으로 불리게 되는 놀라운 부흥이 일어나 전국으로 번져갔다.

길선주[47] 목사는 평양신학교를 졸업(1회)하고 장대현교회의 마펫 선교사 후임으로 27년간 시무하며 1천 5백 명의 교회로 성장시켰으나 그의 종말론적(말세론) 신앙을 강조하는 목회 노선을 달리하는 청년들과의 오랜 갈등으로 1933년 5월 30일에 사임하고, 일부 교인들과 이향리 교회를 설립하여 시무하던 중 1935년 8월 26일 강서 고창교회 부흥회 마지막 날 집회를 마치고 쓰러져 67세에 소천하였다.

회개운동의 진원지로 전국적 부흥운동을 주도한 교회가, 그 후에 오랫동안 지속된 갈등으로 신문에 오르내리다가 결국 교회가 분열된 것은 안타까운 일로 많은 것을 생각하게 한다.

**산정현교회 분규 신문기사** 중외일보(1927. 3. 8)
〈출처: 국립중앙도서관 소장 자료〉

---

47) 길선주(1869~1935): 7명의 한국인 장로교 최초 목사 중 한명. 3·1운동 민족대표 33인의 한 사람. 장대현교회 재직시절 청년들과의 오랜 갈등은 외형적으로는 장로투표(1927년) 문제로 시작되었지만, 종말론적 신앙을 강조한 길선주 목사의 보수적 신앙에 대한 반발이 근본 원인이었다.

# 1. 구 철원제일교회당

국가등록문화재인 구 철원제일교회 예배당[48]을 찾아 휴전선 부근의 백마고지 가까이 왔다. 강원도 철원군은 군사, 교통의 요충지로 강원도의 최북서편에 위치하는데, 후삼국 시대에 궁예가 도읍지(국호는 태봉)로 정한 곳이다. 1931년 철원면이 철원읍으로 승격되었고, 1945년 해

48) 강원도 철원군 철원읍 금강산로 319

방과 동시에 북한 치하에 있다가, 6·25 전쟁을 통해 일부 지역을 수복하여 구 철원제일교회 예배당 터를 볼 수 있게 되었다.

## 캠핑장에서 하룻밤을

하룻밤을 철원에서 묵어야 하므로, 구 철원제일교회당 3㎞ 전에 있는 학마을 캠핑장에 먼저 들렀다. 신라시대에 세운 도피안사 우측으로 돌아가면 학저수지에 40여 캠핑사이트가 잘 정리된 캠핑장이 있는데, 잔디가 없는 것을 제외하고는 유럽캠핑장을 많이 닮았다.

학저수지는 1923년 농업용수를 확보하기 위해 만든 것으로, 4.5㎞의 탐방로가 설치되어 있는데, 철새들이 쉬어가는 곳으로 학이 많다고 하여 학마을, 학저수지다.
저수지에 펼쳐진 갈대밭과 저녁 풍경은 여행객의 마음을 사로잡기에 충분했다. 텐트를 친 후 차로 5분 거리의 철원제일교회당 입구에 도착했다.

## 만세운동의 중심지

입구 도로변에 '철원읍 3·1만세운동 항쟁지'라는 큰 안내판이 세워져 있다. 1919년 3월 10일, 철원은 강원도에서 3·1만세운동이 제일 먼저 일어났는데, 이곳은 당시 철원읍 중심지(관전리)로 학생, 교회 청년, 농민 등 250명이 대한독립만세를 외쳤던 곳이다.

철원읍교회(철원제일교회) 박연서 목사가 그 중심에 있었는데 그는 '철원애국단'이라는 항일 단체를 만들어 독립을 위해 헌신하였다.

구 철원읍 전경(1918년) 〈출처: 서울역사박물관〉

## 교회 설립

철원읍교회(현 철원제일교회)는 1905년 미국 장로교 웰번(Artker G. Welbon) 선교사에 의해 설립되었으나 1907년 선교지 분할정책으로 선교지 구역이 조정되어 장로교회가 감리교회로 바뀌었다.

## 구 예배당

구 철원제일교회당[49]은 이기연 목사 재직 시 이화여대와 안동교회당 등을 건축한 세계적인 건축가 윌리엄 보리스(W. M. Voris, 1880~1964)의 설계로 1937년 9월 30일 완공, 교회 명칭을 철원읍교회에서 철원

---

49) 대지면적 1,812평, 건평 198평, 지하 1층, 지상 3층의 가로 24m 세로 12.2m 건물, 지하 보일러실, 1층 교육관(10개의 분반공부방), 2층 예배실. 화산석과 화강암으로 건축하였고, 총공사비 27,000원

**구 철원제일교회당 준공(1937년)**
〈자료 제공: 철원제일교회〉

제일교회로 변경하였는데, 당시 성도 수는 600명(장년 337명, 주일학교 275명)이 넘었다. 신축된 예배당은 한강 이북에서 제일 아름다운 예배당 건물 중 하나로, 설계도 원본은 오사카 예술대학 박물관에 보관되어 있다.

철원제일교회는 철원읍에 8개소의 유치원과 성경학교, 구세병원을 설립하여 선교와 봉사의 중심이 되었다.

## 신사참배 거부 운동의 첫 순교자

1939년 목사 안수를 받고 부임한 강종근(1904~1942) 목사는 1940년 신사참배 거부로 1941년 7월 3일 1년 6개월 형을 선고받고 철원경찰서에서 서대문형무소에 수감되었다. 온갖 고문으로 몸이 약해져 세브란스병원으로 옮겼으나 1942년 6월 3일 39세의 나이에 숨졌다.

강종근 목사는 마지막 면회에서 부인 윤희성에게 원수를 사랑할 것을 이야기하였다.

> "여보. 나는 주님의 곁으로 갑니다. 절대로 나를 취조하고 감옥에 보낸 일본 경찰을 미워하지 말고 그들을 위해 기도하세요. 그리고 우리 네 명의 자녀들은 하나님이 다 키워주시겠다고 나에게 약속하셨습니다." 그리고 마지막 찬송을 불렀다. 찬송가 488장 "이 몸에 소망 무언가. 우리 주 예수뿐일세……."

숨을 거두기 전 "나는 마음이 기뻐"라고 한마디를 하고 숨을 거두었다. 신사참배 거부운동의 첫 순교자인 강종근 목사의 순교는 참으로 위대하다. 강종근 목사는 2003년 8월 15일 건국훈장애족장을 추서받았고 2006년 11월 유해는 대전 현충원에 안장되었다.

## 북한 치하의 박해와 6·25 전쟁

1945년 해방 당시 윤태연 목사가 시무하고 있었는데 고 강종근 목사의 부인 윤희성 여사도 이 교회에 계속 출석하고 있었다. 북한의 탄압이 심해지자 모두 남쪽으로 월남하여 담임목사가 없게 되었다. 1947년 가을 청진감리교회에서 시무하다가 공산당의 박해를 견디지 못하고 월남하기 위해 철원에 온 유득신 목사는 철원제일교회 교인들의 간곡한 청을 뿌리치지 못하고 담임 교역자로 부임하였다.

1948년 10월 북한정권이 수립되자 북한당국은 수차례 교회당을 빼앗으려고 하였으나 목숨을 건 교인들의 투쟁으로 지켜내었다. 그러다 1950년 6월 25일 북한이 남침하여 전시총동원령을 내려 교회당을 빼앗아 인민군 병영으로 사용하는 아픔도 있었다. 예배당은 6·25전쟁 중 미군이 철원 전역을 폭격할 때 파괴되어 현재 잔해만 남아있다.

전쟁 중이던 1950년 12월 국군이 퇴각하자 유득신 목사는 읍에서 조금 떨어진 율이리에 피신하였다가 1951년 2월 14일 병으로 순직하였고, 김시성 장로는 1950년 12월, 단지 교인이라는 이유로 인민군에게 잡혀갔다가 1951년 3월 중순 처형당했다.

폐허가 된 예배당 터를 보고 있으면, 터키에 있는 에베소교회의 폐허 유적을 보는 것 같다.

'내가 선한 싸움을 싸우고 나의 달려갈 길을 마치고 믿음을 지켰으니 이제 후로는 나를 위하여 의의 면류관이 예비 되었으므로 주 곧 의로우신 재판장이 그 날에 내게 주실 것이니 내게만 아니라 주의 나타나심을 사모하는 모든 자에게니라' (디모데후서 4장 7-8절)

## 철원제일교회 복원기념예배당

구 철원제일교회당 우측에 철원제일교회 복원기념예배당[50]이 있다. 1층에는 역사전시실과 사무실, 기계실이 있고, 2층에는 강당(예배당), 목사관, 식당이 있다.

역사전시실에는 철원제일교회

---

50) 복원기념예배당: 2013. 10. 29. 봉헌. 연건평 1,333 · 10㎡(1층 636.87㎡, 2층 696.23㎡), 총공사비 29억 2천만 원

의 역사, 웰본 선교사에 대한 이야기와 교회와 관련한 독립운동 이야기, 순교자 강종근 목사, 건축가 윌리엄 보리스의 교회건축 이야기, 파괴된 예배당에 관한 것과 한국감리교회와 강원지역의 선교, 철원제일교회의 역사를 볼 수 있는 도표와 사진 등이 전시되어 있다.

### 철원 노동당사도 보아야 하리라!

이곳에서 600m 더 가면 국가등록문화재인 '옛 철원노동당사'가 있다. 착취와 강제동원으로 지은 철근 없는 3층 건물로 해방 후 공산 치하 5년간 사용되었으며 현재 뼈대만 남아 있다. 철원, 평강, 김화, 포천을 관할하는 이곳에서 교인들을 비롯한 주민들과 애국지사 등 많은 사람들이 고문을 당한 곳으로, 신앙과 자유의 소중함을 다시 한번 생각하게 하는 장소이다.

하루 일정을 끝내고 캠핑장으로 돌아와 텐트 안 잠자리에 들었다. 교회 새벽기도회를 알리는 타종 소리가 들려온다. 몇 십 년 만에 들어보는 종소리로, 멀리 이곳까지 달려온 우리 부부에게 또 하나의 추억을 간직하게 되었다.

# 2. 한서 남궁억 기념관

철원제일교회를 다녀오면서 교과서와 위인전을 통해 알고 있는 믿음의 선배인 남궁억 선생을 만나기 위해 기념관[51]에 들렀다.

---

51) 강원도 홍천군 서면 한서로 667

## 남궁억의 생애

1863년 서울에서 태어나 22세에 우리나라 최초의 영어학교를 졸업하고 24세에 왕궁의 영어통역관이 되어 미국, 영국 등을 다니며 사절단 통역관으로 근무했다.

그 후 궁내부 별군직, 칠곡군수와 1896년 독립신문이 창간되자 편집장(영문판)을 맡았고, 7월 2일 설립된 독립협회의 수석총무, 사법위원, 총대의원으로 활동 중 두 번 수감되었다. 1898년 황성신문을 창간하여 '러-일의 한국 분할론'을 논함으로 20여 일간, 1902년 러-일 협정(일본의 한반도 장악에 따른 러시아의 묵인을 약속한 조약) 전문과 해설을 게재하여 4개월간 옥살이를 하였다.

1905년 성주 목사, 1906년 양양군수로 부임, 현 양양초등학교를 설립하였고, 1910년 11월 종교교회에서 입교 세례를 받은 후 배화학당의 교사로, 한일 YMCA 대표와 53세 때는 종교교회에서 남감리회 전도사 직분을 받았다.

1918년 낙향하여, 1919년 3·1운동의 뜻을 사람들에게 알렸고, 대지 5,200평을 매입하여(현 한서교회 자리) 열 칸짜리 기와 예배당과 모곡서당을 세웠고 1925년에는 6년제 사립 모곡학교를 개교하였다. 1933년 500여 평의 밭에 무궁화 묘목장을 만들어 30만 주의 묘목을 전국

**무궁화 사건 신문기사**
조선중앙일보(1933. 12. 10.)(사진은 검거된 남궁억과 모곡학교 교원 남궁경숙)
〈출처: 국립중앙도서관 소장 자료〉

의 사립학교와 교회를 통해 보급, 이 무궁화 사건으로 1933년 11월 4일 남궁억과 모곡학교 교사 그리고 많은 교회 목회자들이 홍천경찰서에 구금되었고, 모곡학교는 폐교되었으며, 학교 건물과 예배당이 뜯기고 무궁화 묘목 7만 주는 불태워졌다.

남궁억은 서대문형무소에서 복역하다가 1935년 7월 병보석으로 석방되어, 1939년 4월 5일 오전 8시 45분 77세의 일기로 자택에서 소천하였다.

## 기념관 둘러보기

옛 모곡교회와 모곡학교 터에는 남궁억 기념관(2004년 6월 개관)과 옛 예배당이 복원되었고, 그 옆에 한서교회와 무궁화동산이 조성되어 있다.

기념관은 남궁억 선생의 일대기와 업적, 사진, 그리고 어록, 친필 병풍 등을 정리해 놓았다. 또 8월 15일 광화문 거리에서 광복을 맞았을 때 사용한 태극기도 전시되어 있다.

## 모곡예배당

기념관 옆에 복원된 모곡예배당에는 남궁억의 유품 등이 전시되어 있는데, 기념관보다 오히려 볼거리가 더 많다. 남궁억의 친필 사본과 노랫말, 예배시간에 사용하던 풍금도 전시되어 있다.

또한 당시의 학교와 예배당 모형과 예배 모습을 밀랍인형으로 전시

해 놓았다.

옛날 어릴 때 즐기던 '무궁화 꽃이 피었습니다.'라는 놀이는 남궁억 선생이 민족의식을 높이기 위해 보급하였다.

남궁억 선생은 100여 편의 노랫말을 지었는데 대표적인 것은 찬송가에 실려 있는 '삼천리 반도 금수강산'(찬송가 580장)이다. 남궁억 선생이 지은 '주일학교가(모곡가)'도 전시되어 있는데 희망과 기상이 넘치는 노래다.

야외 돌 판에 새겨진 남궁억 선생의 기도문을 통해 그의 하나님 사랑, 나라 사랑을 짐작할 수 있었다.

"주여, 이 나이 환갑이 넘은 기물이오나 이 민족을 위해 바치오니! 젊어서 가진 애국심을 아무리 혹독한 왜정 하 일지라도 변절하지 않고 육으로 영을 감당할 수 있는 힘을 주옵소서."

(1922년 9월, 마태복음 9:35~38을 묵상하고 드린 기도문)

"설악산 돌을 날라 독립의 기초 다져놓고, 청초호 자유수를 영 너머로 실어 넘겨 민주의 자유강산 이뤄놓고 보리라."

(1906년 1월 양양 신임군수 환영회)

## 강릉 경포대에서 1박

강릉 경포대 인근 숙소에서 1박을 하며 넘실거리는 파도를 보면서 하나님이 만드신 자연의 아름다움과 신비함을 노래했다.

"주 하나님 지으신 모든 세계 내 마음속에 그리어 볼 때, 하늘의 별 울려 퍼지는 뇌성, 주님의 권능 우주에 찼네, 주님의 높고 위대하심을 내 영혼이 찬양하네, 주님의 높고 위대하심을 내 영혼이 찬양하네."

# 3. 원주 기독교 의료선교 사택

〈출처: 문화재청〉

    원주 연세대학교 의과대학 내에 국가등록문화재인 '원주 기독교 의료 선교 사택'이 있다.

    원주 기독교 전래 초기 선교를 위해 1918년 건축된 주택으로, 원주 기독교 선교의 발상지이자 서구식 의료, 교육, 생활, 건축 등 근대문명의 유입 통로였던 일산동 언덕 일대에 세워졌던 많은 서구식 건축물 중 유일하게 현존하는 근대문화유산이라는 역사적 의미를 지니고 있다.

선교 초기에는 모리스 선교사 사택(1918~1927), 성경공부방, 유치원, 이요한 선교사 사택, 학장, 병원장 사택, 의대 교수 사택으로 사용되다가 2005년부터 일산사료전시관으로 활용되고 있다.

## 건물의 특징

지하 1층 지상 2층 건물로, 적벽돌 외벽에서 반 육각형 평면 형태로 돌출된 거실 및 응접실 외벽, 매우 장식적 쌓기에 의해 단형으로 돌출된 층간 코니스, 주 출입구 측벽의 원형창을 위한 원형 쌓기, 창호 상부의 평아치 쌓기 등의 건축적 특징을 나타내고 있다.

## 서미감병원

서미감병원[52]은 앤더슨(A. G. Anderson) 선교사가 미국 감리교 선교부에서 미국 내 스웨덴 감리교회의 지원을 받아 1913년 11월 15일 개원한 강원 남부권 최초의 서양식 의료기관으로 당시 17개 병상으로 건축되어 세브란스 출신 한국인 의사와 함께 1933년까지 운영된 의료기관이다. 이 병원은 일제의 선교사 추방정책에 의해 운영이 중지되었고 한국전쟁으로 소실되었다. 이후 1956년에 미국 감리교 선교부와 캐나다 장로교 선교부가 연합하여 옛 서미감병원 부지에 원주연합기독병원으로 다시 개원하였고, 1976년부터는 연세대학교 의과대학부속 원주기독병원, 2013년부터는 원주세브란스기독병원으로 오늘에 이르고 있다.

이곳은 내가 2021년에 근무한 건강보험연구원이 있는 원주시에 소재하고 있어서 퇴근 후 방문하는데, 100년이 지난 건물임에도 현재 건물들과 비교해도 전혀 손색이 없는 아름다운 건축물이다.

---

52) 서미감병원(瑞美監病院, Swedish Methodist Hospital)은, 스웨덴의 한자 표기 서전(瑞典)과 미국 그리고 감리교의 첫 글자를 따옴

# 4. 원주제일교회

원주세브란스기독병원에서 500m 거리에 원주제일교회당[53]이 있는데 이 교회는 서미감병원과 그 뒤에 세워진 원주세브란스기독병원과 밀접

53) 강원도 원주시 일산로 40(일산동)

모리스 기념비

한 관계를 가지고 성장하였다.

"1905년 4월 15일 무스(J. R. Moose 1864~1928) 선교사가 장의원 권사와 같이 원주를 방문 본부면 상동리 풀밭에서 한응수, 한치문, 장호운, 김용덕, 엄용문, 윤만영 등과 첫 예배를 드리므로 원주읍교회(현, 원주제일교회)가 시작되었다."[54]

농촌 지역(원주읍)인 이곳에 우리나라에서는 세 번째로 파이프 오르간을 설치한 교회가 되었다는 것은 놀라운 일이다.

1929년에는 3·1운동 33인 중의 한 사람인 신홍식 목사가 제10대 목사로 시무한(1929~1935)교회이기도 하다.

마당에는 26년간 평양, 원주 등에서 사역하다가 1927년에 소천한 모리스(C. D. Morris) 선교사와 문창모 장로의 기념비가 있다.

원주세브란스기독병원의 1대 원장을 지낸 한국의 슈바이처라고 불리는 문창모 장로는 95세에 쓰러질 때까지 가난한 자를 위해 의술을 펼쳤으며 결핵 퇴치를 위해 대한결핵협회를 만들고 크리스마스 씰(Christmas seal)을 발행하여 우리나라 결핵 퇴치에 공헌하였다.

≫ 신홍식 목사에 대한 자세한 내용은 본 책 P.190 참조

---

54) 〈출처〉 원주제일교회 홈페이지(https://wjmc.or.kr)

한국기독교
문화유산답사기

# 2장 | 충청권

대전광역시, 충청북도, 충청남도

**공주 산성에서 바라본 금강**

공주 공산성 쌍수정에서 금강 아래의 전경을 포착한 풍경사진이다. 강 옆에
자리한 누각은 공북루(拱北樓)다. 〈출처: 서울역사박물관 (https://museum.
seoul.go.kr)〉

선교 초기 강은 선교사들이 복음을 실어 나르는 통로였다.
육상교통이 발전하지 않은 당시에 강은 배를 이용하여 이동하기에 제일 좋은
교통수단이었다.
특히 금강의 약 400㎞에 이르는 물길은 대전을 거쳐서 공주, 부여, 강경, 논산,
서천으로 흘러 서해로 빠져나가는데, 강물이 흘러가는 마을마다 일찍 복음이 전
파되어 충청도 지역에서 활동한 선교사들의 발자취를 확인할 수 있었다.

## 1. 오정동 선교사촌 도심 속에 숨겨진 선교사 마을

　자동차를 고신총회세계선교회 건물[55]에 주차하고, 우측 길로 약 200m 걸어가면 대전노회 건물 앞에 한남대학교로 들어가는 조그만 문이 있다. 몇 년 전 고신선교센터에서 주관하는 선교사 양성 기초과정(BMTC) 교육시 이곳을 방문한 적이 있어서 낯설지 않다.

　후문으로 들어가 학교 교정으로 내려가지 않고 좌측 언덕을 오르니 선교사촌이 나타났다. 어느 산골에 들어온 것 같은 느낌으로, 나무 사이로 보이는 건물들이 반가웠다. 도시 한 가운데 이런 곳이 있다는 것이 신비하기까지 하다. 한마디로 시크릿 타운이다.

---

55) 대전광역시 대덕구 홍도로 99번길 16

## 선교사촌 형성

오정동 선교사촌은 한남대 설립 초기인 1955~1958년에 이곳 오정동 1만 9천 평에 선교사 사택이 있었으나 현재는 7채가 마을(9,900㎡)을 이루고 있는데 '오정동 선교사촌'이라고 부른다. 이중 처음(1955년) 지어진 북측의 3개 동이 대전광역시 문화재자료로 지정되었다.

맨 먼저 만나는 건물은 선교사 사택 관리동이며, 그다음 건물부터 선교사의 이름을 따서 순서대로, 인돈 하우스, 서의필 하우스(인돈학술원), 크림 하우스이다.

## 인돈 하우스

'ㄷ'자형의 건물 3채가 줄지어 서 있는데, 첫 번째 건물은 한남대학교를 설립한 인돈 선교사가 살았던 건물이다. 인돈은 1912년 9월 20일 내한하여, 유진벨 선교사의 딸 샬롯 벨과 결혼하여 4대째 한국 사랑이 시작되었다. 그는 신흥학교 교장 재직시절 일제의 신사참배 강요를 반대하여 학교를 자진 폐교하였고, 일제에 의해 1940년 추방되어 미국으로 돌아갔다가 해방이 되자 다시 돌아와 한남대학(대전대학)을 설립하여 초대 학장이 되었는데 1960년 8월 13일 미국에서 70세로 별세하였다.

### 서의필 하우스(인돈학술원)

두 번째 건물은 1954~1994년 한남대 교수를 지
낸 서의필 선교사(Dr. John N. Somerville)가 살던
집으로, 90년대 초 선교사들이 한국을 떠난 후 사택
의 일부에 한남대 설립자 인돈(1891~1960, William
Alderman Linton)을 기념하는 인돈학술원을 개원하
고 유물을 보관·전시하고 있다.

인돈학술원은 한남대학교의 부속기관으로, 한남
인돈문화상을 제정하여 기독교 정신에 따라 선교·교

린튼 흉상

육·사회봉사에 탁월한 공로를 세운 숨은 일꾼을 발굴 선정하고, 호남
지역에서 선교한 미국 남장로교 선교사들에 대한 선교역사 자료를 수집

하고 정리하여 번
역 출판하는 일을
한다.

이 건물은 1950
년대 국내 시대상
이 반영된 건물로

붉은 벽돌에 한식 지붕을 올린 점이나 주 진입이 현관으로 모이는 점 등에서 서양식 건축에 한국 건축양식을 도입한 모습을 볼 수 있다.

## 크림하우스

세 번째 건물은 키스 크림(Keith Crim, 한국명 김기수, 1924~2000) 선교사의 이름을 따 크림하우스라고 이름을 붙였다.

그는 1952년 6·25 전쟁 당시 미국 남장로교 선교사로 입국하여 한남대학교(전 대전대학) 설립위원으로 대학 설립에 기여하였고 구약, 영어, 불어, 독어를 담당하면서(1956~1967) 기독교 정신을 알리는 데 힘썼다. 1967년 미국으로 돌아가 소속 교단과 대학교수로 일했다.

오정동 선교사촌은 고풍스러운 건물로 이루어진 작은 마을로, 영화 '덕혜옹주'와 드라마 '마더'를 촬영한 장소이다. 한때 이곳에 원룸 건축 계획으로 선교사 사택이 철거 위기에 처했지만 뜻있는 시민들이 모금 운동을 펼쳐, 현재까지 보존되어 선교현장의 산 교육장으로 많은 사람의 사랑을 받고 있다.

# 1. 청주제일교회

　가톨릭(catholic) 신자들의 순교지가 있어, 가톨릭 교인들이 자주 찾는 청주제일교회당[56]으로 차를 몰았다. 교회당은 육거리시장에 둘러싸

---

56) 충북 청주시 상당구 상당로 13번길 15

여 있었다.

교회 주차장에 주차를 하고 교회당 바깥 이곳저곳을 둘러보고 있는 있는데, 교회 목사님이 붉은 벽돌 교회당 2층으로 안내하여 청주제일 교회의 유래와 건물에 대해 설명해 주었다. 예배당 안에는 그 흔한 현수막 한 장 붙어있지 않았으며, 오래된 건물이지만 깔끔하게 잘 관리되고 있었다.

## 교회 설립

청주제일교회는 미국 북장로교 선교사 밀러(F. S. Miller. 민노아)목 사와 지역사회 복음에 앞장선 장로 김흥경에 의해 1904년 11월 15일 초가 한 채를 매입하여 예배함으로 청주읍교회가 설립되었으며, 1909 년 당회가 구성되어 충북 최초의 조직교회로 충북지역 선교에 크게 공 헌하였다. 또한 이 지역 최초의 신식 교육기관인 청남학교와, 해방 후 세광중·고등학교를 설립하여 인재양성과 지역발전에 크게 기여하였다.

1937.8.7 청주제일교회 하기 아동성경학교(제30회) 옛 예배당과 종각

〈자료 제공: 청주제일교회〉

청주제일교회 어린이교회학교 소풍(탑동양관에서) 1930년대 〈자료 제공: 청주제일교회〉

## 건물의 특징

1914년 목조 건물을 건축하였고, 1939년 10월 중앙첨탑형 고딕식 벽돌 건물로 다시 신축한 것을 1950년 후면 3칸을 증축하고 한국전쟁 중이던 1952년에 완공하여 건축사적으로도 의미 있는 건물로 평가받고 있다.

건물의 특징은 좌우측의 계단을 따로 두어 남녀가 각각 별도의 출입문으로 들어가도록 하여 당시의 남녀유별의 시대상을 반영하였고, 일본인 목조 기술자, 중국인 조적기술자와 한국인 목수, 벽돌공으로 지은 건물로 건물 모퉁이에 '준공 1950'이라는 글자가 선명하다.

## 망선루 보존

충청북도 유형문화재인 망선루는 원래 고려시대 청주관아의 객사 동쪽에 있던 누각 건물로 고려 공민왕이 홍건적의 난을 피하여 청주로 내려와 수개월 머물던 곳인데 조선 세조 때 새로 지어졌다.

일제 때 경찰국 유도장 무덕전을 짓기 위해 해체된 건물 자재를 교회에서 구입하여, 모금을 통해 1923년 제일교회 쪽으로 이전 복원하여 4면이 트인 누각에 벽을 만들고 창문을 달았다. 그 해에 1904년에 개교한 청남학교(현 청남초등학교)가 망선루로 옮겨와서 1942년까지 사용하였다. 이후 교육과 집회 장소로 사용되던 망선루는 1949년에 세광중학교, 1953년에는 세광고등학교가 개교하였다.

팔작지붕[57]의 망선루는 교육관, 찬양대연습실, 주방, 식당 등으로 사용할 수밖에 없어 화재의 위험이 있고, 오래되어 원형을 잃어감에 따라

---

57) 팔작지붕: 지붕 옆면이 여덟 팔(八)자 모양의 화려한 지붕

청남학교 개교 30주년 기념(1935. 3. 19.) 〈자료 제공: 청주제일교회〉

70년이 넘도록 교회에서 관리한 건물을 시에 기증하여, 망선루가 처음
있던 곳은 사유지로 옮길 수 없어 그곳에서 가까운 중앙공원에 옮겨
2000년에 복원하였다.


### 항일, 민주화운동

제일교회는 1970년~1990년대의 민주화운동, 여성운동, 애국운동의
산실로 시민과 함께 호흡해왔다.

이 교회의 5대 담임 함태영 목사는, 1896년 법관양성소를 졸업, 판사
역임 후, 1911년에는 연동교회에서 장로로 장립하였고, 1915년 평양신
학교에 입학, 재학 시절 3·1운동에 가담하여 일제에 의해 3년간 옥고를
치렀다. 신학교를 졸업 후 목사 안수를 받아 1921년 청주제일교회에 부
임하여 1928년까지 사역하고, 장로로 시무하던 연동교회(1929~1941)
에 부임하여 총회장을 지내고 그 뒤 1952년 부통령을 지냈다.

### 로간부인 기림비

1921년 화강암으로 만든 로간(Logan 1856~1919) 기림비는 청주에서 가장 오래된 한글 비석으로 알려져 있다.

로간은 남편과 사별한 후 1909년 3월 5일 53세의 나이로 미국 북장로교 자비량 선교사로 입국하여, 10여 년간 주일학교와 여성교육을 위해 헌신하다가, 1919년 12월 7일 별세하여 양화진 선교사묘원에 안장되었다.

### 청주 진영터

교회당 터는 조선말기 충청도의 다섯 진영 중, 청주진영(중영)터로 청주 영장(營將)의 관사가 있던 곳인데 1866년 병인박해 때(고종 3년) 가톨릭 신자들이 순교한 곳으로, 가톨릭 청주교구에서 표지석을 세웠다.

## 찬송가 '예수님은 누구신가'의 밀러 목사

청주제일교회를 세운 밀러(Frederick S. Miller 1866~1937, 민노아) 목사는 미국 펜실베니아에서 태어나 피츠버그대학과 유니온신학교를 졸업하고, 1892년 부인과 함께 미국 북장로교 선교사로 내한하여 청주지역에 최초로 복음을 전한 선교사이다.

서울에서 경신학교를 운영하였고, 청주에서 44년간 선교활동을 하였는데, 서울에서 가족을 잃는, 인간적으로 견디기 힘든 어려움을 겪었다.

넷째인 프레드 밀러(1898~1899)는 1898년 11월 7일 출생하여 8개월 만에 사망하였고, 다섯째인 프랭크 밀러(1902~1902)는 1902년 3월 7일 출생하여 하루 만에 사망하였으며, 그의 아내 밀러(Anna R. Miller)는 우울증으로 1903년 6월 17일 38세의 나이로 별세하여 모두 양화진 선교사묘원에 안장되었다.

그리고 두 번째 아내 도티(Doty Susan A)와도 1931년 사별하고 딘(Dean M. Lillian)과 재혼하는 등 많은 시련 가운데서도 선교사 직무를 완수하고, 정년은퇴 다음 해인 1937년 별세하였다.

그의 두 자녀와 첫 번째 아내가 죽은 후, 영국의 하트(Joseph Hart) 목사의 찬송을 번역하여 1905년 찬셩시(제52장, 주는 풍성함)에 실은 것이 찬송가(96장) '예수님은 누구신가'이다.

'공중 나는 새를 보라'(588장), '맘 가난한 사람'(427장), '예수 영광 버리사'(451장), '주의 말씀 듣고서'(204장)가 그가 작사한 것이다.

탑동 양관에는 그가 거주하던 집(밀러 기념관)이 있다.

## 2. 청주 탑동 양관  탑동에 소재한 선교사 주택

청주제일교회당 방문을 마치고 1㎞ 떨어져 있는 '탑동 양관'을 찾아 갔다. '탑동 양관'은 탑동에 소재한 서양 선교사 주택으로, 본래는 7개 동이 건축되었으나, 청주제일교회당 옆에 위치한 소민병원진료소는 철거되어, 현재 6개 동의 건물(충청북도 유형문화재)이 남았고, 그중 4개는 일신여자고등학교 안에 위치해 있다.

학교 안에 있는 4개 건물을 보기 위해 학교 행정실에 예약하였는데, 중간고사 기간임을 참고해 달라는 학교 측의 당부가 있었다.

### 탑동 양관의 유래

청주에 서양의 건축양식이 도입된 것은 1904년 청주 장로교 선교사인 민노아(F. S. Miller) 목사가 선교를 위해 청주에 온 후부터이다. 이 건물은 당시 선교사들의 주거용 건물로 1904년 부지를 매입하기 시작하여 1906년부터 1932년까지 건물을 완성하였다. 탑동 양관은 지어진 시기에 따라 서로 다

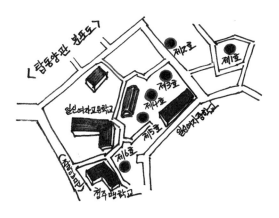

른 건축적 특징을 나타내며, 서양식 건축양식이 도입되던 초기의 특징이 잘 나타나 있다.

당시의 기록에 의하면 양관 부지 내에서 기와와 벽돌을 굽기 위한 질 좋은 점토가 발견되었고, 이를 파내어 굽기 위해 50명 이상의 사람들이 고용되어 일했다. 석재는 주로 지하실 외벽 축조에 사용되었다.

이 중 제4호 양관의 기초석은 가톨릭 순교자들이 갇혀있던 형무소의 벽에서 가져다 사용하고, 벽돌 및 화강석의 접착제로는 석회에 모래를 섞어 물로 갠 석회 모르타르를 사용하였다. 양관의 건립 당시 국내에서 생산하지 못한 유리와 스팀보일러, 벽난로, 수세식 변기, 각종 창호 철물류 등에 많은 수입 자재가 사용되었다.

## 솔타우(소열도) 기념관

이 건물[58]은 1921년 청주에 와서 동안 활동한 솔타우(T. S. Soltau, 소열도) 목사가 거주하였던 건물이다. 그는 선교와 교육 활동에 헌신 봉사하다가 1937년 일제의 신사참배를 반대하여 강제 출국당했다.

해방 이후에는 청주 성경학교 원장으로 활동한 허임(Hary J. Hill) 목사가 1947년부터 1959년까지 거주하였다.

일신학원의 설립과 운영을 위한 자금을 마련하기 위해, 이 건물이 매각되어 현재 유일하게 개인 소유가 되었다. 건축 연대는 확실하지 않으나 1912년에서 1932년 사이에 지어진 것으로 추

58) 충북 청주시 상당구 탑동로 32번길 17-6

정된다. 담 벽에 안내판이 없었다면 문화재인지 알 수 없었을 것이다.

## 부례선(퍼디) 목사 기념 성경학교

양관의 건물 6동 가운데 가장 늦은 1932년에 완성된 건물[59]이다. 부례선(Jason G. Purdy 1897~1926) 목사는 충북 남부지역의 선교와 농촌 봉사활동을 하던 중 1926년 5월 14일 장티푸스에 감염되어 순직하였다. 남편이 사망하자 부인 에밀리 몽고메리 선교사는 두 남매를 데

리고 미국으로 출국하여, 가족과 미국의 친지, 교우들이 그를 추모하기 위하여 이 건물을 건립하였다.

건물은 지하 1층과 지상 3층(다락 포함)으로 되어있으며 평면이 T자 모양의 건물로 지붕은 함석을 입혔는데, 건물에는 준공된 해를 알리는 1932가 새겨져 있다.

1921년 민노아 선교사가 세운 청주성서신학원

이 독립된 건물이 없어 이 건물을 신학원에서 사용하게 되었고, 현재까지도 운영되고 있는데, 방문 당시에도 학생들이 수업을 하고 있었다.

원장의 안내로 원장실에서 탑동 양관의 유래에 대한 설명을 들었는데, 특별히 밀러 목사가 번역하거나 작사한 찬송가 5곡을 부르면서 찬송

---

59) 충북 청주시 상당구 탑동로 24번길 9

의 유래를 설명하는 모습이 인상적으로 건물도 안내해 주었다.

건물의 특이한 점은 유리창을 올렸다 내렸다 하는데 양쪽에 도르래가 그 역할을 하였다.

6개 건물 중 상태가 가장 양호하여 덕혜옹주 등 드라마촬영 장소로 사용되었다.

## 밀러(민노아) 기념관

밀러(민노아) 기념관은 1911년에 지어진 지하 1층, 지상 2층의 붉은 벽돌 건물로, 지붕은 전통한옥과 같이 다각형의 모양에 기와를 덮고 있다. 이 건물은 청주에서 초기부터 활동하며 양관을 신축하는 데 헌신한 충북 최초의 밀러(Frederick S. Miller 1866~1937 민노아) 선교사가 청주제일교회 제1대 담임목사로 가족과 함께 살았던 집이다.

지금은 헐리고 없지만 과거 건물 옆으로 성서신학원으로 연결된 구름다리가 있어 청주의 명물이기도 했다.

# 포사이드 기념관

미국 시카고의 포사이드(H. M. Forsyth) 부부가 이 주택 건축을 위해 3천 불을 보내어 1906년 양관 가운데 처음으로 완성되었다.

붉은 벽돌의 건물로 유리 창문을 아치식으로 치장하였으나, 지붕은 전통적인 기와지붕으로 하였다. 처마 장식과 주초도 한옥과 흡사하여 한국 전통양식과 서양식이 어우러진 건물이다.

이 건물은 옛 순교자들이 갇혔던 형무소에서 가져온 화강석을 초석으로 사용하였고, 내부는 온돌 대신 스팀 난방과 벽난로를 시설하고, 실내 화장실을 갖추었으며, 주로 독신 선교사나 초임 선교사들이 거처하였는데, 현재 충북기독교역사관으로 사용하고 있다.

건물 앞에는 이 건물의 첫 주인인 민노아 목사와 부례선 선교사, 소열도 목사 딸(Theodora Grace Soltan, 1920~1922)의 묘비와 선교

사 기념비(민노아, 부례선)가 있다. 민노아 선교사 묘비에는 '주 예수는 길이요 진리요 생명이라'는 글귀가 새겨져 있다.

### 로위 기념관

로위 기념관은 본래 성경학교로 사용하고자 건립된 것인데 미국 캔자스 주 위치타(Wichita)에 살던 매클렁(J. S. McClung) 부부가 일찍 세상을 떠난 두 아들을 기념하기 위해 8백 달러를 기부하였다.

이 건물은 소민병원에 근무하던 의사와 간호사 등 선교사의 가족들이 사택으로 사용하였다.

소민병원 병원장 노두의(D. S. Lowe)가 1937년 일제의 신사참배 강요를 반대하여 선교사들과 함께 강제 출국당할 때까지 거주하였다.

건물 뒤쪽에 있는 기도하는 소녀상이 인상적이다.

### 던컨기념관

이 건물은 1908년 미국의 던컨(J. P. Duncan) 부인이 병원건축을 위해 7천 달러를 기부하여 1912년에 완성하였는데, 청주 최초의 근대적 면모를 갖춘 병원이었다.

지하 1층과 지상 2층의 붉은 벽돌집(연면적 543.1㎡)으로, 선교사들은 던컨기념병원이라 불렀으나, 청주시민들은 소민병원이라고 불렀다. 이 병원은 진료실과 수술실을 갖추고 병상 20개를 가진 청주 최초의 현대식 병원으로, 주로 어려운 처지의 환자들을 진료하였다.

1971년에 소민병원의 진료소가 청주제일교회당 옆에 마련되자 이 건물은 주로 입원실로 사용되었다.

선교사들이 남긴 발자취를 따라 가면서 다음 말씀을 생각해 본다.

그런즉 그들이 믿지 아니하는 이를 어찌 부르리요. 듣지도 못한 이를 어찌 믿으리요. 전파하는 자가 없이 어찌 들으리요. 보내심을 받지 아니하였으면 어찌 전파하리요. 기록된바 , 아름답도다 좋은 소식을 전하는 자들의 발이여 함과 같으니라. (로마서 10장 14절~15절)

# 1. 한국최초 성경전래지 기념관

〈자료 제공: 한국최초 성경전래지 기념관〉

흰색 건물의 기념관은 그리스 산토리니섬의 건물 하나를 옮겨 놓은 것같이 아름다운 건물이다. 주위에 '성경전래지 기념공원'과 '아펜젤러 선교사순직기념관'도 있어서 먼 거리를 달려온 나에게 위안이 되었다. 한국최초 성경전래지 기념관[60]은 한국 최초 성경이 전해진 성경 전래

---

60) 충남 서천군 서면 서인로 89-16

1층 전시관

2층 전시관

의 역사를 연구, 전시, 교육, 체험하고자 2016년 9월 5일 한국 최초 성경 전래 200주년을 맞아 개관하였다.

1, 2층은 전시관, 3층은 카페, 4층에는 다목적실(예배실)로 이루어져 있다. 1층 전시관에는 서해안 항해 목적과 함선을 전시하고, 성경 전래 애니메이션 상영, 외국인 함장과 마량진 첨사 조대복과 비인 현감 이승렬 일행과 만남을 전시하고 있으며, 2층 전시관에는 영국에서 제작된 세계적 보물인 킹 제임스 성경 원본과 시기별 한국어 성경 번역본 등이 전시되어 있다.

알세스트호 맥스웰 함장과 조대복 첨사 만남(포토 존)

### 영국 함선의 성경 전수

1816년 9월 4일(순조 16년), 영국의 함선 Alceste호(함장. Murry Maxwell)와 Lyra호(함장. Basil Hall)가 비인현 마량진 앞 갈곶에 도착했는데, 이 배는 영국 정부가 중국에 파견하는 사신 암허스트(J. win. Amherst)를 태우고 중국에 도착, 이들 일행을 광동

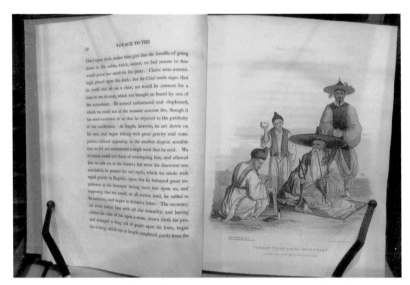

《조선 서해안과 유구 항해기》(1818년)〈책의 삽화: 서천의 마량진에 도착하였을 당시 마량진 첨사 조대복이 바실홀 함장 일행을 맞이하는 모습이다.〉〈자료 제공: 한국최초 성경전래지 기념관〉

에 내려놓고 대기하는 동안 본국 훈령에 따라 조선의 서해안 일대를 탐험하면서 해도를 작성하는 중이었다.

배가 도착하자 마량진 첨사 조대복이 몇몇 사람을 거느리고 리라호와 알세스트호를 차례로 문정[61]하였고, 그 이튿날에는 새벽부터 조대복(趙大福)과 비인 현감 이승렬이 문정했는데 이날 그들은 선실에서 서가에 가득한 책들과 지구의, 천구의 등을 보면서 신기한 태도를 보였다.

해도 작성을 끝내고 돌아가기 전, 조대복 첨사에게 맥스웰은 책 한 권을 선물로 남기고 9월 5일 떠났는데, 그것이 성경(킹 제임스 판) 이었다.

국정에 관한 제반 사항을 기록한 일성록에 "충청수사 이재홍이 두 사람으로부터 받은 것으로 보이는 것이 책 세 권에 약간의 문서가 있었다고 한 듯하다."라고 기록되어 있다.

---

61) 외국 배가 항구에 들어왔을 때 관리를 보내어 그 사정을 묻는 것

그러나 영국 측 자료인《조선 서해안과 유구 항해기》는 한 권의 성경을 당시 조대복에게 준 것으로 밝히고 있다.

《조선 서해안과 유구 항해기》[62] 외에도 당시의 내용을 기록한 알세스트호의 군의관인 맥레오드가 쓴《조선해역 및 유구열도항해기》도 전시되어 있다.

### 킹 제임스 성경(The King James Bible)

킹 제임스 성경
〈자료 제공: 한국최초 성경전래지 기념관〉

킹 제임스[63] 성경은 영국 국왕 제임스 1세의 영국 성공회의 예배에 사용할 수 있는 표준 성경을 번역하라는 왕명에 따라 47명의 학자들이 1604년 번역을 시작하여 1611년에 끝마친 원문으로부터 직역한 영어 번역본이다.

1611년 초판본 킹 제임스 성경은 약 300여 권으로 추산되며, 현재 전 세계에 약 30권 정도가 남아있는데, 미국 피닉스주의 '고 성경박물관'과 구매 협상을 벌여 3억 원에 구입, 2016년 8월에 들여왔다.

기념관에는 1611년 판 외에도 1769년, 1822년, 1823년도에 출판된 킹 제임스 성경 원본도 소장하고 있다.

---

62) 1816년 영국 리라호의 바실홀(Basil Hall) 선장이 10일간 한국의 서해안과 유구섬(오키나와)을 탐사한 내용을 담고 있다. 조선 방문 2년 만인 1818년 출판되어 '조선'을 전 세계에 알리는 데 큰 역할을 하였다. 책에서 '조선은 평화를 사랑하는 민족이며 유서 깊은 역사에도 불구하고 다른 나라를 침략해본 적이 없는 선량한 민족'이라고 했다.

63) King James(1566~1625): 스튜어트 왕가 출신 중 최초의 영국 왕(1603년 즉위). 스코틀랜드와 잉글랜드의 통일로 절대왕정 추구.

## 성경전래지 기념공원

한국최초 성경전래지 표지석

충남 서천군 마량진 포구는 해돋이와 해넘이를 것을 동시에 볼 수 있는 특별한 곳인데 '성경전래지 기념관'에서 400m 떨어진 비인항에 성경전래 기념비와 영국 범선 조형물 등이 있는 9,920㎡(약 3,000평) 규모의 성경전래지 기념공원[64]이 있다.

한국 최초 성경전래지 표지석 비문의 내용은 다음과 같다.

"1816년 9월 5일 영국 해군 Murray Maxwell 대령과 Basil Hall 대령이 순양함 Alceste와 Lyla호를 이끌고 서해안 마량진 해안에 들려 해도를 작성하고 한국에서는 최초로 마량진 첨사 조대복에게 성경을 건네주었다."

아펜젤러 추모시비는 감리교 최초의 선교사 아펜젤러가 선박사고로 순직한 어청도와 가장 가까운 육지(48㎞)인 이곳에 세워졌다.

---

64) 서천군 서면 서인로 116번길 21

## 한국 최초 성경전래 당시 영국 함선과 조선 판옥선 재현

1816년 우리나라 최초의 성경 전래가 이루어졌던 마량진 앞바다 기념공원에 제작·설치된 배 모형은 육지와 가까운 곳에 정박했던 리라호와 이를 문정하기 위해 마량진 첨사 조대복이 승선했던 조선 판옥선을 재현한 것이다.

군함과 판옥선에 올라가서 구경할 수 있는데 조선 판옥선 1층(배 뒤편)에 있는 화장실은 공간을 잘 활용한 것이 인상적이다.

### '조선인과 영국인의 만남'

1816년 9월 4일(순조 16년) 알세스트호와 리라호 두 척은 마량진 갈곳 밑에 표류하였다.

그러자 얼마 후 이들의 배 주위로 조선의 많은 배들이 모여들었다. 알세스트호의 맥스웰 함장과 리라호의 바실홀 함장은 그 배들 중에 푸른색의 큰 양산이 드리워져 있는 배가 가장 높은 신분의 배라고 생각하였다. 그리고 일행 몇 명과 함께 보트로 갈아 탄 후 그 배를 향해 다가갔다. 더 가까이 가보니, 큰 양산 아래에 원로로 보이는 인물이 다리를 포개고 앉아있었다. 그는 마량진 첨사 조대복이었으며, 이양선의 일행은 배에 올라 그에게 경의를 표하였다.

그러자 그는 매우 정중히 그들을 맞아주었으며, 이것이 곧 조선인과 영국인의 첫 만남이었다. (알세스트호 항해기)

〈'한국최초 성경전래지 기념관' 전시실 게시 글〉

# 2. 아펜젤러 선교사 순직 기념관

　6년 전에 교회 탐방팀을 조직하여 다녀온 적이 있는 '아펜젤러 선교
사 순직기념관[65]'은 성경 전래지 기념관을 방문하고 돌아가는 길에 있
어서 다시 한번 찾았다.

---

65) 충남 서천군 서면 서인로 225번길 61

## 기념관이 '충남 서천'에 존재하는 이유

1902년 6월 11일 밤 10시경 아펜젤러[66] 선교사가 성경번역 관련 모임에 참석하기 위해 조사 조한규와 목포 집에 가던 이화학당 여학생 1명과 함께 인천에서 목포로 배를 타고 가던 중 어청도 인근 해상에서 '기소가와 마루호'와 충돌 사고로 세 사람 모두 숨졌다.

아펜젤러 선교사
〈출처: 서울역사박물관〉

사고 장소인 어청도는 서천군 서면 마량리에서 48㎞ 떨어진 곳으로, 순직 장소를 눈으로 직접 전망할 수 있는 가장 가까운 육지에 기념관이 세워졌다는 것에 의미가 있다.

## 기념관 둘러보기

2011년 6월 13일 문을 연 기념관은 건평 350㎡의 지하 1층과 지상

---

66) 상세 내용은 본 책《아펜젤러 순교기념교회》309쪽 참조

3층 건물로, 1층은 미국 감리교 선교사인 가우처관, 맥클레이관, 아펜젤러관, 한국감리교회 선교관이 있고, 2층은 한국감리교 선교역사 자료실, 3층은 전망대로 순직 장소를 조망해 볼 수 있다.

동백정교회

기념관의 외관은 아펜젤러 순직기념관의 명칭에 맞게 배 모양을 하고 있는데 1층 주 전시실이 배의 앞머리 부분에 속한다. 전시관에는 아펜젤러 선교사가 순직할 때의 선박모형과 번역 성경 등 아펜젤러 관련 이외에도 부산지역을 호주 선교부에 넘겨주고 대구에서 복음을 전한 베어드 선교사의 사역, 1909년판 신약성경, 1908년 감리교와 장로교가 같이 만든 찬송가, 1953년 판 찬송가 등이 전시되어 있고, 2층에는 1902년 12월 하와이 이민을 통해 1903년 하와이 한인교회를 설립한 홍승하 목사 관련 자료와 감리교의 선교역사 자료가 전시되어 있다.

건물 좌측에는 '가우처 홀'이, 우측에는 동백정교회당이 있다.

## 가우처 홀

'가우처 홀'은 아펜젤러가 한국에서 선교를 가능하도록 많은 재정적 지원을 한 가우처(John f. Goucher, 1845~1922)를 기념하기 위해 카페로 꾸며 2015년 9월에 문을 열었다. 미국 감리교의 선교사역과 가우처의 활동상을 꾸며 놓았고, 성경에 나오는 식물을 유리병에 담아 전시해 놓은 것이 눈에 띄었다.

가우처 목사는 1883년 9월 우연히 시카고를 떠나 워싱턴으로 가는 기차 안에서 고종황제가 파견한 외교사절단(단장: 민영익)을 만나 한국 사정을 듣게 되고 그것이 계기가 되어 1884년 친구 맥클레이(Robert S. Maclay) 일본주재 목사를 조선에 보내 선교 가능성을 알아보도록 하였다.

가우처 목사는 미화 5,000달러의 기금을 감리교 해외선교부에 기부함으로써 아펜젤러 선교사의 파송과 배재학당의 대지를 구입할 수 있었고, 한국에서의 사역을 가능하게 하였다.

가우처 목사는 1890~1908년까지 볼티모어 여자대학교 총장으로 재직하였으며, 한국을 6차례나 방문하는 등 한국선교에 많은 관심을 가졌다.

# 3. 66인의 순교자 배출한 **병촌성결교회**

(좌측) 순교기념탑.
(중간) 순교기념성전으로 건물 외형은 면류관의 모양을 본떠 1981. 1. 5 봉헌, 현재 예배당으로 사용.
(우측) 순교자기념예배당으로 1956. 6. 3 봉헌(건평 171.9㎡) 현재 식당으로 사용

### 부여에서 1박

한국최초 성경전래지 기념관을 방문하고, 다음 날 논산시 강경읍에 있는 교회들을 돌아보기 위해 부여읍에서 숙박하였다.

아침 일찍 일어나 숙소에서 2㎞ 떨어진 곳에 있는 낙화암도 다녀왔

다. 부여는 삼국시대 백제의 수도로, 538년 성왕 시절에 수도를 웅진 (공주)에서 사비성(부여)으로 옮겼는데, 기독교문화유산답사가 아니었 더라면 부여 낙화암을 보지 못했을 것이다.

66인의 순교자를 배출한 교회는 현재 어떤 모습일까? 기대와 설렘도 있었지만 약간의 부담감도 가지면서 17㎞ 떨어진 병촌성결교회당[67]에 도착하였다.

### 교회 설립과 순교

병촌성결교회는 1933년 6월 15일 강경성결교회의 도움을 받아 논산 시 서도면 개척1리 474번지 강우석 씨 집을 매입하여 세워졌으며, 교회 가 부흥하여 병촌2리로 옮기게 되었다.

병촌성결교회는 1943년 12월 신사참배 거부로 일제에 의해 교회가 강제 폐쇄되는 아픔을 겪기도 했다. 1945년 8월 15일 해방과 함께 교

1956년 건축한 순교자기념예배당의 촛불 불꽃 형태의 현관을 보니 '작은 불꽃 하나'라는 복음찬송이 떠올 랐다.
"작은 불꽃 하나가 큰 불을 일으키어 곧 주위 사람들 그 불에 몸 녹이듯이……"

회는 다시 문을 열게 되어 부흥하던 중 1950년 6·25 전쟁의 소용돌이 속에서 또 한 번 혹독한 시련을 겪 어야 했다.

1950년 강경지역을 장악 했던 북한 공산군은 유엔 군의 인천상륙작전으로 인 해 북쪽으로 후퇴하면서 이 지역의 지주, 경찰관 가 족, 기독교인 등을 잔인하

---

67) 충남 논산시 성동면 금백로 475

게 학살하기 시작했다.

9월 27일, 28일 병촌성결교회 신자 66명은 총, 삽, 죽창, 몽둥이 등으로 까치말(병촌2리)과 불암산(개척2리) 등에서 무참하게 죽임을 당했다. 그중 정수일 집사(당시 31세, 여)는 젖먹이를 안고 만삭의 몸임에도 불구하고 시부모, 시동생, 아들, 딸, 조카 등 10여 명과 함께 찬송하며, 죽음 앞에서 오히려 "회개하고 예수를 믿으라."고 외치고 "내 영혼을 받으소서!"라며 하나님께 자신의 영혼을 의탁하고 순교하였다.

이때 유일하게 살아남은 장년 신자 네 사람 가운데 한 사람인 김주옥 집사(당시 32세, 남, 훗날 병촌성결교회 제1대 장로가 됨, 1966년 소천)는 악질 신자라는 이유로 반동으로 몰려 논산내무소에 압송되어 감금 중 유엔군 비행기 폭격의 혼란을 틈타 탈출하여 고향에 돌아와 노미종 집사(당시 34세, 여, 훗날 권사가 됨)와 우제학 집사(정수일 집사의 남편) 등이 힘을 합하여 교회 재건에 앞장서 오늘의 병촌성결교회가 있게 하였다.

### 66인 순교기념탑과 순교자의 묘

교회 마당에 서 있는 66인 순교기념탑은 1989년 건립된 것으로, 아래가 좁고 위가 넓은 형태를 띠고 있는데, 이는 정수일 집사가 순교 당시 손을 하늘로 우러러 들고 기도했던 것을 형상화했으며, 66조각의 대리석은 66명을 뜻하고, 제일 상단에 있는 원형은 전 세계에 순교자의 신앙이 전파되기를 기원하는 마음을 담았다. 순교기념탑 봉헌문에 순교자 66명(남 27, 여 39명)이 기록되어 있다.

66인 순교자기념탑 왼편에 7명의 순교자, 우봉준, 홍성녀, 정수일,

구순희, 우동식, 김장화, 여광현의 묘가 있다.

## 안보기념관

독특한 모양의 기념관은 죽음 앞에서도 굴하지 않고 천국에 대한 확고한 신념을 가지고 순교한 66명의 신앙을 이어받고, 6·25 전쟁에 대해 전후 세대들에게 올바른 역사의식과 나라 사랑하는 마음을 심어주기 위해 세워졌다. 벽의 흰색은 신앙의 순결을, 붉은 기와는 순교자의 피를 상징하며, 천장의 불빛 66개는 순교자 66명을 의미한다.

이 기념관은 성결교단을 비롯한 병촌성결교회 성도들의 간절한 금식기도와 눈물이 어린 헌금, 순교자 후손들, 전국여전도회 및 이름도 빛도 없이 헌신한 분들에 의해 완성되었다.

이 건물은 제주도의 에코랜드를 설계한 건국대 강병근 교수가 설계하였고, 2015년 8월 24일 준공되었는데, 다양한 행사를 할 수 있도록 설계되었으며 기둥 좌우측에 둥근 공간을 만들어 교회 역사 사진 및 순교자 관련 자료를 전시하고 있다. 2층은 카페가 있는 공간으로 기념관에 들어올 때나 나갈 때에 잠시 쉬어갈 수 있는 공간이다.

# 4. 국가등록문화재인 구 강경성결교회

## 건물의 특징

국가등록문화재인 구 강경성결교회 한옥예배당[68]은 기독교의 토착화 과정에서 나타나는 건축양식으로 매우 독특한 건물구조와 평면구성을 보여준다. 특히 목재의 치목수법과 가구기법은 전통적 기법에서

---

68) 충청남도 논산시 강경읍 옥녀봉로 73번길 8

근대시기 건축기술로 변화하는 과정을 살필 수 있는 귀중한 자료이다.

한옥교회의 현존사례가 극히 드문 현실을 감안하면 이 건물의 희소 가치가 매우 높다. 정면 4칸, 측면 4칸 규모로 정면과 측면의 비율이 1:1인 정방형의 평면으로, 내부 중앙에 있는 나무 주초 위에 세워진 두 개의 기둥으로 남녀의 공간을 구분한 칸막이 교회당이다. 초기 한옥교회는 건물 전면에 별도의 문을 두어 남녀 신자를 구분한 것이다.

또한, 교회의 기능에 충실한 평면의 변화와 상부 가구구조의 구성기법 등은 초기 기독교 한옥교회의 근대화에 따른 건축적 변화과정을 잘 보여주고 있다. 가구구조는 9량 구조로 일반적인 가구법에 따라 내부의 고주를 협칸의 기둥 열에 맞춰 세우고 대들보와 퇴보를 걸면 상부 가구도 편리할 뿐만 아니라 내부도 신랑(nave)과 측랑(aisle)으로 구분되어 공간의 활용이 용이하다.

더욱이 강단 쪽의 고주 하나를 생략함으로써 회중석에서 강단을 향하는 시선의 장애를 없애고 강단 앞부분에 충분한 공간을 만들고 있는 것은 당시의 사회적 여건과 기능에 충실한 계획 수법으로 볼 수 있다.

목조 건축에 있어 이러한 감주법(減柱法)은 구조에 대한 기술적 축적이 있을 때만 가능한 것으로 당시의 기술 수준을 알 수 있는 좋은 예가 된다. 내부 공간은 크게 회중석과 강단으로 나뉘어 있다. 강단을 중심으로 오른쪽은 목사 준비실, 왼쪽은 창고로 되어있고, 지붕은 기와로 원래의 모습을 살렸다.

## 교회 설립

강경성결교회는 1918년 10월 18일 창립되었다(정달성 전도사 개척). 이후 기독교대한성결교회 초대감독이며 성서학원(현 서울신학대학교)의 초대 교장이던 영국인 존 토마스 목사가 강경성결교회의 건축부지 매입을 위하여 1919년 3월 20일에 강경을 방문하였다.

토마스 목사는 구 강경성결교회당 근처 옥녀봉에서 만세운동을 목격하고, 내려와 강경교회 예배당 터를 측량하고 있었는데, 갑자기 일본인들이 달려들어 무차별 구타하여 스물아홉 군데 골절상을 입게 되고 오히려 감옥에 갇히게 되었다.

이 사건은 영국과 일본의 외교 문제로 비화되어, 일본은 결국 존 토마스 목사에게 당시 돈 5만 불의 보상금을 지불하게 되었다. 귀국한 존 토마스 목사는 보상금의 일부를 헌금하여 강경교회 예배당을 건축하고 1923년에 봉헌하였다.

일본은 한국인의 민족정신을 말살하고 기독교를 박해할 목적으로 문화정책의 일환인 신사참배를 강요하였

강경보통학교 신사참배 거부(매일신보 1924. 11. 2.)
〈출처: 국립중앙도서관 소장 자료〉

다. 하지만 1924년 10월 11일 강경성결교회 주일학교 교사 김복희 집사(강경보통공립학교 여교사)의 주도로, 62명의 학생들이 신사참배를 거부하는 사건이 발생했다.

신사참배를 거부하게 된 배경은 강경성결교회를 맡고 있던 백신영 전도사의 주일학교 가르침의 영향이 매우 컸다. 백신영 전도사는 애국부인회 결사대장으로 만세운동을 벌이다가 체포되어 대구형무소에서 복역하다가 병보석으로 출옥하면서 1920년 강경성결교회로 부임하여 1927년까지 재직하였다.

강경성결교회는 일제 강점기 때 3곳(함열, 병촌, 노성)에 교회를 세웠으며, 6·25 전쟁 중에도 2곳(채산, 채운)에 교회를 설립하였고, 전쟁 중에도 교회를 떠나지 않고 신앙을 사수하며 주일예배가 한 번도 끊어지지 않았다.

강경성결교회가 부흥하자 1957년 홍교리로 이전하였고, 이후 구 강경성결교회 예배당은 강경북옥교회(감리교)에서 사용하였다. 그 후에 강경성결교회 신영춘 목사가 중심이 되어 기독교대한성결교회의 지원을 받아 강경성결교회로 환원되었다.

### 신사참배 거부선도 기념비

현재 예배당 옆에 신사참배 거부선도 기념비가 있다.

다음은 '신사참배 거부선도 기념비' 뒷면에 새겨진 내용이다.

1924년 10월 11일은 옥녀봉에 있는 신사에 단체로 참배 하는 날이었다. 강경보통학교(현 강경중앙초등학교) 학생 일부는 신사참배를 하지 않으려고 결석을 하였고, 또 신사에 갔지만 학생 62명은 참배를 하지 않았다. 신사참배는 우상숭배로 하나님의 십계명을 어기는 것이 되기 때문이었다.

이를 해결하고자 총독부 등 관계 기관에서 학부모 회의를 소집했으나 학부모들은 "아이들은 교회에 출석하고부터 조상 제사 때 절도하지 않는다. 때려도 보고 달래도 보았지만 아무런 소용이 없었다. 그렇다고 행실이 나빠진 것도 아니고 오히려 더 성실해졌고, 공부도 더 열심히 하므로 우리가 이 일에 뭐라고 말할 수 없다"고 하였다.

학부모들을 동원하였지만 어쩔 도리가 없었다. 신사참배 거부 사건으로 김복희 교사는 면직되었고, 많은 학생들은 퇴학 처분되었다.

신사참배 거부선도 기념비에 사용된 화강암은 강경 산 황등석이며, 흰색 바탕은 순결, 믿음, 평화, 승리를 상징한다. 위에서 본 형태는 로마 시대에 탄압받던 성도들이 서로를 확인하기 위하여 그려 보여주던 상징물인 물고기(익투스: 예수그리스도는 하나님의 아들이시며 구원자이시다) 형태이며, 그 안의 물은 반석이신 그리스도로부터 공급되는 생명수를 상징한다.

## 현재의 예배당과 100주년 기념비

# 5. 한국 첫 침례교회 발상지

병촌성결교회당 방문 후 4㎞ 떨어져 있는 한국 첫 침례교회 발상지
를 찾았다.

## 한국 첫 침례교회 예배지
이곳은[69] 조선시대 말기 강경과 인천을 배 타고 오가며 포목장사를

69) 충남 논산시 강경읍 옥녀봉로 73번길 28-12 (북옥리 136)

하던 지병석 집사의 가택이 있던 곳이다. 그는 1895년 서울에서 미국 보스톤의 침례교단에서 파송한 파울링 선교사에게 침례(세례)를 받는다. 그 후 1896년 2월 9일(일요일) 파울링 선교사 내외, 아만다 가데린 선교사, 지병석 집사 내외 등 5명이 첫 주일예배를 드림으로 이곳은 침례교 국내 최초의 예배지가 되었고, 기독교 한국침례회가 태동한 곳이며, 또한 강경침례교회의 시작이 되었다.

이곳에서 1896~1899년까지 파울링 선교사가 거처하였으며, 그 후 1900년 스테드만 선교사, 1901~1935년에는 최초 한국 침례교단을 조직한 캐나다인 펜윅 선교사가 원산에서 강경을 왕래하며 별세하기 전까지 거처했던 곳으로 향토유적으로 지정되어 있다.

### 파울링 선교사(Edward Clayton Pauling, 1864~1960)

첫 침례교 예배지에서 약 60m 떨어진, 북옥동 137번지에 1897년 교회당을 신축한 파울링 선교사는 1864년 8월 31일 미국 펜실베니아 에림스포트에서 태어났다. 그는 1894년 4월 보스턴 크레렌튼 스트리트

 침례교회에서 고든 목사에게 펜윅과 함께 목사 안수를 받고, 5월 엘라딩기념선교회[70] 선교사로 파송되어 일본에 도착, 5개월 동안 일본 여행을 한 후 11월 한국에 들어왔다. 다음 해인 1895년 2월 14일 일본 요코하마에서 마벨 발렌타인 홀 양과 결혼하고, 강경에서 한국침례교회를 창립하였다. 그러나 그의 사역은 아들의 사망[71]과 개인적인 사정으로 1899년 미국으로 귀국하여 중단되었고, 그 후 1960년 향년 96세에 소천하였다.

### 스테드만 선교사(F. W. Steadman. 1871~1948)

캐나다에서 출생하여 1896년 25세 총각 선교사로 엘라딩 기념선교회에서 2차로 파송, 공주에서 사역하던 중 파울링 선교사의 귀국으로, 강경침례교회 제2대 담임을 맡았다.

1897년 9월 29일 감리교 선교사인 아그네스 테일러 부리덴 양과 결혼하였고, 강경침례교회를 담임하다가(1901년 4월까지) 일본에 파송되어 1933년 은퇴하여 미국에서 1948년 77세에 소천하였다.

### 말콤 펜윅 선교사(Malcom C. Fenwick. 1863~1935)

캐나다 온타리오주에서 태어나 독립선교사로 1889년 12월 한국에 도착하여 전도 활동을 하였으나 목사안수 필요성과 선교비 확보를 위해 1893년 미국으로 건너가 고든 목사의 보스턴 선교사훈련학교에서 공부한 후 1894년 4월 에드워드 파울링을 비롯한 5명이 목사안수를

---

70) 고든 목사가 시무하는 교회의 새뮤얼 씽(Samuel B. Thing) 집사가 일찍 죽은 외동딸 '엘라'의 상속재산을 바친 것을 기초로 만들어졌다.

71) 아들 Pauling Gordon(1895~1899)이 사망하여 양화진 외국인묘원에 안장되었는데 침례교인 유일의 묘지이다.

받았다.

펜윅은 고든 목사에게 한국선교의 필요성을 설명하여 1885년 엘라 딩 기념선교회 선교사로 임명되어 1896년 내한하였다. 스테드만이 일 본으로 갈 때 원산에 있는 펜윅에게 선교지를 이양하자 펜윅은 1901 년 내려와 강경침례교회를 맡았고(3대 담임), 1903년 남감리교 선교사 인 페니 힌즈(1866~1933) 양과 결혼 하였다.

한국에서 46년간 사역 후 1935년 12월 6일 원산에서 72세로 소천 하였다. 그의 아내는 1933년 1월 20일 71세에 먼저 소천하였다.

### 한국 첫 침례교회 최초 예배당 터('ㄱ'자 예배당)

첫 예배지는 1896년 2월 9일 첫 예배를 드린 논산시 강경읍 북옥리 136번지의 지병석 집사의 집이지만, 한국 첫 침례교회 예배당이 들어선

옛 강경침례교회당 터 ('첫 예배지' 에서 봉수대 가는 길에 있다)

'ㄱ'자 예배당에서 교인들과 함께
(맨 좌측이 펜윅 선교사)
〈출처 및 저작권: 한국기독교역사박물관〉

곳은 이곳에서 약 60m 정도 떨어진 복옥리 137번지다. 1897년 미국 선교사 파울링이 설립한 강경침례교회 예배당은 남녀 자리가 구분되어있는 'ㄱ'자 예배당으로 당시의 남녀유별 사회문화를 반영한 것이다.

1906년 펜윅 선교사는 이곳에서 전국 31개 교회를 모아 침례회 최초의 총회를 열었으며, 1903년 그가 개설한 공주성경학원은 현재 대전에 소재한 침례신학대학교로 발전하였다. 그 후 일제가 신사참배를 강요하자 기독교한국침례회는 1935년 교단 차원에서 거부를 선언하였다.

그 뒤로도 계속 신사참배를 거부하자 일제는 옥녀봉 중앙에 신사를 짓는다는 명분으로 교회를 탄압하여 결국 교회는 증여형식으로 부지와 예배당을 넘겨주었다. 일제는 1943년 교회당을 방화한 후 신사의 부지로 사용하였으며, 1944년 몰수(4,732평)한 땅을 등기 이전해갔다.

### 전치규 목사와 이종덕 목사의 순교

기독교한국침례회가 신사참배를 거부하자 전치규 목사, 김재형 목사, 교인 32명 등 전국의 침례교 지도자들이 원산 헌병대로 끌려가 투옥되고 결국 전치규 목사는 1944년 2월 13일 옥중에서 순교하였다.

마침내 일제는 1944년 5월 10일 침례교단을 해체하였는데, 기독교한국침례회에서는 매년 이날을 '침례교 신사참배 거부 기념일'로 지키고 있다.

1945년 8.15해방이 되자 홍교리 114번지에 있던 일본인의 사찰을 매입 교회당으로 삼아 이종덕 목사를 4대 담임으로 청빙을 하였다.

6·25 전쟁 당시 교단 총회장이며, 강경침례교회 당회장인 이종덕 목

사는 9.28 서울 수복 시 퇴각하던 공산군에게 금강변 갈밭으로 끌려
가 총살당했으며, 2006년 11월 19일 순교현장에 순교비를 세웠다.

## 현재의 예배당

'강경읍 계백로 167번길 10'에 위치한 현재의 예배당은 2009년 10월
12일 완공된 강경침례교회 4번째 건물이다.

예약하지 않은 방문임에도 불구하고 목사님이 소책자 2권을 주면서
침례교회 역사에 대해 교회당 1층 복도에 붙어있는 사진을 중심으로
자세하게 설명해 주셨다.

# 6. 공주제일교회

공주제일교회[72] 구 예배당은 국가등록문화재로 지정되어 '공주기독교박물관(충남 제39호)'으로 운영하고 있다.

교회 설립 당시 공주는 충청남도 도청이 있던 곳으로, 삼국시대에는 (웅진) 475년부터 538년까지 백제의 수도였던 유서 깊은 곳이다.

---

72) 충청남도 공주시 제민1길 18

## 교회 설립

공주제일교회(당시 공주읍교회)는 1902년 초가 1동을 구입하여 예배드리므로 수원이남 최초의 감리교회로 설립되었다.

1904년 샤프(1872~1906, Robert Arther Sharp) 선교사가 공주에 와서, 1905년 한국에서 활동하던 사애리시 선교사와 결혼하고 영명남학교를 세웠고, 아내 엘리스 샤프(Alice H. Sharp 한국 이름 사애리시)는 영명여학교를 설립하여 공주제일교회에 적을 두고 활동했다.

가정을 이루고 본격적 사역이 시작될 무렵 안타깝게도 샤프 선교사는 논산·강경 선교여행 중 상여 보관소에서 잠을 자다가 장티푸스에 걸려 1906년 3월 5일 34세의 젊은 나이에 하나님의 부름을 받았다.

하나님은 왜? 이 먼 곳에까지 와서 열심히 사역하는 선교사의 생명을 이토록 빨리 거두어 가시는지? 그의 발자취는 영명중·고등학교와 중학동 구 선교사 가옥, 그리고 선교사 묘원에 남아있다.

교인 수가 350명에 이르자 1909년에 예배당을 건축하였는데 우산을 쓴 신사가 찾아와 "나의 재산을 하늘에 쌓아두기를 원한다."는 말을 남기고 이름도 밝히지 않은 채 내놓은 헌금으로 예배당을 건축하여, '작은 우산을 옆에 낀 사람'이라는 뜻의 협산자 예배당으로 불렸다. 이곳은 사애리시 선교사의 수양딸 유관순이 영명학교 재학시절 예배하던 곳으로, 이곳에서 하나님과 나라 사랑하는 법을 배웠다.

## 구 예배당(공주기독교박물관)

구 예배당은 1931년 11월, 2층으로 건립하여 영명학원과 영아관을 운영하여 인재양성과 사회적 활동에 관심을 기울이며, 충청지역 감리교 선교의 중심 역할을 하였는데, 6·25 전쟁 당시 건물이 많이 파괴되었으나 1956년과 1979년 개축을 통해 1층 벽체, 굴뚝 등을 그대로 보존하여 교회 건축사적 가치가 높다.

1층 전시실 〈자료 제공: 공주기독교박물관〉

2층 전시실 〈자료 제공: 공주기독교박물관〉

구 예배당은 2018년 5월 10일 공주기독교박물관으로 개관하였는데, 박물관 1~2층에는 교회 역사와 선교사의 유품, 성도들의 기증품, 교회 주보, 회의록, 일지 및 목회자와 교인명부 등이 전시되어 있다. 또한 샤프 선교사가 1903년 내한할 때 가지고 온 오르간도 전시되어 있다.

## 3·1운동 민족대표 33인, 신홍식 목사

3·1운동 민족대표 33인 중 한 사람인 신홍식 목사상이 박물관 앞에 세워져 있는 것은 신홍식 목사가 1916년 8월 공주제일교회에 부임하여 1917년 평양 남산현교회로 옮겨갈 때까지 시무한 교회이기 때문이다.

평양 남산현교회로 부임한 뒤인 1919년 3월 1일 오후 2시

**신홍식 목사 관련 기사. 매일신보(1920. 7. 16.)**
〈출처: 국립중앙도서관 소장 자료〉

경 서울 태화관에 29명이 모여 한용운의 독립선언 취지를 듣고 만세삼창을 한 뒤 참석자 전원이 일본 경찰에 연행되고, 3월 14일 민족대표들은 구속되고 서대문형무소에 수감 되었다.

1920년 10월 30일 경성복심법원은 신홍식 목사에게 징역 2년을 선고하여 옥고를 치루고 1921년 11월 4일 경성감옥에서 만기출소하였다. 출소 후 1922년 인천 내리교회 제9대 담임목사로 부임하여 5년간 시무 후 1927년부터 강릉과 원주에서 목회하다가 1935년 원주읍교회(현 원주제일교회)에서 은퇴하였다.

신홍식 목사는 1939년 3월 18일 '하나님을 잘 믿고 충성하며 민족독립을 위해 힘쓰라'는 유언을 남기고 68세의 나이로 소천하였다.

1919년 4월 1일 공주지역에서도 만세운동이 있었는데 공주제일교회

성도와 영흥학교 교사, 학생이 중심이 되어 다른 지역과 마찬가지로 기독교가 주도적 역할을 담당하였다.

### 현재 예배당

2012년 11월 13일 봉헌한 현재 예배당 자리는 1932년 공주청년회관이 세워졌던 곳으로 신간회 공주지회의 활동 중심지로 항일운동의 현장이다.

또한 이곳은 공주시 서양의사 1호인 양재순 장로가 운영하던 공제의원(1927~1988)이 있던 곳이다.

1910년대 공주 감리교선교부(영명학교와 선교사 사택들이 보인다.)
〈출처: 서울역사박물관〉

# 7. 영명중·고등학교

1905년 샤프 선교사와 그의 아내 사애리시(1871~1972) 선교사가 남학생을 가르치는 명선학당과 여학생을 가르치는 명선여학당을 열었는데 이들 학교가 현재 영명중·고등학교[73]로 공주제일교회에서 약 1.7 km 정도의 거리에 위치해 있다.

1906년 샤프 선교사의 갑작스러운 죽음으로 그해 귀국한 사애리시는, 1908년 다시 남편이 묻혀있는 공주로 다시 들어와 명선여학당을 영명여학교로 이름을 바꾸어 문을 열었으며, 충청지역에 20여 개의 학교를 세워 근대교육에 있을 쏟았다. 그녀는 1939년 일제에 의해 추방

73) 충남 공주시 영명학당2길 33

당해 미국으로 돌아가 선교사 요양원에서 생활하다가 1972년 101세의 나이로 소천하였다.

한편 샤프 선교사의 죽음으로, 윌리엄(한국명: 우리암, 1대 교장) 선교사가 내한하여 명선학당의 닫힌 문을 다시 열고 중흥학교라 개칭하였고, 1909년 영명학교로 재인가받았다. 1919년 4월 1일 공주에서 일어난 만세운동에 학생들과 교사들이 적극 참여하여 교사들이 구속되고, 일제의 감시로 학교가 어렵게 되자 1932년 영명여학교와 영명학교를 통합하여 남녀공학이 되었다. 일제는 1940년 태평양전쟁을 앞두고 미국인을 추방하였고, 1942년 학교도 폐쇄하였으나 해방 후 1949년 복교하여 오늘에 이르고 있다.

### 개교 100주년 기념탑

개교 100주년 기념탑과 흉상.
(좌로부터) 황인식, 조병옥, 유관순

유관순 〈출처: 국립민속박물관〉

교정에는 개교 100주년 기념탑과 이 학교와 관련된 황인식, 조병옥, 유관순 등 3인의 흉상이 세워져 있는데, 황인식 교장은 영명학교 1회 졸업생으로 2대 교장과 충청남도 초대 도지사를 역임하였고, 조병옥 박사는 영명학교 2회 졸업생으로 내무부장관, 국회의원, 민주당 대통령 후보를 역임했다. 또한 유관순은 영명여학교 보통과에 재학 중 사애리시 선교사의 추천으로 서울 이화학당으로 전학하여 3·1운동을 이끌었다.

### 중학동 구 선교사가옥

영명고등학교 운동장을 돌아가면 강당이 나오고, 산 쪽 길로 가면 1900년대 초에 지어진 붉은색 벽돌 3층 건물이 나타나는데, 미국 감리교 선교사 사택으로 사용되던 공주 최초의 서양식 주거 건물로, 국가등록문화재인 '중학동 구 선교사가옥'[74]이다. 1903년 공주에서 처음 선교를 시작한 것은 맥길 선교사지만 이 건물을 설계한 것은 1905년에 부임한 샤프 선교사로 그가 결혼 후 살던 집이다. 한동안 선교사 사

---

74) 충남 공주시 쪽지골길 18-13(중학동)

택으로 사용되다가 1920년대에는 영명여학교 건물로 사용되었다.

이 건물의 특징은, 내부의 계단실과 각층의 공간이 스킵 플로어(skip floor) 형식으로 연결되어있는 것인데, 즉 현관에서 반 층을 올라가면 1층으로, 현관에서 반 층을 내려가면 지하로 연결되는 구조다.

## 선교사 묘역

선교사 사택에서 샤프 부부와 수양딸로 삼은 유관순 조형물을 지나 '선교사 묘원' 안내 팻말을 따라 우측 계단으로 올라가면 샤프 선교사

와 다른 선교사의 자녀 4명 등 5명의 무덤이 있고, 샤프의 무덤 옆에는 아내 엘리스 샤프의 기념비가 있다. 엘리스 샤프(사애리시)는 미국으로 돌아간 지 2년 만에 남편이 잠든 곳으로 돌아와 1939년까지 남편이 못다한 사역을 감당했다.

샤프 선교사 부부와 유관순 조형물

1. **샤프 선교사(Robert A. Sharp 1872~1906)**
   한국선교: 1903~1906
   옆에는 부인 Alice H. Sharp(1871~1972)의 **기념비**로 39년간 한국선교 (1900~1939, 서울 3년, 공주 36년)
2. **윌리암 의사(George Z. Williams 1907~1994, 우광복)**
   34년간 영명학교 교장을 지낸 윌리엄 선교사의 아들로, 공주에서 태어나 한국과 미국에서 자랐으며, 미군정 하지 중장의 통역관으로 정부 수립에 기여하였고, 1994년 87세에 사망 후 여동생(Olive) 곁에 묻혔다.
3. **윌리암(Williams) 선교사의 딸:** Olive(9세, 1909~1917)
4. **아멘트(Amendt) 선교사의 아들:** Roger(2세, 1927~1928)
5. **테일러(Taylor) 선교사의 딸:** Ester(6세, 1911~1916)

(왼쪽) 샤프 선교사 부인의 묘비, (오른쪽) 샤프 선교사의 묘

샤프(묘비)에서 시계 방향으로 샤프(묘비), 샤프, 의사 윌리엄 올리브, 로저, 이스터

　　선교사 묘원에 가는 방법은 영명고등학교를 통해 가는 길과 현대연립 (1동) 우측으로 올라가는 방법이 있다. 현대연립 옆길로 갈 경우, 아파 트 옆길 빈터에 주차하고, 계단을 통해 산으로 올라가면 된다.

공주에서 1박을 하면서 유네스코 세계문화유산인 공산성 야경을 스마트 폰에 담았다.

한국기독교
문화유산답사기

# 3장 | 영남권

대구광역시, 경상북도, 부산광역시, 경상남도

초기 호주선교사들이 구입해 살던 초가집 (부산1891~1893년)*
여 선교관으로 사용했으며, 왼쪽 세 번째가 맨지스 선교사, 여
섯 번째가 무어 선교사, 오른쪽 세 번째가 페리선교사이다.

1889년 10월 4일 누이와 함께 입국한 호주의 데이비스 선교사가 5개월간 어학 공부를 통해 일상대화는 물론 설교도 가능하게 되자, 1890년 3월 14일 누이를 서울에 남겨둔 채 한국어 선생과 함께 걸어서 부산을 향해 전도 여행을 떠났다.

3주간의 여행 중 추위와 비와 싸우며 쪽 복음(분철된 성경)을 팔면서 4월 4일 부산에 도착했으나 천연두에 감염되어 도착 다음 날인 5일, 한국 땅을 밟은 지 185일 만에 소천하였다. 그리고 그의 누이 메리도 폐렴으로 고생하다가 그해 7월 18일 멜본으로 돌아갔다. 호주 장로교회의 한국선교가 끝난 것 같았으나 데이비스의 죽음이 밀알이 되어 부산과 경남지방 선교를 이끌었다.

대구, 경북지역은 부산선교부에 주재하던 미국 북장로교 선교사 베어드 목사가 경상도 북부지역 순회여행 중 1893년 4월 22일 대구 읍성에 첫발을 디딤으로써 시작되었다.

*〈자료 제공〉 크리스찬리뷰 http://www.christianreview.com.au

# 1. 동산 청라언덕 대구 복음화의 산실

### 3·1 만세 운동길

동산 청라언덕에 올라가기 위해서는 90개 돌계단을 올라가야 한다. 1919년 3월 8일 서문시장에서 열린 만세운동에 참여하기 위해 학생들이 이 계단을 이용했는데, 당시에는 소나무가 울창하여 일본 경찰의 눈을 피하기 좋았다. 1천여 학생과 시민이 만세운동에 참여하였는데, 계성학교, 신명학교, 대구고보 등 학생들이 주도하였다.

대구고보는 교장이 일본인이었고, 교사들도 일본인이 많이 있었음에도 전교생 약 200여 명이 3·1운동에 참가하였다.

계단 우측 담벼락에는 3·1운동과 관련된 사진이 전시되어 있어서 당시 상황을 생생하게 느낄 수 있었다.

## 청라언덕의 박태준

청라언덕은 푸른(靑) 담쟁이(蘿) 넝쿨이 휘감겨 있다고 하여 붙여진 이름이다. 이곳은 1898년 선교사들이 대구에 내려와 선교와 교육, 의료사업을 시작하면서 그들이 거주한 곳으로, 이 작은 동산은 그들의 삶의 보금자리였다.

토요일이라서 그런지 정말 많은 사람들로 북적였는데, 외국인들도 많이 보였다. 이곳에는 선교사들이 사용하던 주택 3채를 선교박물관, 의료박물관, 교육역사박물관으로 개방하고 있다. 대구를 사과 산지로 이름나게 한 첫 사과나무와 대구 동산병원 구관 현관을 이곳에 옮겨 놓았으며, 대구의 첫 교회인 대구제일교회당이 있다.

박태준
〈자료 제공처: 대한민국역사박물관〉

청라언덕은 대구의 기독교가 지역사회에 뿌리내려 정착하고 동산의료원이 성장한 곳이며, 학창시절 많이 불러 본 '동무생각'의 배경이 된 곳이다. 이 노래는 창신학교 국어교사로 있던 이은상 선생이 같은 학교에서 음악을 가르치던 박태준[75]의 계성학교 재학시절 짝사랑 이야기를 듣고 쓴 시(詩)에 박태준이 곡을 붙인 노래이다. 노래 가사처럼 바로 이곳이 푸른 담쟁이 넝쿨이 휘감고 있던 청라언덕이고 백합화는 그가 흠모했던 신명학교 여

---

75) 박태준(1900~1986): 작곡가, 한국음악협회 이사장 역임, 170여 곡이 넘는 동요와 가곡 작곡, 문화훈장, 1970년 국민훈장 무궁화장

학생이라고 한다.

박태준은 대구 동산동에 있는
기독교 집안에서 태어나 선교사
가 세운 계성학교를 거쳐, 평양
숭실전문학교에서 선교사로부터
음악을 수업하고(1921~1923) 마
산 창신학교 교사를 거쳐, 1932
년에 미국에 유학하여 음악석사

(지휘) 학위를 취득, 1936년 숭실전문학교 교수로 재직하였으며, 숭실전
문학교가 신사참배 거부로 폐교되자 고향으로 내려와 계성중학교 교
사를 지냈고, 1958년 연세대학교 음악학과를 설립하고 초대 학장을 지
냈다. 그는 대구제일교회 오르간 반주자로 활동하였고, 서울로 직장을
옮긴 후에는 28년간 남대문교회 찬양대 지휘자로 봉직하였으며, '동무
생각' 외에 '오빠 생각' 등 동요와 찬송가 '나 이제 주님의 새 생명 얻은
몸(찬송가 436장)' 등 많은 곡을 남겼다. 서울 남대문교회당 마당에 박
태준 찬송비가 세워져 있다.(본 책 P.62 참조)

## 선교사 스윗즈 주택(선교박물관)

대구시 유형문화재 선교사 스윗즈 주택[76]은 1893년부터 대구를 찾

---

76) 연건평 146평(지하 50평, 1층 48평, 2층 48평)

와서 선교활동을 하던 미국인 선교사들이 1910년경 지은 서양식 건물이다. 이 건물은 1907년 대구읍성 철거 때 가져온 안산암의 성 돌로 기초를 만들고 그 위에 붉은 벽돌을 쌓았다.

현관에 들어서면 거실, 응접실로 직접 연결되며, 거실을 중심으로 주방, 침실 등이 있다. 2층은 계단 홀을 중심으로 남쪽에 2개의 침실과 북쪽에 욕실을 배치하였다.

건물의 전체적인 형태와 내부 구조는 당시의 모습을 잘 간직하고 있어, 대구의 초기 서양식 건물을 살펴볼 수 있는데 현재 선교박물관으로 개방하고 있다.

서울, 대구, 경북과 평양의 선교사 활동내용이 전시되어 있고, 성경해설본과 성경사전, 기독교 교리 서적도 전시되어 있다.

## 선교사 챔니스 주택(의료선교박물관)

대구시 유형문화재 미국선교사 챔니스 주택[77]은 1910년경 미국인 선교사들이 거주하기 위해 지은 주택이다. 이 건물은 1907년 대구읍성 철거 때 가져온 안산암의 성 돌로 기초를 만들었고, 그 위에 붉은 벽돌을 쌓았다. 지하 1층, 지상 2층의 이 집은 남북 쪽으로 약간 긴 네모 형태를 이루고 있다.

1층 서쪽 중앙에 있는 현관을 들어서면 바로 2층으로 오르는 계단 홀이 있고, 이 홀을 중심으로 거실, 서재, 부엌, 식당 등을 배치하였다. 2층에는 계단실을 중심으로 좌·우측에 각각 침실을 두고 욕실, 벽장 등의

부속공간을 마련하였다.

1층 동남쪽에는 거실 등에서 이용할 수 있는 비교적 넓은 베란다를 시설하였는데, 이러한 건물 양식은 당시 미국 캘리포니아 주 남부에서 유행한 방갈로 풍으로, 지금까지 당시

---

77) 연건평 171평(지하 57평, 1층 57평, 2층 57평)

의 모습을 잘 간직하고 있으며, 현재 의료선교박물관으로 개방하고 있다. 심장활동 기록계, 산부인과 장비 등 여러 가지 의료장비들이 전시되어 있었다.

특이한 것은 동산병원 초대 병원장 존슨(Woodbridge O. Johnson) 의료선교사의 부인(Edith Parker)이 사용하던 피아노가 전시되어 있는데, 1800년대 미국 리치몬드사가 제작한 것으로, 부산항에서 낙동강 나룻배로 피아노를 옮겨 1901년 5월 화원의 사문진 선착장(대구 달성)에 도착한 후 대구 동산병원까지 옮겨졌다.

옮기는 동안 사람이나 가축들이 부딪힐까 봐 앞에서 종을 흔들면서 옮겼다고 한다. 피아노 소리가 나면 구경꾼들이 동산병원에 몰려오곤 했는데 현존하는 최고 오래된 피아노다.

## 선교사 블레어 주택(교육역사박물관)

대구시 유형문화재인 선교사 블레어 주택[78]은 1910년에 지은 2층 주택으로 남북 쪽으로 약간 긴 네모 형태를 이루고 있다. 1층의 서쪽에 현관으로 이어지는 베란다를 두고 현관홀을 들어서면 바로 맞은편에 2층으로 오르는 계단실이 있고, 집의 중앙에 거실과 응접실이 앞뒤로 자리 잡고 있다. 거실과 응접실을 중심으로 좌우에 침실, 부엌, 식당

---

78) *연건평 171평(지하 57평, 1층 57평, 2층 57평)
    *전시품목: 시대별 교과서 및 민속자료, 대구 3·1운동 자료 등

등을 배치하였다.

2층에는 계단 홀을 중심으로 3개의 침실과 욕실을 두고 현관홀 위에는 늘 빛을 받아들이는 선룸(sun room)을 설치했다. 건물은 기초와 지하실 부분을 튼튼한 콘크리트로 하고, 그 위에 미국식으로 붉은 벽돌을 쌓았다. 이 집의 전체적인 모습에서 당시 미국의 주택 형태를 살펴볼 수 있는데, 현재 교육역사박물관으로 개방하고 있다.

## 대구 동산병원 구관 현관

이 현관(porch)은 제중원(1899)을 전신으로 한 대구 동산병원의 구관 중앙입구로, 2010년 대구 도시철도 3호선 공사로 인하여 현관 돌출 부분만 떼어내 이곳으로 이전하게 되었다. 국가등록문화재인 대구 동산병원 구관은 제2대 동산병원장 플렛쳐(Archibald G. Fletcher)가 1931년 신축한 대구 최초의 서양 의학병원으로 1941년 태평양전쟁 중

대구 동산의원 구관(현관을 떼어내기 전 모습) 〈출처: 문화재청 국가문화유산포털〉

에는 경찰병원으로 사용되었고, 1950년 6·25 전쟁 때에는 국립경찰병원 대구분원으로 사용되었다.

이 건축물은 중앙의 돌출된 현관을 중심으로 좌우대칭을 이루고 있으며 대구 향토사 및 건축사적 가치를 지니고 있어서 국가등록문화재로 지정되었다.

### 개원 100주년 기념 종탑

담 벽 동판에 개원 100주년 기념 종탑 유래가 새겨져 있다.

전국 담장 허물기의 첫 행사로 철거한 본원의 유서 깊은 정문 및 중문 기둥과 담장을 여기에 옮겨다 세우고, 그 위에 본원의 초창기에 개척한 수많은 교회의 종들 중 하나를 올려놓았다.

종은 예수 그리스도의 복음전파를, 두 기둥은 환자를 돌보는 교직원들의 사랑의 손길을, 보도에 놓은 다듬이 돌들은 본원이 하나님 나라의 확장에 디딤돌임을 상징한다.

1999. 10. 1. 계명대학교 동산의료원장

## 은혜의 정원

이곳은 머나먼 이국땅에서 하나님 사랑, 이웃 사랑을 실천하다가 삶의 모든 것을 드린 분들이 잠들어 있는 곳이다.

은혜의 정원 표지판의 설명은 다음과 같다.

'우리가 어둡고 가난할 때 태평양 건너 머나먼 이국에 와서 배척과 박해를 무릅쓰고 혼신을 다해 복음을 전파하고 인술을 베풀다가 삶을 마감한 선교사와 그 가족들이 여기에 고이 잠들어 있다. 지금도 이 민족의 복음화와 번영을 위해 하나님께 기도하고 있으리라'

1. **넬리 딕 아담스(Nellie Dick Adams,1866~1909)**
   대구 최초의 장로교회 선교사인 아담스(안의와)의 아내로 1897년 11월 1일 내한하였다. 그녀는 넷째 아이의 유산 후 산후 후유증으로 고생하다가 1909년 43세의 일기로 소천, 대구에서 제일 먼저 사망한 여선교사가 되었다. "그녀는 죽은 것이 아니라 잠들어 있을 뿐이다."라는 글이 묘비에 새겨져 있다.

2. **체이스 크로포드 사우텔(Chase Cranford Sawtell, 1881~1909)**
   미국 출신으로 1907년 10월 16일 부부 선교사로 내한하여 대구 선교부의 안동 선교지부 개설을 자원하여 갔다가 장티푸스에 감염되어 1909년 11월 16일 28세 신혼의 젊은 나이에 소천하였다. 묘비에는 "나는 그들을 사랑하겠노라"라는 비문이 새겨져 있다.

3. **조엘 로버트 헨더슨(Joel Robert Henderson, 1964)**
   1964년 6월 2일 출생하였지만 몇 시간 살지 못하고 사망했다. 조엘 로버트 헨더슨의 아버지 윌리 가이 헨더슨 선교사는 부인 애나 로이스 로버슨과 함께 1958년 미국 남침례교 선교사로 내한하여 1971년까지 13년간 사역했다.

4. 헨더슨 버디(Henderson Buddy, 1920~1921)

헤롤드 헨더슨 선교사의 장남으로 1920년 6월 5일 서울에서 출생하여, 1921년 9월 17일 사망했다. 아버지 헤롤드 헨더슨 선교사는 1918년 내한하여 23년간 대구 계성학교 교장으로, 남동생 로이드 헨더슨과 여동생 로이스 헨더슨까지 그의 모든 형제자매가 조선에 선교사로 파송되었다.

5. 루스 번스턴(Ruth Bernsten, 1918~1919)

1917년 구세군 대구지방관 아놀드 번스턴의 딸로 1918년 10월 7일 출생하여(스웨덴), 1919년 1월 28일 사망했다. 아놀드 번스턴은 6·25 전쟁 후 중립국 감시위원단 스웨덴 대표로 내한한 바 있다.

6. 헬렌 맥기 윈(Helen Mcgee Winn, 1913)

안동성경학교를 설립하여 교장을 역임한 선교사 로저 얼 윈(Roger E. Winn, 인노절) 부부의 딸로 1913년 11월 10일 출생하여 20일 사망하였다.

7. 바바라 챔니스(Barbara F. Chamness, 1927)

1927년 3월 3일 태어나 6월 4일 사망했다. 아버지 본 챔니스는 1925년 내한하여 대구선교부 소속으로 활동하다가 일본의 강제 출국당해 1941년 미국으로 건너갈 때까지 16년간 애락원에서 농사와 축산을 지도했다. 그가 살았던 주택은 1989년 대구시 유형문화재로 지정되어 동산의료원 의료박물관으로 개방되고 있다.

8. 존 해밀톤 도슨(John Hamilton Dawson, 1926~2007)

1963년부터 3년간 미국 북장로교 의료선교사로 내한하여 동산병원 일반외과 의사로 사역하였다. 이후 미국으로 건너가 미국 워싱턴주 워싱턴 의과대학에서 20년간 외과교수로 재직하다가 2007년 2월 7일 사망했다. 그는 죽음 직전 가족들에게 '한국인을 사랑했다.'고 하면서 동산의료원 은혜정원에 안장되기를 희망하여, 2008년 11월 11일 묘비를 제막했다. 묘비에는 다음과 같이 적었다. "당신의 신실함이 크도다."(애가 3:23)

9. 마르타 스콧 브르엔(Martha Scott Bruen, 부마태, 1875~1930)

마르타는 부르엔 목사의 아내로, 1902년 5월 10일 내한하여 남문안예배당(대구제일교회) 구내에 있는 초가에 신명여자소학교를 설립하였고, 1907년 동산 위에 있던 부인용 사랑채에 신명학교를 설립하여 여성교육의 선구자가 되었고, 1930년 10월 20일 55세의 일기로 소천하였다.

10. 안나 부르엔 클레러코퍼 (Anna Bruen Klerekoper, 1905~2004) & 해리엇 부르엔 데이비스(Harriette Bruen Davis, 1910~2004)

마르타 스콧 부르엔 (Martha Scott Bruen)의 두 딸이다. 엄마의 묘비 옆에 묻히고 싶다는 유언으로 2007년 10월 21일 신명학교 개교 100주년 기념식 때 이들의 가족이 유품을 가져와 신명학교 관계자들과 묘비제막식을 가졌다.

11. **마르타 스윗즈(Martha Switzer, 성마리다, 1880~1929)**

18년간 미국 북장로교 대구선교부에서 여자 독신 선교사로, 대구와 경북의 여성과 어린이 사역을 하였다. 그녀는 1911년 12월 11일 내한, 대구여자성경학교 교장을 역임 후, 1929년 4월 3일 49세의 나이로 소천하였다. 그녀가 살았던 주택은 1989년 대구시 유형문화재로 지정되어 동산의료원 선교박물관으로 보존되어 있다.

12. **존 로손 시블리(John Rawson Sibly, 손요한, 1926~2012)**

미국 노스웨스턴의과대학을 졸업하고, 외과 전문의 과정을 수료한 후 1960년 내한, 대구 동산병원 외과와 애락원에서 사역하다가 2012년 6월 24일 86세로 소천하였다.

13. **하워드 마펫(Howard Fergus Moffett, 마포화열, 1917~2013) & 마가렛 델 마펫(Magaret Delle Moffett, 1915~2010)**

한국의 초대 선교사 사무엘 마펫 (Samuel Austin Moffett, 마포삼열)의 4남으로, 1948년 의료선교사로 파송되어, 계명대학교 이사장 등을 역임하면서 전국에 120여 개의 교회 설립, 800여 회의 국내외 의료선교 봉사활동을 펼쳤다. 1980년에는 동산병원과 계명대학교를 병합하고 의과대학을 설립하였다. 2013년 6월 2일 향년 96세를 일기로 소천하였다.

아내 마펫 여사는 의료원 소식지 발간 등 비서업무를 수행하여 마펫 선교사를 훌륭하게 내조하다가 2010년 1월 20일 95세로 소천하였다.

## 대구(동산) 고등성경학교 옛터

대구고등성경학교가 있던 자리로, 아담스(안의화) 선교사가 1913년 3월 1일 보통성경학교를 설립하고 고등성경학교, 대구동산성서학원, 영남신학대학교로 발전하였다. 전도자 양성을 목적으로 설립된 '성경학교'는 우리나라 복음전파 초창기에 생긴 것으로 농한기에 교육을 실시하는 등 지역사회 현실에 맞게 운영되었다.

## 여호와 이레의 동산

표지석의 내용을 옮겨 본다.

이곳은 대구 기독교의 발상지로 19세기 말, 미국 북장로교 선교사들이 대구를 선교지로 선택하여 선교의 중심지가 되었다. 아담스, 존슨, 브루언 세 분의 선교사가 남문 안에 있던 선교본부를 이곳으로 옮기며, "우리가 선 땅은 천지를 창조하신 여호와 이레의 땅"이라고 외쳤다. 브루언은 당시 대구 읍성을 바라보며 "다윗의 망대가 서 있는 예루살렘 같다"고 하였다. 그들의 말처럼 이곳을 중심으로 하여 교회, 학교, 병원이 설립되었고, 대구가 제2의 예루살렘이라고 일컫는 부흥의 역사를 이루게 되었다.

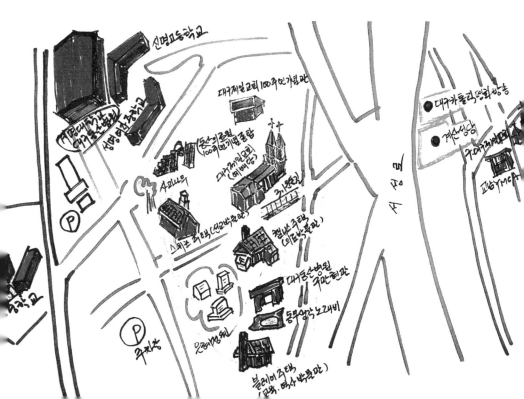

## 2. 대구제일교회 대구·경북지역 최초의 개신교 교회

### 교회 설립

대구제일교회[79]는 대구·경북지역 최초의 개신교 교회로서, 부산선교부에 주재하던 미국 북장로교 선교사 베어드[80] 목사가 경상도 북부지역 순회여행 중 1893년 4월 22일(남문교회 설립일) 대구 읍성에 첫 발을 디딤으로서 시작되었다. 1896년 1월 남성로(약전골목) 구 대구

---

79) 대구광역시 중구 국채보상로 102길 50
80) 베어드(William M. Baird): 1891년 제물포를 통해 들어와 부산 초량교회를 세움. 1897년 평양으로 파송되어 사랑방학교를 세웠고, 1901년 숭실학당(숭실대학 전신)으로 교명을 변경함

오토바이를 탄 아담스 선교사(대구역 앞)

제일교회 터에 있던 건물을 구입한 후 수리하여 교회와 선교 기지를 마련하였으며, 1897년 봄 초대 목사인 아담스(James E. Adams: 한국명 안의화) 선교사가 부임하여 이 지역의 초기 선교 활동에 큰 공헌을 하였다.

대구제일교회는 남성로의 교회 구내에 이 지역의 최초 신교육기관인 희도학교(1900년), 계성학교(1906년)를 개교하였고, 신명학교(1907년) 설립을 주도하였으며, 의료선교 사업으로 1898년에 지역 최초의 서양 의술의원인 제중원(동산의료원 전신)을 교회 구내에 개설하였다.

## 새 예배당 건축

대구·경북의 기독교 중심지인 현재의 이 터에는 1913년에 개교한 대구성경학교(1969년 영남신학교와 합병)가 있었으나 대구제일교회가 영남신학교로부터 구입한 후 1989년 10월 교회 건물을 착공, 1994년 4월 준공하였고, 종탑(높이 57m)은 2002년 2월에 완공하였다. 대구제일교회에서 지금까지 분립한 교회는 1908년 사월교회를 시작으로 20개가 넘는다.

교회당 옆에 2007년에 완공된 100주년기념관이 있는데, 7층의 연건평 약 1,330평으로 교육 및 지역주민을 위한 문화공간으로 사용하고 있다.

> 대구제일교회 예배당은 지하 2층, 지상 5층(종탑 8층)의 철근콘크리트구조 건물로 연면적 7,130㎡(2,160평), 예배실 면적 1,840㎡(560평)에 좌석수 3,100석이며, 스테인드그라스창 18면과 화강석 외벽으로 마감되어 있어서 외관이 웅장하고 아름다운 고딕양식 건축물이다.

## 대구제일교회 기독교역사관(구 대구제일교회 예배당)

3·1만세 운동길로 내려와 횡단
보도를 건너면 영남 최초의 성당
인 계산성당이 있고(1918년 현재
와 같이 증축) 계산성당 후문에
서 200여 미터 걸어가면 대구광
역시 유형문화재인 대구제일교회
기독교역사관[81]이 있다.

1933년에 건축한 대구제일교회
세 번째 예배당으로(2층, 1,500
㎡), 이때 남성정교회 라는 명칭
을 제일교회로 변경하였다.

1994년 동산동에 새 성전을 건

축하여 이전함에 따라, 현재 기독교역사관으로 사용하고 있다.

옛날 주일학교 찬송가가 없을 때 사용하던 걸이식 악보와 선교사가
가지고 온 피아노, 오르간(리드)이 있었는데, 어릴 때 추억을 떠올리기
에 충분했다.

---

81) 대구광역시 중구 남성로 23

역사관은 대구제일교회와 한국교회의 발전과정을 사진과 전시물로 보여주고 있으며, 타자기, 영사기, 성찬기, 성탄카드, 책자 등도 전시되어 있어서, 당시의 신앙생활 모습을 짐작해 볼 수 있다.

**대구제일교회 설립
50주년 기념비** (1943년)

**구 대구제일교회당** 〈자료 제공처: 대한민국역사박물관〉

# 3. 교남 YMCA 신간회 활동의 산실

대구제일교회 기독교역사관 앞에는 국가등록문화재인 교남YMCA[82]
가 있다.

1914년에 붉은 벽돌로 지은 2층 건물로(건평 129.1㎡) 1층과 2층 사
이를 돌림띠(comice)로 장식하고 창호 상부는 아치로 안방을 확보하여
사각형의 창문을 설치하는 등 1910년대~1920년대 조적조 건축의 특

82) 대구광역시 중구 남성로 22

징을 잘 간직하고 있다.

이곳은 일제 강점기 때 독립을 위해 힘써온 신간회의 활동 본거지였으며, 물산장려운동, 농촌운동을 주도하여 기독청년회(YMCA)가 사회운동의 구심점 역할을 담당하였다.

1919년 3월 8일(토)에는 대구지역 만세운동을 주도하여 교남기독청년회 초대 회장인 이만집 목사가 징역 3년 형을 받는 등 이사 9명 중 7명이 중형을 선고받아 기독교가 민족운동을 이끌었다.

우리나라의 YMCA는 1903년 황성기독청년회가 효시로 교육, 계몽, 선교를 목적으로 설립되어, 게일 선교사와 이상재, 윤치호, 김규식, 이승만 등이 이끌었다.

**중앙기독교청년회관(YMCA) 앞** 〈출처: 서울역사박물관〉

THE SHORO STREET, KEIJO. (Y. M. C. A. OF U. S. A. IS THE LEFT.
(舘會年靑國米は左) 通 路 鐘 城 京 (城 京)

# 4. 계명대학교 동산병원

〈자료 제공: 계명대학교 동산병원〉

　미국 존슨 의료선교사(Woodbridge O. Johnson, 1869~1951)는
1899년 약전골목 남문 안 대구선교지부 내, 작은 초가에 '미국약방'을

**미국약방 모습(우측은 존슨 선교사)** 〈자료 제공: 계명대학교 동산병원〉

세워 약을 나누어주었고, 본격적인 진료를 시작하면서 '제중원(濟衆院)'이라는 간판을 내걸었다.

제중원이 계명대학교 동산병원의 효시로, 영남지역 서양의술의 첫출발이다. 제중원은 한센병 환자 구제사업과 풍토병 치료, 천연두 예방접종을 통해 가장 낮은 곳에서 그리스도의 사랑을 실천하였고, 6·25전쟁 당시에는 수많은 군인과 경찰들을 치료하였으며, 전쟁 후에는 한국 최초로 아동병원을 설립해 전쟁고아들에게 무료 진료를 실시했다.

**제중원 모습** 〈자료 제공: 계명대학교 동산병원〉

특히 1921년부터 전 교직원이 급여의 1%를 봉사 기금으로 모아 대구·경북 지역에 147개 교회를 세웠고, 국내외 의료봉사를 활발히 펼쳐왔다.

1980년 계명대학교와 병합하여 의과대학을 세우고, 1982년 '계명대학교 동산병원'으로 다시 태어났다.

2019년 4월 '계명대학교 동산병원'은 새로운 100년을 향해 계명대학교 성서캠퍼스에 지상 20층, 지하 5층, 1,041병상 규모의 최첨단 병원을 열었고, 지역 최고의 역사를 가진 병원답게 "치유의 손, 교감의 손, 기도의 손"을 표현하는 이른바 "감동의 손길이 함께 하는 치유의 동산"으로서 병원의 외관이 두 손을 모아 기도하는 모습으로 건축되었다.

기존 자리에는 2019년 4월 9일 종합병원인 '계명대학교 대구동산병원'을 개원하였다.

계명대학교 대구동산병원

# 5. 계성중학교

가운데 건물이 핸더슨관

　계성중학교[83]는 대구 제일교회당에서 걸어서 올 수 있는 거리로, 동산병원 장례식장 길 건너편에 있다. 학교에 들어서면 보이는 긴 계단을 올라가면 가운데 건물이 핸더슨관, 왼쪽 건물이 아담스관, 오른쪽 건물이 맥퍼슨관으로, 모두 대구광역시 유형문화재로 지정되었다.

## 계성학교 설립
　'하나님을 경외하는 지도자 양성'을 설립목적으로 한 계성학교는

83) 대구광역시 중구 달성로 35

1906년 미국 북장로교 안의와(아담스 James E. Adams. 3대 교장) 선교사가 남문안교회(구 대구제일교회) 내의 선교사 사택에서 임시 교사로 본교를 세웠고 1908년에 아담스관을 지어 이전하였다.

학교 설립 초창기에 안의와 선교사 부인 넬리 딕 아담스가 넷째 아이의 유산 후 산후 후유증으로 고생하다가 1909년 43세로 소천 하는 아픔도 겪었는데, 청라언덕의 선교사 묘원에 묻혔다.

1950년에 계성중학교와 고등학교로 분리되었으며, 1963년에 계성초등학교를 개교하였다. 계성초등학교·계성중학교·계성고등학교의 교훈과 교가가 모두 같은데, 교훈은 "여호와를 경외함이 지식의 근본이니라.(잠언 1장 7절)" 교가는 1927년 이 학교의 음악 교사인 박태준 선생이 작사하였다.

## 핸더슨관

대구시 유형문화재인 이 건물은 계성학교 5대 교장인 핸더슨(H. H. Henderson)이 블레어(H. E. Blair) 선교사가 미국에서 모금한 자금으로 1931년에 2층으로 건립하였고, 1964년에 3층으로 증축하였다.

건축공사는 핸더슨 교장의 감독으로 학생들이 기초공사를 하였고, 건물공사는 중국인 벽돌공과 일본인 목수들이 담당하였다.

건물은 정면 중앙부에 2개의 탑을 두고, 옥상 파라펫(parapet)과 탑의 상부에 여장(성벽 위에 높낮이가 다르게 둘러진 담)을 설치한 고딕 양식이다.

정면 중앙의 현관 포치를 중심으로 각 실을 균등하게 배치함으로써 외관과 함께 좌우대칭을 이루고 있다. 화강석 기초위에 붉은 벽돌을 쌓고, 벽면에는 수직창을 설치하여 수직탑과 함께 수직선을 강조하고 층간에는 수평돌림 띠를 돌려 르네상스 분위기를 갖는다.

## 아담스관

이 건물은 계성학교를 설립한 미국인 선교사 아담스(James E. Adams)가 자기 가문의 유산으로 1908년에 건축한 서양식 교사로, 대구시 유형문화재로 지정되었다. 설계와 감독은 아담스가 직접 하였고, 공사는 중국인 벽돌공과 일본인 목수들이 담당하였다. 건물에 사용된 창호 재료, 유리, 위생, 난방시설 등은 미국에서 가져왔고, 붉은 벽돌과 함께 쌓은 적재는 1907년 대구읍성을 철거한 성돌이다.

건물은 붉은 벽돌 2층에 한식 기와를 올렸고, 건립 당시 내부에는 4개의 교실과 강당이 있었으며, 정면에 계단실이 있었고, 바닥은 목재 마루판이었다. 평면은 장방형으로 동쪽 정면에 종탑, 서쪽에 출입구를 마련하고, 현관홀과 연결되는 중복도의 양쪽에 교실을 배치하였으며, 2층은 통 칸으로 구성하였다. 지붕 형태는 한국의 전통적 요소로, 벽면구성은 서양의 고딕식 분위기를 표현한 한양절충식 건물이다.

이 건물은 영남 최초의 서양식 교육을 담당하는 양옥교사라는 역사적인 사실뿐만 아니라 대구의 개신교회사에도 큰 의미가 있다. 한식과 양식 건축을 절충한 구성 수법과 외관 구성, 벽돌 조적법 등은 건축사 연구에 중요한 가치를 지닌다.

지하실은 대구 3·1운동의 요람으로 안내문의 내용은 다음과 같다.

> 대구 3·1운동 전날인 1919년 3월 7일 본교 교사인 김영서, 백남채 등은 학생 김상도, 이승욱, 허성도, 김수길, 김재범, 이이석 등으로 하여금 본 지하실에서 독립 선언문을 등사토록 하였다. 1919년 3월 8일 3·1운동 당시 본교 교사와 전교생 46명이 궐기하여 대구지역 3·1운동의 주역이 되었다.
> 대구지역에서 3·1운동으로 형을 받은 사람이 교사 3명, 재학생 35명, 본교 졸업생 1명 합계 44명이 계성인이었다.
> 그 결과로 일제의 끊임없는 감시와 가혹한 탄압을 받아 교명을 공산중학교로 개칭할 수밖에 없는 비운을 맞았었다.

아담스관 지하실은 평소에 공개하지 않고, 가을 여행주간에만 개방되어 관람하지 못해 아쉬움이 남는다.

### 맥퍼슨관

핸더슨관 우측에 있는 건물로 앞에는 설립자 안의와(아담스) 신학박사 흉상이 있고, 좌측에는 학교 교훈을 돌에 새겨놓은 '교훈비'가 서 있다. 寅畏上帝智之本(인외상제지지본)은 "여호와를 경외하는 것이 지식의 근본이니라."는 내용을 한자로 쓴 것이다.

대구시 유형문화재인 이 건물은 계성학교 2대 교장이었던 라이너(R. O. Riener) 선교사가 아담스의 친척인 맥퍼슨으로부터 6,000달러의 지원금을 받아 1913년 9월에 완공한 전체 면적 455.4㎡ 규모의 붉은 벽돌조 2층 건물이다. 설계와 감독은 아담스와 라이너가 하였고, 건축

공사는 중국인 벽돌공과 일본인 목수들이 담당하였다. 건물에 사용된 유리와 각종 설비류는 미국에서 가져왔고, 기초와 지하실의 석재는 1907년 대구읍성을 철거한 돌이다.

평면구성은 정방형의 동쪽 정면에 현관홀을 두고 1층과 2층에 각각 교실을 배치하였으며, 지붕은 모임지붕에 한식 기와를 얹었다. 이 건물은 서구 건축과 한국 건축양식이 혼합된 절충 형태로 근대 건축의 수용과정을 잘 보여주고 있는데, 현재 교회(계성교회) 건물로 사용되고 있다.

대구의 기독교문화유산 답사를 통해 기독교가 복음전파뿐 아니라 교육, 의료기관을 통해 대구지역 근대화 과정에 선교사들을 통한 성령님의 역사하심이 지금도 계속되고 있음을 확인할 수 있었다.

# 1. 행곡침례교회

## 동해의 예루살렘교회

울진지역 최초의 교회로 울진지역뿐 아니라 울릉도까지 전도하므로 동해지역 복음화에 앞장서서 '동해의 예루살렘교회'로 불리는 행곡침례교회[84]는 1906년 10월 캐나다 자비량 선교사 말콤 펜윅(Malcolm C. Fenwick, 1863~1935)에 의해 파송된 권서(매서인)[85] 순회전도자 손필환이 1906년(혹은 1907년) 행곡리의 남규백 씨 집에서 예배를 드리면서 2주일 만에 전치규 등 8명이 복음을 받아들였다.

---

84) 경북 울진군 근남면 천연1길 13
85) 여러 곳을 돌아다니며 전도하고 성경책을 파는 사람을 이르던 말

**리 선교사님을 맞이하여(1952. 3. 30.)** 〈자료 제공: 행곡침례교회〉

    1910년 초가 예배당을 지었고, 1934년 무렵에는 1809년에 지어진 울진 읍성의 병영건물 일부를 옮겨와 새 예배당을 건축하였다.

    행곡침례교회는 일제 치하에서 신사참배와 황궁요배 반대로 교회가 폐쇄되고 재산이 몰수당하는 아픔을 겪었으며, 6·25 전쟁 당시에는 공산당의 사상교육 장소로 빼앗겼으나 수복 후부터 1983년 순교자기념예배당이 건축되기까지 예배당으로 사용하였고, 이후 교육관, 친교실로 사용되고 있다.

    1944년 2월 13일 함흥 형무소에서 본 교회 출신 전치규 목사가 신사참배 반대로 수감 중 고문으로 순교하였고, 1949년 10월 교회 인근 산 밑의 남석천 성도의 집 마당에서 이 교회 전병무 목사와 남석천 성도가 공산주의자의 총탄에 의해 순교하였다.

전병무 목사는 면장을 지낸 마을 유지였고, 남석천 성도는 청년회장으로, 공산주의자 눈에 제거 대상으로 여겨졌던 것인데 이를 기념하여 순교기념비를 교회당 입구에 세웠다.

예배당 안에는 책자와 사진 그리고 각종 자료가 좌우측과 뒷면에 전시되어 교회 역사를 보여주고 있었다.

건물의 특징

**행곡침례교회 구 예배당** 〈출처: 문화재청 국가문화유산포털〉

국가등록문화재인 이 건물은 울진지역에서 처음 세워진 예배당으로 (1934년 무렵), 조선 시대 울진 읍성 병사 숙소로 쓰던 건물의 자재로 건립하였다.

평면은 동서로 긴 장방형으로, 남쪽에 주 출입구를 설치하고 좌우에 창문을 설치하였으며, 주 출입구로 들어가서 오른쪽에 강단을 배치하였다. 전체적으로 보존상태가 양호하고 울진지역의 초기 한옥형 교회 건물로 근대사적 가치가 있다.

그 당시 건축한 건물은 남녀가 각각 출입하는 문이 따로 있는데 이 건물은 하나의 출입문이 있다.

특이한 것은 예배당 마루 밑에 일명 기도 굴로 불리는 작은 지하 공간이 있는데, 학생들이 집에서 기도하기 어려운 경우 이곳을 이용하였다. 이러한 기도의 힘으로 지금까지 교역자를 36명이나 배출하였다.

행곡침례교회는 육지에서 멀리 떨어져 있는 울릉도 복음화에도 힘을 써 여러 교회를 세웠는데, 그 결과 현재 울릉도에는 침례교회가 제일 많다.

현재 행곡침례교회는 20여 명의 성도들이 예배를 드리는 규모면에서 보면 작은 농촌 교회지만, 전국적으로 보면 이 교회 출신들이 방방곡곡에서 사명을 감당하므로 작지만 큰 교회라는 생각이 든다.

## 2. 용장교회

　지금까지 다녀온 곳 중에서 제일 길이 험한 곳이 용장교회[86]이다.

　큰길에서 교회당으로 가는 거리는 얼마 되지 않았지만 차 한 대가 겨우 지나갈 수 있는 좁은 도로를 따라갔다. 맞은편에서 차량이 나타날지 몰라 두려웠다. 지금 생각해 보니 다른 길이 있는데 잘못하여 이 좁은 길로 온 것인지도 모르겠다.

---

86) 경북 울진군 죽변면 용장길 151-7

교회당에는 주차할 곳이 없어서 아래에 있는 마을 도로변에 주차하였다. 예배당 사진을 찍으면서 이리저리 둘러보는데, 예배당 옆집 아주머니가, 예배당에 들어가서 구경해도 된다고 한다. 교회에 다니느냐고 물어보니 교회에 다니지는 않는다고 한다.

예배당 안은 강단이 있고 마루가 있는 아주 평범하였다.

예배당 마당에는 살구나무가 있었는데 옛 예배당의 정취가 묻어나는 전형적인 시골 교회당 풍경이다.

## 건물 특징

용장교회는 1906년(혹은 1907년) 울진에서 제일 먼저 설립된 근남면 행곡 침례교회의 교세 확장으로 설립되었다.

원래는 마을 입구 왼편 밭에 있던 것을 1936년에 현 위치에 건축한 팔작지붕[87]의 근대 한옥(건축면적 49.59㎡)으로 울진 초기의 한옥형 예배당이며 지붕을 제외하고는 원형이 비교적 잘 보존돼 있는데, 멀리서 보면 예배당이라고 전혀 생각할 수 없는 건축물이다.

일반 주택과 같이 정면에 미닫이 출입문이 있으며 우측면에 예배 인도자가 드나드는 출입문이 있다. 가로 세로가 각각 3칸과 2칸의 직사각형인 예배당 건물은 2006년 국가등록문화재로 지정되었다.

---

87) 지붕면의 정면은 사다리꼴과 직사각형을 합친 모양이고, 옆면은 사다리꼴에 삼각형을 올려놓은 여덟 팔(八)자 모양으로 화려하다.

# 3. 봉화척곡교회

강원도 원주 출장길에 창원에서 봉화척곡교회[88]로 승용차를 몰았다. 거리가 260㎞로 3시간이 소요되었는데, 영주를 지나 동쪽으로 한참을 빠져나가 드디어 목적지에 도착했다.

---

88) 경북 봉화군 법전면 건문골길 186-42

경상북도 최북단 강원도와 접경인 해발 362m 고지의 태백산맥과 소백산맥으로 이어져 있으며, 낙동강의 시발점이며, 불교와 유교 문화권인 이곳 산골에 한국 사람에 의해서 세워진 교회가 있다는 것은 놀랄 따름이다.

## 교회 설립

봉화척곡교회는 대한제국 말엽 덕수궁의 관리로 있다가 조선의 외교권을 빼앗긴 을사조약으로 일제가 침략의 마수를 뻗쳐올 때, 새문안교회의 언더우드 선교사의 '나라를 살리는 길은 예수를 믿는 것'이라는 설교에 감명을 받아 예수를 믿고, 독립운동을 위해 낙향하여 외가 마을에 정착한 김종숙은 이웃 사람인 장복우, 최재구 등이 힘을 합하여 1907년 5월 17일에 설립한 한국인 토착교회다. 예배당과 명동서숙은 1909년 6월 2일에 건축되었으며, 1918년 6월 19일 김종숙은 장복우와 함께 척곡교회 제1대 장로로 장립했다.

김종숙은 신사참배 거부와 독립운동에 협조(독립군 자금을 모아 만주 용정에 전달)하였다는 이유로 투옥되고, 교회 종을 빼앗기는 등 교회는 크게 위축되었다. 광복을 맞아 1945년 8월 16일 김종숙 장로가 출옥하여 1946년 6월 목사안수를 받고 봉화척곡교회와 춘양교회의 공동당회장이 되어 목회하다가 1956년 1월 3일 별세하였다.

그 후 여러 교역자를 거쳐 교회가 운영되던 중 예배당(72.78㎡)과 명동서숙(40.6㎡)이 2006년 국가등록문화재로 지정되었고, 2015년 10월 5일 예배당이 옛 모습에 맞게 복원되었다.

## 예배당

초기 한국교회는 예배당과 교육시설을 함께 존치하여 신앙과 신식교육을 겸비한 인재를 양성하는 전통을 가지고 있었는데, 현재 이 두 건

물 시설을 원래대로 간직하고 있는 교회는 한국에서 봉화교회가 유일하다.

예배당의 크기는 72.78㎡ '쌍정방형 3×3칸'으로 기와지붕에 건물 양쪽에 솟을대문형식의 출입문이 있는데, 이는 남녀의 출입을 구분하기 위함이었다. 옛날 예배당은 '기역(ㄱ)자'이거나 '일(一)자' 형태이지만, 이 예배당은 '정사각형(ㅁ)'의 건물로 독특하다. 1990년에 앞쪽에 현관을 만들면서 붉은 벽돌로 증축하였고, 내부의 강단과 아치형 나무장식은 원형 그대로 잘 보존되고 있다.

이런 깊은 산골 교회가 1921년 5월 21일 자치조직인 면려회(청년회)를 조직한 것은 놀라운 일이 아닐 수 없다.

### 명동서숙

1909년 6월 2일 건축된 교육기관인 명동서숙은 예배당을 둘러싸고 있는 자연돌담 외부에 위치한 3×2칸 규모의 40.6㎡ 초가집으로서 2칸은 교실이며, 1칸은 여학생 기숙사로 활용되었다.

　이 건물은 1936년 4월 10일에 4×2칸 규모로 확장되었으며, 현재 초
기 모습인 초가로 개수되었다. 이곳에서는 학생들의 신앙교육뿐 아니
라 국어, 산수, 한자 등도 가르쳤으나 1943년 일제의 탄압으로 폐교되
었다.

　봉화척곡교회의 예배당과 교육기관인 명동서숙은 초기 한국 교회의
건축 특성을 그대로 간직하고 있는데, 아담한 공간, 단순한 구조와 외
관은 한국의 전통적인 건축양식을 그대로 전승한 것이다. 따라서 봉화
척곡교회의 예배당과 명동서숙은 구한말 한국의 소규모 종교 및 교육
시설의 특징을 잘 보여주는 문화유산으로서 건축사, 종교사 및 향토사
적인 귀중한 가치를 지니고 있다.

### 봉화척곡교회 소장전적

　경상북도 문화재자료인 봉화 척곡교회 소장전적(所藏典籍) 5점은 세
례교인 명부, 면려회[89] 회록, 출석부, 당회록, 기성회 창립총회록인데,

---

89) 기독교인들의 친목 도모와 하나님의 사업 협력을 목적으로 하는 청년 조직

대개 1920년대의 것으로 당시 교회를 알 수 있는 귀중한 자료로 현재 봉화군 청량산박물관에 보관 중이다.

세례교인 명부는 척곡교회가 창립된 1907년부터 1955년까지의 명부로, 모두 29면에 145명의 세례교인 명부가 첨부되어 있으며 한국교회에서 비교적 오래된 명부로 추정되고 있다.

봉화척곡교회 회의록은, 면려회 조직과 임원 등의 선출 내용을 기록하고 있으며, 출석부는 1926년도부터 사용된 출석부로서, 회원의 성명과 주소, 그리고 나이를 기록하고 있다.

당회록은 1926년 11월 28일부터 2009년까지 기록된 척곡교회의 역사로서(2호), 1호는 분실되었으며, 기성회 창립총회록은 1930년 12월 8일 조직된 기성회의 창립총회 회의록이다.

건물을 오래 보전하는 것도 어려운데, 일제강점기와 6·25 전쟁을 거치면서도 교회의 역사를 알 수 있는 기록물인 소장전적을 보관하여 온 것은 놀라운 일이다.

# 4. 영주제일교회

　국가등록문화재인 영주 제일교회 예배당을 찾았다. 생각보다 예배당 규모가 아주 컸다.

　경상북도 북부에 있는 영주는 서쪽으로는 충북 단양과, 북쪽은 강원도 영월과 접해있고, 동쪽으로는 봉화군과, 남쪽은 안동시와 접해있다. 소백산맥의 영향으로 북쪽과 서쪽은 높고, 동쪽과 남쪽은 낮은 지대를 형성한다.

영주 제일교회[90] 건물은 영주지역에서 유일하게 고딕식 건축양식으로 지은 근대건축물이다. 광복로 방향을 정면으로 하고, 남북으로 좌우대칭을 이룬 길게 늘어선 모양의 건물이다.

1907년 3월 선교사 웰번(Rev. A. G. Welbon. 오월번)과 강제원 장로의 전도로 정석주 등이 믿기 시작하여 1908년 1월 정석주의 집에서 예배를 드리므로 시작되었다. 이후 영주 제일교회는 몇 차례의 주택을 구입하여 예배를 드리다가 1924년 건축된 2층 예배당이 한국전쟁 중 소실되었다. 1954년 5월 1일부터 소실된 예배당을 허물고 새로 짓기 시작하여 1958년 7월 25일 준공(3층, 연 320평)하게 되었는데, 이는 신도들의 노동봉사로 이루어낸 결과물이었다.

영주 제일교회는 일제강점기와 6·25전쟁, 근대산업기를 거치면서 살아온 영주 시민이자 신도들인 지역주민의 삶과 흔적이 잘 남아있는 근대문화유산이다. 영주제일교회는 영주유치원과 제일어린이집을 운영, 미래세대 복음화에 힘쓰고 있다.

영주 제일교회 예배당(좌측)과 부속건물(우측)

---

90) 경상북도 영주시 광복로 37

# 5. 부석교회

**부석교회로 가는 길**

영주 제일교회를 둘러보고 편도 1차선 도로를 따라 20km를 가면 부석면 소재지에 2020년 국가등록문화재로 지정된 영주 부석교회[91]가 있다.

부석면은 소백산 끝자락에 위치하며 경북, 충북, 강원도가 접해있고, 우리나라에 현존하는 가장 오래된 목조건물(1376년 건축) '부석사 무량수전'이 있는 지역이다.

부석교회당까지 가는 30분간은 고향 마을을 지나가는 것 같이 포근한 느낌이 들었다. 차량 밖으로 전신주와 가로수가 지나가고 그 너머로 논이 펼쳐질 때는 어릴 때 논에서 메뚜기 잡던 일이 생각났다. 부모님이 메뚜기를 잡아 오라고 했는지는 기억나지 않지만 즐거운 추억으로 남아있다.

시외버스가 지나가는 고향 같은 마을들을 지나면서 2월의 추운 겨울이지만 차창을 열고 상쾌한 고향의 공기를 마음껏 들이마셨다. 고향의 냄새 그 자체다.

부석면 소재지 마을로 진입하자 잘 정리된 하천(낙화암천) 옆에 부석교회 예배당 건물이 나타났다. 예배당과 옆으로 흐르는 개천과 마을이 잘 어우러져 동유럽의 어느 마을에 온 것 같았다.

### 교회 설립

부석교회는 1929년 물야면 압동교회 최명익, 박용하 두 장로의 전도를 받아 믿음을 소유하게 된 최성숙 장로가 부석면 소천4리 가정에서 처음 모임을 가지면서 시작된 교회이다.[92]

---

91) 경북 영주시 소천로 27-1

92) 〈출처〉 부석교회 홈페이지(http://www.buseok.org)

## 건물의 특징

1964년에 완공된 '부석교회 구 본당'은(264㎡) 흙벽돌을 사용하여 벽을 만들었고, 종탑은 나무로 만든 독특한 건물로 예배당 변천사에 귀중한 건물로 평가된다.

양쪽 유리창을 모두 비닐로 막아둔 것이 특이한데, 건물의 앞면과 측면에 금이 많이 나 있었다.

예배당 앞으로 흐르는 하천(낙화암천)은 부석교회 예배당을 포근하고 친숙한 느낌으로 다가오게 한다.

# 6. 안동교회

국가등록문화재인 안동교회[93] 석조건물 1층에 위치한 사무실에서 방문신청 후 역사전시실을 관람하였다.

## 교회 설립

안동교회는 1909년 8월 8일 성경을 팔러 다니는 매서인 김병우 등 8인이 김병우의 인도로 서원에 모여 예배드리므로 시작되었다. 그해 11

---

93) 경상북도 안동시 서동문로 127

월에 웰번(Rev. A. G. Welbon) 선교사와 김영옥 조사가 안동에 들어와 정착하게 됨으로 교회를 인도하기에 이르렀다.

1911년 9월 김영옥 목사가 초대 목사로 취임하고, 1913년 7월 20일 초대 장로로 김병우 장로가 장립하여 경안노회에서 처음으로 당회가 조직되었다. 일제강점기와 6·25 전쟁의 어려움 속에서도 신앙을 지키기 위해 목숨을 걸었고, 산업화 시대에는 교파를 초월한 연합운동과 교회 개척에 힘을 쏟았다. 또한 안동교회는 일제강점기인 1921년 2월 5일 우리나라 최초로 기독청년면려회를 만들어 한국기독교청년운동을 주도하였다.

그리고 해방 후 1948년에 안동유치원을 개원하여 오늘날 안동 지역에서 젊은 학부모들이 가장 선호하는 유치원 중의 하나로 발전시켰으며, 경안노회를 통해 경안중학교, 경안고등학교, 경안여자중학교, 경안여자고등학교의 설립을 도와 지역 사회 교육 사업에 크게 이바지하였다.

노인정과 경로대학 그리고 지역주민을 위한 안동문화센터를 운영하고 하늘 씨앗 어린이 전용도서관을 개관하였으며, 지역 그리스도인을

(좌) 기독면려청년회 발상지 기념비
(중) 순교자 홍춘백 기념비
(우) 길안, 임하지역 전도인 파송교회 기념비

위한 로뎀나무 카페를 시작하여 기독교 문화를 새롭게 만들어 감으로써 유학과 불교, 무속의 본고장인 안동에서 '오직 하나님께 영광(Soli Deo Gloria)'을 위해 복음을 전파하며 지역사회에서 사랑받는 교회다.

## 석조 예배당

국가등록문화재(2015년)인 석조 예배당(면적 679.2㎡)은 육중한 화강암 덩어리를 하나하나 다져서 쌓아 올린 아름다운 건축물로 손꼽힌다. 우리나라 예배당 가운데 몇 안 되는 독

특한 양식에 해당하는 이 건물은 미국인 보리스(Voris)가 설계한 것으로, 1937년 4월 6일 준공되었다.

예배당 건물로 비교적 오래되었음에도 옛 모습을 그대로 간직하고 있었다.

## 100주년기념관

지하 1층 지상 4층으로 되어있으며, 지하층은 영아, 유아예배실과 청소년 휴게실, 경로대학, 문화센터, 강의실이 있으며, 1층에는 역사자료실, 어린이 도서관, 카페, 2층은 친교실과 주방, 3층은 청년부실과 찬양대연습실, 4

층은 청소년 휴게실, 강의실 등이 있다.

## 역사전시실

100주년기념관 1층에 있는 역사전시실에는 대구, 경북지역과 안동교회의 변천사를 볼 수 있는 자료가 사진을 중심으로 전시되어 있었고, 교인들의 성경 필사본도 전시되어 있었다.

특히 눈에 띄는 것은 초대담임 김영옥 목사의 4대 목사 가정과, 4대 장로 가정에 대한 미담 내용이 전시되어 있었다. 한마디로 신앙을 적어도 4대까지 이어받았다는 것으로 존경받기에 마땅하다. 또한 교회 역사가 오래 되자 담임목사가 원로목사로 물러나고 후배 목사에게 사역을 넘겨주는 일이 두 번이나 반복되어 김광현 원로목사, 김기수 원로목사, 김승학 담임목사 3대가 할아버지, 아버지, 아들처럼 서로 도와 한 교회를 섬긴 아름다운 이야기가 있는 교회다.

예배당 탐방 후 나갈 때 주차료를 내겠다고 하는데도 절대 받지 않겠다고 하면서 다음에 또 방문해 달라는 주차장 관리인의 말이 기억에 남는다. 안동교회는 교회의 사명을 잘 감당하는 교회임을 확인 할 수 있었다.

# 7. 송천교회

영덕의 고래불해수욕장에서 약 5㎞ 떨어진 곳에 송천교회[94] 예배당이 있다. 정문 왼편에 높이 서 있는 종탑이 교회임을 알려준다. 비포장의 넓은 교회 마당은 시골 교회를 떠 올리는 데 부족함이 없었다.

94) 경북 영덕군 병곡면 내륙순환길 4

## 교회 설립

송천교회는 1910년 11월 20일 교회 이름 없이 공동체로 있다가 1914년에 가서야 송천교회라는 이름을 사용하였다. 마을 여러 곳을 옮겨 다니다가 1950년도 6·25 끝날 무렵 현 위치에 미국 선교부의 지원으로 목조건물이 세워졌다.

## 건물의 특징

국가등록문화재인 예배당은 세월이 흐르면서 기와지붕이 슬레이트로 바뀌고 벽이 시멘트로 바뀌었다. 현재의 건물은 기존 건물을 완전 해체하여 2016년에 복원한 것으로 동서로 긴 장방형의 평면에 출입구 위에는 박공지붕의 포치(Porch)를 돌출시켜 정면성을 강조하였으며, 출입구 지붕 아래에 목구조를 응용하여 십자가 형태를 표현해 교회당임을 나타냈다.

예배당 문을 열고 들어가면 남녀가 각각 들어가는 두 개의 문이 있다. 원래는 예배당 앉는 자리가 남녀 각각 따로 앉도록 되어 있었으나 복원된 예배당은 남녀 구분을 없앴다. 8·15해방을 전후하여 지은 건물은 보통의 경우는 출입구 왼편은 남자가, 오른편은 여자가 이용하였고, 별도의 칸막이로 구분하지 않았지만, 남녀가 따로 앉아 예배를 드렸다. 한국교회에 부부가 같이 앉아서 예배를 드린 것은 그리 오래되지 않았다.

## 3·1운동의 중심에서다

1919년 3월 18일 영해 장날에 약 3천 명이 만세운동에 참여하였는데 이 교회 김세영 전도사가 만세운동을 이끈 주역의 한사람으로 교인들과 같이 참여하여 이 교회가 독립만세 운동의 거점이 되었다.

# 8. 군위성결교회

구 예배당(국가등록문화재)

군위성결교회[95] 예배당 외부 이곳저곳을 둘러보고 있는데 마침 외출하시던 목사님을 만나 간단한 설명을 들을 수 있었다. 1920년 9월 조선야소교 동양선교회를 통하여 중생, 성결, 신유, 재림이라는 4중 복음을 중심 교리로 하여 성결교회가 군위 지방에 선교의 첫발을 내디뎠다. 군위성결교회는 1920년 10월 15일 헤스롭(William Heslop) 선교

---

95) 경북 군위군 군위읍 동서4길 6

(위, 좌측) 교육관, (위, 우측) 현재 예배당, (아래) 선교관

사가 이학수의 집을 구입하여 예배드리므로 교회가 설립되었다. 신자
가 점점 많아져 기존 예배당이 좁고 낡아 1937년 새로 지었는데, 군위
지역의 첫 예배당으로서 역사적 의의가 있는 건물이다. 한때는 유치원
건물로도 사용되어 근대 아동교육의 선도적 역할을 담당하기도 하였
다. 군위성결교회 구내에는 건물이 4채가 서 있다. 우측에서부터 구 예
배당(1937년), 선교관(1956년), 현 예배당(1987년), 교육관(2002년)이
서 있다.

　군위는 인구 2만 명이 조금 넘는 소도시인데 군위성결교회 부근에
많은 종교 건물이 들어서 있다. 길 바로 아래에는 군위향교가, 향교와

교회 사이 우측에는 성당이 자리 잡고 있는데, 유교 문화권에 교회가 세워진 지 100년이 되었음은 놀라운 일이다.

### 순직기념비

현 예배당과 선교관 사이에 있는 작은 공원에 순직기념비가 서있다. 1937년 6월 1일 성전건축을 위해, 구 건물을 철거하다가 이종익 목사와 노성문 집사가 6월 3일과 7월 12일에 각각 순직하였으며, 이를 기억하고자 창립 70주년에 기념비를 세웠다.

### 일제에 항거

순직한 이종익(1906~2001) 목사 후임으로 1939년 부임한 최헌 목사(37세)는 일제의 시국강연 요청을 거부하고 교인들에게 재림사상을 가르치고 동방요배 거부 등 일제에 항거하자 1941년 최헌 목사와 여전도사, 장로 등 교우들을 구금하였고, 최헌 목사는 1944년 6월까지 수감과 출감을 거듭하였다.

### 구 예배당 건물 특징

건물의 주요 구조부는 목조이며, 벽체는 중심부에 나무로 외엮기를 한 다음 흙으로 벽을 바르고 표면은 시멘트 모르타르 뿌리기로 마감하였다. 지붕은 목재 트러스 위에 골함석을 설치하였다. 면적은 100.56㎡이며 출입문이 남녀 구분하여 지어진 당시 전형적인 서양풍의 교회당이다. 출입 현관 앞의 포치 등의 입면 구성과 목조 창호의 독특한 구조는 양식 교회의 토착화된 모습을 보여준다.

1937년에 건축된 군위성결교회당은 보존상태가 양호하여 근대 건축사의 문화재적 보존가치가 높아 국가등록문화재로 지정되었다.

# 9. 자천교회

경상북도 문화재자료로 지정된 자천교회당[96]으로 가는 고속도로는 편도 3차선으로 깊은 산속을 시원스레 뚫고 지나가고 있었다. 깊은 산세로 보아 고속도로가 없었다면 근접하기 힘든 곳이다.

교회당은 열쇠로 잠겨있었고, 예약하고 방문하라는 안내문과 전화

---

96) 경상북도 영천시 화북면 자천8길 10

번호가 붙어있었다. '오
늘 예배당 안을 보지 못
하면 언제 다시 올 수 있
을까'라는 생각을 하고
있는데 누군가가 예배당
문을 열고 있었다. 자천
교회 목사님이다.

재빨리 뛰어가서 내부
를 볼 수 있느냐고 물어보니, 예약된 방문팀이 방금 도착했다며 먼저
들어오라고 한다. 잠시 후 태백에 있는 교회의 여전도회 회원들과 초등
학생 등 30여 명이 들어왔다.

교회당은 강대상을 중심으로 실내가 나무 벽으로 반씩 나누어져 있
었는데 남자는 강단을 보고 왼쪽 좌석에, 여성은 오른쪽 좌석에 앉도
록 하였다. 옛날 앉는 방식대로 자리에 앉은 것이다. 목사님이 자천교
회 설립과 관련된 내용과 예배당의 특성 및 현재 운영 사항에 대해 1
시간이 넘게 아주 상세하게 설명해 주었다.

먼저, 예배당 우측면에 있는 무릎 높이 정도의 낮은 굴뚝에 대한 설
명이 있었는데, 이것은 밥을 지을 때 연기가 나는 것을 멀리서 보지 못
하게 하여, 밥을 굶는 사람들을 배려한 것이라고 한다.

## 교회 설립

자천교회는 1903년 아담스[97] 선교사가 영천·청송지역 전도 여행 중,
의병 활동 전력 때문에 청송에 은거하다가 가족들을 데리고 대구로 가

---

97) 아담스 선교사(J. E. Adams, 1867~1929), 미국 인디아나주 출생, 맥코믹 신학교 졸
    업, 1895년 미국 북장로교 선교사로 내한, 2년간 부산선교부 소속으로 있다가 1897
    년 대구선교부에 부임.

던 권헌중[98]을 영천에서 만나 선교사의 복음을 받아들여, 영천에 정착하여 교회를 세우기로 하였다.

그러나 마을 사람들이 "우리 마을에 예수교(耶蘇敎)가 웬 말이냐"며 반대하여, 권헌중이 마을에 주재소와 면사무소를 세워주고 초가 한 채를 구입하여 교회가 시작되었고, 그 뒤에도 자신의 사재(私財)로 1904년에 현재의 열여섯 칸 목조 예배당을 완공하였다. 건축물관리대장에 1904년으로 건물이 등록되어있는 것을 보면 준비기간을 고려, 1년 전인 1903년에 교회가 설립된 것으로 추정할 수 있다.

1940년대에 들어 일제는 태평양전쟁 물자를 조달하기 위해 교회 종과 철제 대문도 떼어 갔고, 또한 일제는 예배당에 가마니 공장을 만들어 교인들을 동원하는 등 많은 어려움을 겪었다.

### 신성학교 설립

1910년 우리나라가 일제에 의해 강점되자 교육자였던 권헌중은 민족의 미래를 밝혀 나가기 위해 교육 사업에 힘을 쏟아 당시 선교사들이 실시하였던 근대식 학교 교육 제도를 도입하여, 자천교회 예배당에 '신성학교'라는 2년제 소학교를 설립하여 문맹 퇴치 운동, 농촌 계몽 운동, 절제 운동, 민족 운동 등을 하였다. 당시는 교회를 세우면 학교도 같이 세워 민족정신을 일깨웠다.

---

98) 권헌중(1865~1925): 영수로 시무(1915), 장로 장립(1922)

현재 신성학당 건물은 2007년 김경환 선생이 교회에 기증한 것으로, 본래는 권헌중 장로 소유였으나 어려운 교회를 돌보다 가세가 기울어 김경환의 선대에 넘겨준 것이다. 이 건물을 신성학당이라는 이름으로 운영하고 있는데, 기증자의 아름다운 모습에 머리가 숙여졌다.

## 예배당 건물의 특징

자천교회 예배당은 '一'형의 겹 구조이다. 다시 말하면 '一'의 건물을 두 개를 붙여놓은 형태이다. 한국 초기의 예배당은 보통 'ㄱ'자형 건물이거나 '一'형 건물인데, 길이가 같은 것은 정방형, 한쪽이 긴 것은 장방형 건물이라고 부른다.

겹집 구조의 특징은 아무래도 천장이 넓다 보니 기둥을 촘촘히 세워야 하는데 자천교회는 가운뎃줄에 기둥을 세우고 강대상 쪽에는 기둥을 세울 수 없어서, 기둥 대신에 천장에 굽은 모양의 대들보를 양 기둥에 고정하여 건물의 안정성도 확보하고 강대상의 공간도 확보하는 건축양식을 가지고 있다. 'ㄱ'자 건물이라면 전혀 신경 쓰지 않아도 되는 부분이다.

또한 가운데 세워진 기둥은 대개 천으로 가림막을 하고 있지만, 자천교회는 나무로 설치하여 천으로 하는 것보

다 안정감을 가져다준다. 시간이 흐름에 따라 나무 칸막이의 높이를 점점 줄여나가 나중에는 칸막이를 없앴다. 자천교회 예배당 뒤쪽에는 양쪽에 똑같은 온돌방 두 개가 배치되어있는 것이 특징이다.

두 개의 온돌방은 선교사와 선교사들을 도와주던 '조사(助師)'들이 머물렀던 공간인데, 선교사들이 여러 교회를 다 관리할 수 없고, 당시 한국인 목사가 배출되지 않아 조사의 활동은 선교사 보조에 머물지 않고 유급 교역자로서의 역할도 감당하였다. 또한 선교사들과 조사들이 경북지역을 이동할 때 이곳에서 하룻밤을 묵고 가야 할 때가 많아 이 온돌방은 요긴하게 사용되었으며, 그들이 오지 않는 날에는 교인들과 주민들이 교제하는 장소로 사용되었다.

방과 예배당을 구분하는 문은 천장에 들어 올리게 되어있어서 예배를 드릴 때는 예배당과 하나의 공간으로 활용할 수 있는 개방형으로 되어있다.

### 계속되는 아름다운 섬김

자천교회에서 권헌중 장로의 후손들이 매년 수련회를 갖고 권헌중 장로의 신앙을 되새기고 있으며, 변호사로 타지에 살고 있는 권 장로의 손녀가 할아버지가 세운 교회에 등록하여 신앙생활을 하고 있다고 한다. 요즘은 가족과 연관이 있는 교회에 출석하지 않으려는 풍조가 있는데 여러 가지 부담감이 있었을 것임에도 불구하고 선조의 신앙을 기억하기 위해 농촌교회를 찾아 신앙생활을 하는 모습이 아름답다.

# 1. 초량교회

여름휴가를 이용, 부산지역 기독교문화유산을 둘러보기 위해 우리 부부는 부산 서면에 있는 호텔에 자리 잡았다. 오늘은 수요일로 내일 방문 예정인 초량교회에서 수요예배를 드렸고 예배 후 사무실에 들러 역사관 관람 예약을 하였다.

다음날 일찍 교회당을 방문하여 기다리면서 이곳저곳을 둘러보았다.

교회당 좌측에 초량초등학교가 있는데 학교와 교회당 담벽에 초량교회의 역사와 선교사들의 활동과 신사참배 반대, 초량의 역사 등의 자료를 잘 정리하여 놓았다. 이곳에 초량 이바구('이야기'의 경상도 사투리)길이 시작되는 곳이라는 표지판도 붙어있었다.

### 교회 설립

초량교회[99]를 세운 선교사 윌리엄 베어드(William M. Baird) 목사는 1862년 6월 16일 미국 인디애나주에서 태어나, 1888년 맥코이 신학교를 졸업하고 얼마 동안 목회를 하다가 미국 북장로교 선교사로 1891년 2월 한국에 왔다. 1891년 9월 일본인 거류지 끝 영선현(현 코모도호텔 부근)에 세 필지의 대지를 구입하여 부산선교기지를 마련하고, 1892년 4월, 대지 위에 세운 선교사 사택을 사랑방 형식으로 개방하여 전도를 시작하였다. 이 사랑방 전도가 1892년 11월 7일 영선현교회로 발전하여 초량교회의 모태가 되었다.

그런데 이 시기에 부산에 왔던 브라운(Hugh. Brown)이 의료선교사로 함께 사역하다가 폐결핵으로 귀국한 후, 이듬해 1894년 3월 어얼빈(Charles H. Irvin, 본명: 어빈) 의료선교사가 부산선교기지에 배속되어 브라운의 사역을 이어받음으로써 영선현교회 발전에 크게 기여하였다.

1896년 이후 베어드는 대구, 서울, 평양으로 선교지를 옮겨 전도 및 교육사업(숭실대학 설립, 한글 보급, 농촌계몽 등)을 주관하였으며, 1931년 11월 29일 평양에서 69세에 별세하였다.

베어드 이후 영선현교회는 1912년 9월, 제1대 한득용 목사가 부임할 때까지 미국 북장로교 부산선교기지를 거쳐 간 10여 명의 후임 선교

---

99) 부산광역시 동구 초량상로 53

사들이 이어받았다. 영선현교회 교인이 늘어나자 영주동 봉래초등학교 앞에 있던 동사무소를 임대하여 교육관으로 사용하다가 1912년경 매입, 개수하여 교회당으로 사용함으로써 선교사 기지 내의 교회 시대를 마무리하고 영주동교회 시대를 맞이하게 되었는데, 당시 교인 수는 60여 명에 달했다.

제6대 담임 한상동 목사가 시무(1946~1951)할 때 신앙 노선의 차이로, 1951년 한상동 목사가 고려파로 분리하여 나가 부산삼일교회를 세웠다.

## 찬송가[100]에 얽힌 사연 (베어드 목사의 부인)

1891년 9월, 부산 선교본부를 개설하고 영선현 교회를 시작한 베어드 선교사 부부에게, 1892년 7월 5일 딸 낸시 로즈(Nancy Rose)가 태어났다. 낸시는 다음해 여름 모펫(Moffett)에 의해 유아세례를 받았지만 1894년 5월 13일 뇌척수막염으로 사망하여 부산 북병산(현 남성여고 옆) 외인묘지에 안장되었다. 베어드 목사는 딸이 죽은 후 이틀 만에 다음과 같이 고백하는 편지를 그의 아버지에게 보냈다.

"내 마음에 인간적인 본성은 강하게 나타났고, 은혜는 매우 미약해졌습니다."

한편 베어드 선교사 부인(A. A. Baird)은 먼 이국땅에서 어린 딸을 잃은 슬픔과 남편의 경상도 지역 선교여행을 떠난 후의 외로움을 달래며 남편의 전도여행에 주님께서 함께하시기를 기원하는 마음에서 찬송

---

100) 『찬송가(UNION HYMNAL)』는 우리나라 개신교 최초의 장로교와 감리교의 합동찬송가로서 장로교의 배위량 선교사의 부인인 안애리(Annie Laurie Adams Baird)와 민로아(閔老雅, F. S. Miller) 선교사 그리고 감리교의 방거(房巨, D. A. Bunker) 선교사 등이 편집위원이 되어 만든 262편의 악보가 없는 찬송가로, 1908년에 요코하마(橫賓)의 후쿠인(福音) 인쇄소에서 발행된 소형본(小形本)이다.

장로교, 감리교 합동찬송가(1908년)
〈출처: 문화재청 국가문화유산포털〉

시 두 편을 한국어로 작시한 것이 〈나는 갈길 모르니(375장)〉와 〈멀리멀리 갔더니(387장)〉이다. 이 찬송시는 19세기 말 미국 복음성악가 무디와 생키의 부흥집회 음악 담당자였던 피셔(W. G. Fischer)가 곡을 붙여 1895년 초기 감리교 찬미가에 수록되었고, 현재 찬송가에도 실려 애창되고 있다.

베어드 여사는 1908년 장로교, 감리교의 합동찬송가 편집자로 활동하면서 《찬송가(UNION HYMNAL)》를 발간하여 한국찬송가의 번역과 편집에 매우 의미 있는 공헌을 이루었다. 이 찬송가는 국가등록문화재로 지정되어있다.

### 2대 담임 정덕생 목사(초량동 시대)

2대 담임 정덕생 목사는 1915년 6월 23일 영주동교회로 부임하여 교세가 확장되자 초량의 호주 선교부 부지 698평을 구입한 후 붉은 벽돌 건물을 완공, 1922년 6월 9일 헌당하였다. 당시 초량교회는 독립운동의 거점이 되어 신자가 아닌 사람들도 교회당 건축에 동참하였다.

### 독립운동 거점교회

1919년 초량교회 인근에 있었던 백산상회는 상해임시정부 및 광복군을 지원하는 데 큰 역할을 했다. 백산상회는 임시정부 전체 지원금의 50~80%를 충당했는데 이 일을 주도한 사람이 초량교회 윤현태 집사와 동생 윤현진 집사로, 윤현진은 상해 임시정부의 재무차장으로 재정을 총괄하였다.

### 3대 담임 주기철 목사

주기철 목사는 1926년 28세의 나이로 위임 목사로 부임하여, 마산 문창교회를 거쳐 1931년 평양 산정현교회 부임 후 신사참배 반대로 수감되어 감당하기 힘든 온갖 종류의 고문으로 인해 1944년 4월 21일 옥중에서 순교하였다.[101]

### 역사관

교회당 2층에 들어가서 미로 같은 계단을 올라가니 역사관이 있었는데 생각보다 작은 공간으로 되어있었다. 역사관에는 당회록과 주기철 목사가 사용하던 강대상이 전시되어 있었고, 벽에는 초량교회와 관련된 선교사와 여러 사람의 이야기가 사진과 함께 전시되어 있었다.

초량교회 목사님 한 분이 설명을 해 주셨는데, 목사님의 자세한 설명을 들으면서 방문객 접수·안내에 따른 역사관을 관리 하는 교회의 수고와 어려움을 생각해 보았다.

주기철 목사가 사용하던 강대상

---

101) 자세한 내용은 '항일독립투사 주기철 목사 기념관' P.288 참조

## 2. 부산진일신여학교 부산 최초의 근대 여학교

이곳은 선교사들이 들어와서 학교와 병원과 교회를 세운 전형적인 복음전파의 형식을 가지고 있는 곳으로, 부산진교회와 일신여학교 그리고 일신기독병원의 삼각축을 만들어 부산지역 복음화를 이끌었다.

### 학교 설립

부산진일신여학교 옆 노회사무실 직원이 안내를 하였다. 이 학교는 호주장로교 여자전도부가 선교목적으로 1895년 10월 15일 좌천동에 있던 한 칸의 초가에 3년 과정의 소학교를 설치한 것이 시초인데(초대

교장: 선교사 멘지스 Menzies), 1905년 4월 15일 현재의 건물[102]을 준공하여 이전하였다.

한편 부산진일신여학교 교사와 학생들은 1919년 3·1운동 당시 부산 지역에서 최초로 만세운동을 주도하여 독립운동에도 힘썼다.

1925년 6월 10일 동래구 복천동으로 이전하여 동래일신여학교(현재 동래여자고등학교)로 불리게 되었다.

### 건물의 특징

본 건물 정면의 계단과 계단 2층의 난간은 20세기 초의 서양식 건물의 모습을 그대로 간직하고 있고, 전반적으로 벽돌쌓기와 돌쌓기의 세부기법이 매우 뛰어나 노력이 많이 들어갔음을 알 수 있다. 1905년에 건축된 서양식 건물은 전국적으로도 유례(類例)가 드문 것이며, 비교적 원형을 잘 보존하고 있어 건축사적 가치가 뛰어나다.

---

102) 부산광역시 동구 정공단로 17번길 17

전시관

이 건물은 교육사적으로 매우 가치 있는 문화재로 평가되고 있으며, 지붕, 교실, 벽체. 담장석축 보수 등의 건물 보수정비사업을 2006년에 마치고, 2009년에는 전시관을 만들어 다양한 유물전시를 통해 배우고 체험할 수 있는 역사 교육장으로 활용하고 있다.

1층의 제1전시관은 일신여학교의 발전상을, 제2전시관은 옛날 교실을 재현하였고, 2층의 제3전시관은 신여성교육에 대해, 제4전시관은 3·1운동과 기독교의 기여에 대해 전시하고 있다.

이 건물의 창은 오르내리 창으로 창문틀 양옆에 도르래가 달렸는데 일부가 남아있다. 이 건물은 2003년 부산광역시 기념물로 지정되었다.

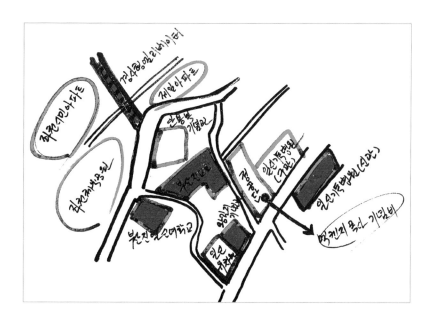

# 3. 부산진교회

## 교회 설립

1891년 1월 15일 예수를 믿는 지역주민 5~6명의 기도모임이 부산교회(부산진교회[103]의 옛 이름)의 시작이며 1891년 10월 12일 호주선교사 맥카이 목사 부부, 멘지스와 페리, 퍼셋이 부산에 도착하여 형식을

---

103) 부산광역시 동구 정공단로 17번길 16

부산진교회 최초 교인 가족(1894년, 부산).
심인택 부부(앞줄), 아들 심상현 부부(뒷줄), 아들 심취명(뒷줄 우측). 심취명은 부산진교회 초대
장로와 제2대 담임목사를 지냈다.
〈자료 제공: 크리스챤리뷰〉

갖춘 예배를 드렸다.[104] 점차 교인들이 생겨나면서 1894년 4월 22일 호주 여선교사의 어학선생 심상현이 베어드 목사에게 최초로 세례를 받았고, 1895년 11월 3일에 심상현의 가족이 아담슨 목사에게 세례를 받았다.

1900년 10월 왕길지(Gelson Engel, 1868~1939) 선교사가 담임목사로 부임하여 남자 교인들을 모아 예배당을 건축하였고, 수요기도회를 시작하여 평신도들에게 인도를 맡겼다. 1904년 심취명이 장로로 취임하여 부산에서 처음 당회를 조직하여 엥겔은 초대 당회장이 되었고, 후에 심취명은 부산 최초의 한국인 목사가 되었다.

1892년 한옥 예배당에 이어 1919년 4차 기와 예배당을 건축하고 현재 여섯 번째 예배당에 이르고 있다.

1919년 3·1운동 때 부산진교회의 교인들인 일신여학교 교사들과 학생들이 주도가 되어 독립만세를 부르면서 부산지역 만세운동이 시작되었다. 부산진교회는 일신여학교와 일신기독병원과 긴밀한 관계를 맺으며 부산지역 근대화에 기여하였다.

부산진교회는 제1회(1904. 5. 27)부터 현재까지의 당회록을 보관하고 있는데, 모두 한글로 기록되어 한국교회의 중요한 유산이다.

## 왕길지 기념관

부산진교회는 2007년 예배당 아래쪽에 3층의 왕길지기념관을 세웠는데, 당시 선교사 가족과 선교현장의 사진들이 전시되어 있다. 왕길지(엥겔) 선교사는 1868년 독일에서 태어나, 1892년 6월 바젤선교회에서 목사 안수를 받고, 인도에서 6년간 선교사로 사역하면서 클라라와 결혼 하였다.

---

104) 〈출처〉 부산진교회 홈페이지(http://busanjin.or.kr)

1898년 아내의 나라 호주에 가서 하버드 중등학교 교장으로 2년간 재직하다가, 빅토리아 장로교회 여선교사연합회 파송으로 1900년 10월 29일(32세) 아내와 세 자녀가 부산에 도착하였다. 먼저 내한하여 사역하고 있던 아담스 목사는 경남 서부지역을, 왕길지 목사는 경남 동부지역을 사역지로 하였다. 그는 미국 북장로교와 협의하여 부산과 경남은 호주선교부, 경북은 미국 북장로교의 선교구역으로 정했다.

부산진교회 담임 및 대한예수교장로회 제2대 총회장 등 38년간의 한국선교를 끝내고 1938년 가족과 함께 멜버른으로 돌아가 이듬해 1939년 5월 24일 72세의 일기로 세상을 떠났다.

부산항(1906~1907년) 〈출처: 국립민속박물관〉

# 4. 맥켄지 가문의 한국사랑

**맥켄지 선교사 가족사진.(1931년).** 앞줄 오른쪽에서 시계방향으로 제임스 노블 맥켄지 선교사, 실라(4녀), 부인 메리 켈리, 헨렌(장녀), 캐서린(차녀), 루시(3녀) 〈자료 제공: 일신기독병원〉

## 한센병 환자의 아버지, 맥켄지(매견시) 목사

부산진교회당에서 조금 걸어 내려오면 정공단 정문 우측 차고 건물 위에 '매견시기념비'가 서 있다. 이 기념비는 20년간 조선 나환자를 돌본 매견시 목사를 기념하여 한센병 환자와 지역주민이 1930년 6월 11

**매견시기념비**
〈자료 제공: 일신기독병원〉

일 정공단 앞에 세웠으나 1942~1946년 사이에 분실한 것을 상애교회, 일신기독병원, 한·호문화교류협의회가 협력하여 2001년 4월 14일에 다시 세운 것이다.

맥켄지[105] 목사는 1865년 1월 8일 영국 스코틀랜드에서 출생하여, 1882년 무디 부흥집회에서 목회자 소명을 갖게 되어, 1894년 남태평양 식인종이 사는 산토섬에서 호주장로교 선교사로 15년간 선교 활동을 하였다.

1910년 한국으로 재파송되어, 1905년 한국에 와 교육선교사로 일하던 메리 켈리와 결혼하여 네 딸(매혜란, 매혜영, 루시, 실라)과 외아들(제임스)이 있었으나, 아들 제임스는 2살 때 한국에서 디프테리아로 사망하여 부산진교회 묘원에 안장되었다.

맥켄지 목사는 장로교회가 맡겨준 부산 선교부의 경남 동부지역 52개 교회에 대한 책임 외에도 1912년에는 부산 감만동에 한센병 환자들을 위한 요양원인 '상애원'을 설립하여, 1928년까지 4,260명의 환자들을 수용하고 치료하였다. 일신기독병원 옆에 있는 '구 부산나병원기념비'는 1909년 설립된 우리나라 최초의 나병원인 '부산나병원'의 설립을 기념하기 위해 1930년 5월에 제작된 것으로 국가등록문화재로 지정되었다.

환자들이 직접 만들어 나병원교회 앞에 기념비를 세웠으나, 여러 곳을 옮겨 다니다가 일신기독병원 옆으로 이전된 것이다. 비석 앞면에 '大英癩患者救療會紀念碑(대영나환자구료회기념비)'라는 글자가 있는데,

---

105) 맥켄지James Nobble Mackenzie(한국이름 '매견시', 1865~1956)

대영나환자구료회는 이 병원을 설립
한 국제단체 이름이다.

맥켄지 목사가 1931년 한국에서 의사
자격을 취득하여 상애원을 관리하게 되
자, 상애원이 나병수용소가 아닌 치료하
는 병원으로 인식시키는데 기여하였다.

부인 켈리여사는 한센병 환자들의
아이들을 양육하기 위해 부모와 격리
하여 1919년에 '미감아'의 집을 세워
서 자녀들을 보살폈다.

맥켄지 목사는 1938년 정년퇴직 후
29년간의 사역을 마치고, 호주로 돌아

**구 부산나병원기념비**
〈자료 제공: 일신기독병원〉

여성 선교사들의 한국어 수업, 부산(1906)

**여성 선교사들의 한국어 수업(1906년)** 〈출처 및 저작권: 한국기독교역사박물관〉
(좌측) 엘리스 니븐Miss Alice Niven 선교사(나중에 라이트 선교사와 결혼)
(중앙) 어학선생 박신연(1909년 부산진교회 장로가 됨)
(우측) 메리 켈리(Miss Mary kelly) 선교사(나중에 맥켄지 선교사와 결혼)

가 빅토리아 장로교회의 총회장(1940년)이 되어 아시아인을 차별하는 호주의 이민정책 백호주의 반대 운동 등 역동적 사역을 펼치다가 1956년 7월 2일 92세로 호주 멜본에서 하나님의 부르심을 받았다.

## 맥켄지 목사 두 딸의 헌신(일신기독병원 설립)

일신기독병원 전경(부산광역시 동구 정공단로 27) 〈자료 제공: 일신기독병원〉

6·25 전쟁 중인 1952년 9월 17일 '일신부인병원'으로 출발한 일신기독병원(1982년 명칭 변경)은 호주 장로교선교회에서 파송한 노블 맥켄지 목사의 두 딸, 헬렌 펄 맥켄지와 캐서린 마가레트 맥켄지에 의해 세워졌다.

### 헬렌 펄 맥켄지

헬렌 펄 맥켄지[106]는 부산에서 태어나 평양외국인학교를 거쳐 멜본대학교에서 의학을 공부하여 1938년 전문의 자격을 받았고 1952년 한국전쟁 중 부산으로 돌아와 동생 캐서린과 함께 일신부인병원을 개설하였다. 1972년 병원장직을 한국인에게 이양하고 1976년 호주로 돌아가 2009년 96세에 하나님의 부름을 받았다.

---

106) Helen Pearl Mackenzie(1913~2009): 산부인과 의사, 매혜란

## 캐서린 마가레트 맥켄지

캐서린 마가레트 맥켄지[107]는 부산에서 태어나 언니와 함께 평양외
국인학교를 거쳐 1937년 호주 왕립 멜본간호대학을 졸업하였다. 한국
전쟁 중인 1952년 부산에 언니 헬렌과 함께 들어와 병원을 설립하고
1953년부터 간호조무사 과정을 개설, 1,034명을 양성하였다. 1976년
국민훈장목련장을 수여받고, 1978년 한국을 떠나 호주로 돌아가 생활
하다가 2005년 90세에 하나님의 부름을 받았다. 두 자매의 묘비가 경
남선교120주년기념관 묘원에 세워져 있다.

일신기독병원에는 설립자 두 사람의 유산을 보존하기 위해 2002년
9월 17일 맥켄지 역사관을 개관하였다. 고국에서의 안정된 생활을 마
다하고, 6·25 전쟁 중인 1952년에 한국에 돌아와 병원을 설립하고,
희생과 봉사의 삶을 살다가 고국에 빈손으로 돌아간 두 딸의 모습을
통해 '행함이 있는 믿음(야고보서 2장)'이 어떤 것인지를 생각해 본다.

[가족사진] 아버지(제임스 맥켄지), 첫째 딸(헬렌 맥켄지), 둘째 딸(캐서린 맥켄지), 어머니(메리
맥켄지) 〈자료 제공: 일신기독병원〉

---

107) catherine Margaret Mackenzie(1915~2005): 간호사. 매혜영

## 5. 한국기독교선교박물관

한국기독교선교박물관[108]은 동래중앙교회 예람 비전센터 3층에 위치해 있으며, 2009년 9월 27일 설립되고 2013년 10월 6일 개관한 박물관이다.

엘리베이터를 이용하여 3층에 내리면 세계적으로 성경 다음으로 많이 읽히는 책으로 알려진 《천로역정》 모형이 방문객을 반겨준다.

전시실은 한국관, 세계관, 특별전시실, 민속관이 있으며, 선교사들의 활동내용이 전시되어 있는데 왕길지 선교사가 전도할 때 사용하던 트럼펫과 피리와 그가 기증한 100년이 넘은 오르간이 전시되어 있다.

108) 부산광역시 동래구 충렬대로 202번 가길 13

　또 세계 각국에서 제작된 성경과 찬송가와 1950년대 교우들의 금주를 장려하는 '금주가' 악보가 수록된 노래집이 전시되어 있다.

　또한 1816년 러시아 성경과 1911년 최초한글 구약성경 그리고 기독교인의 삶을 '고난의 여정'에 비유한 소설 《천로역정》 번역본[109](1895년)이 전시되어 있다.

---

109) 자세한 내용은, 본 책 P.25 참조

이 박물관은 2015년 3월 부산시 제17
호 박물관으로 등록되었으며, 고 성서를
비롯해 세계 각국에서 발간된 성서와 찬
송가 등 6,000여 점을 비롯해 희귀한 일
반유물들을 전시하고 있다.

박물관 내에서 사진 촬영이 금지되어
있어서 전체적 전시실 전경 사진만 찍었
다. 주차장은 아주 넓어 관람의 편의성
을 더하였다.

**구약전서(1911년)**
〈자료 제공: 한국기독교선교박물관〉

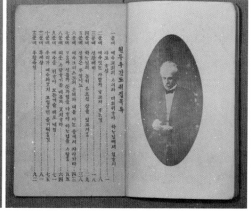

**원두우 강도취집** 〈자료 제공: 한국기독교선교박물관〉.
'원두우 강도취집'은 원두우(언더우드) 선교사의 설교를 그의 부인이 정리, 한글로 번역하여
1920년에 출판하였다.

# 1. 경남선교 120주년 기념관 호주 선교사의 발자취

경남선교 120주년 기념관[110]은 경남, 부산지역에서 활동했던 호주 선교사들의 활동 사항을 정리해 놓았고, 호주 선교사들의 기념비가 있는 곳으로, 창원공원묘원 내에 위치해 있어서 더욱 숙연함이 느껴진다.

토요일 방문으로 창원시에서 파견된 직원이 안내해 주었다.

### 건립 배경

부산, 경남지역에서 1889년 이후 해방 전까지 78명, 해방 후 49명, 총 127명의 호주선교사가 파송되어(전체 선교사의 13%) 복음전파, 의

---

110) 경남 창원시 마산합포구 공원묘원로 230

료선교, 교육선교를 통해 헌신하였는데 이 중 8명의 선교사가 이 땅에서 목숨을 바쳤다. 그러나 이들의 묘지는 각 지역에 흩어져 있어 관리가 제대로 되지 않고 있던 것을 2005년 10월 창신대학교 구내에 여덟분의 기념비를 세워 이들의 헌신을 후대에 알리고자 하였는데 이 일에 호주에 있는 한인교회와 지역교회들이 후원하였다.

그 후 창원공원묘원으로부터 3,000평을 기증받은 경남성시화본부가 주관하고 경남기독교총연합회 그리고 각 교회가 협력하여 2009년 9월 19일 호주선교사 묘원을, 2010년 10월 2일에는 경남선교120주년기념관을 개관하였다.

10월 2일에 기념관을 개관한 것은 1889년 10월 2일이 호주선교사로서는 최초로 조셉 헨리 데이비스(Rev. J. H. Daves, 1856~1890) 목사가 내한한 날(부산을 경유한 날)이기 때문이다. 이 날을 기념하여 매년 10월 2일이 속한 주일에 이곳에서 연합예배를 드리고 있다.

### 경남선교 120주년 기념관

창원공원묘원 내에 자리 잡은 경남선교120주년기념관은 9,900㎡
(3,000평)의 대지 위에 248㎡(75평) 규모의 단층의 기념관은 외벽이
유리로 되어있어 외부에서도 안을 볼 수 있다. 기념관에는 선교사들의
활동과 호주 선교부의 역사를 담은 300여 장의 사진을 비롯해 당시 선
교사들이 사용하던 타자기와 사전, 각종 서적 등 1,000여 점이 전시돼
있다.

### 호주선교사 묘역

대한민국 국토의 77배 크기인 호주에서 온 선교사들은 축복의 땅이
라 불렸던 자신들의 조국을 떠나 가난하고 헐벗은 나라 조선을 찾았
고, 선교지 중복을 방지하기 위해 각 교단의 선교지역을 구분한 예양
협정에 따라 부산과 경남지역에서 선교하였다.

호주 선교사중 멕피 선교사의 묘는 이곳에 있지만 나머지는 전부 기
념비만 있다. 이곳에는 호주선교사 외에도 경남출신의 순교자와 신앙
의 모범자를 발굴하여 기념비를 세우고, 경남출신 선교사 가운데 해외
에서 10년 이상 선교하다가 순직하면 이곳에 안장하고 있다.

경남, 부산지역에서 순직한 8명의 호주선교사의 활동은 다음과 같다.

1. 〈데이비스 Joseph Henry Davies〉 1856~1890

   멜본 코픽드중학교 교장으로 재직하던 중 1887년 한국에 선교사를 보내 달라는 편지를 읽고, 신학을 공부한 후 그의 누이 메리와 함께 호주 빅토리아 장로교회의 한국 최초 파송 선교사가 되었다. 1889년 8월 21일 배로 출발하여 10월 2일 부산을 거쳐 제물포(인천)를 통해 호주를 출발한지 46일 만인 5일 서울에 도착했다.

   서울에서 5개월간 한국어를 빠르게 습득하고 부산에서 선교활동을 하기 위해 1890년 3월 14일 서울을 출발하여 20일을 걸어서 4월 4일 부산에 도착했으나 과로와 전염병으로 도착 다음 날인 5일, 한국에 도착한 지 6개월 만에 34세의 일기로 별세하였다.

   부산 영선동 복병산에 묻혔으나 관리가 이루어지지 않아, 묘와 비석을 찾지 못하고 오늘에 이르게 되었음은 심히 안타까운 일이다.

2. 〈사라 맥케이 Sara Mackay〉 1860~1892

   간호사로서 남편(제임스 맥케이)을 도와 의료선교를 하려다가 12월 12일 병들어 다음 해인 1892년 1월 27일 임신 중에 33세 일기로 별세하였다. 사라는 6주간 병석에 있었으나 당시 한국에는 병원이 없어서 치료조차 받지 못하였다. 사라의 유해는 부산 복병산 데이비스 무덤 옆에 안장되었다.

3. 〈이다 맥피 Ida Mcphee〉 1881~1937

   호주에서 초등학교 교사로 재직 중 선교사로 지원, 1911년 10월 30일 미혼 여성으로 한국에 도착했다. 당시 남녀공학을 기피하므로 1913년 4월 5일 창신학교에서 여학생을 분리하여 의신여학교 교장 등으로 신여성 교육과 선교에 일평생을 독신으로 헌신하다가 1937년 4월 13일 심장천식으로 56세의 일기로 별세하여 무학산 공동묘지에 안장되었다.

   그 뒤 공동묘지에 묘지이장 공고문이 나붙은 것을 알게 된 경남성시화 운동 본부에서 호주선교사 묘역 조성사업으로 발전시켜 호주선교사 묘역과 경남선교120주년기념관을 건립하게 된 계기가 되었다.

4. 〈일라이즈 애니 애담슨 Eliza Annie Adamson〉 1861~1895

   남편 애담슨 목사와 중국에서 5년간 살다가 천연두와 장티푸스에 걸려 영국으로 돌아갔다. 4년 후 1894년 5월 20일 남편 애담슨(Adamson) 선교사와 두 딸과 같이 한국선교를 위해 부산에 부임하였으나, 1년 6개월 만인 1895년 12월 27일(묘비 기록/경남선교120주년기념관) 간경변으로 34세의 젊은 나이에 별세하였다.

이런 가운데서도 남편 애담슨 목사는 1901년 마산최초의 교회인 마산포교회(현 문창교회)를 세워 초대 담임목사가 되었고, 1908년에는 경남 최초의 근대학교인 창신학교 설립에 기여하고 초대교장이 되었다.

5. 〈엘리스 고든 니븐 라이트 Alice Gordon Wright〉 1881~1927

시드니에서 태어나 호주 멜본 여교육자훈련학교를 졸업하고 1905년 10월 26일 교육선교사로 한국에 부임하여, 부산진일신여학교(현 동래여자중고등학교) 교장으로 4년간 재직하면서 여성교육에 앞장섰다.

1915년 9월에 라이트(A. C. Wright) 목사와 결혼하였고, 주일학교, 여자성경학원, 한센병 요양소를 찾아 여성교육에 힘쓰다 건강이 나빠져 1927년 12월 10일 별세하였다.

6. 〈아서 윌리암 알렌 Rev. Arthur William Allen〉 1876~1932

호주 멜본대학에서 음악과 신학을 공부한 알렌 목사는 1913년 한국에 와 진주에서 순회전도자로 섬겼다. 진주남자고등학교장과 진주 배돈병원의 회계로 있으면서 투명한 경영을 하였고, 1914년에는 서양악기를 도입하여 7인 악대부를 창설하였으며, 1924년 진주성남교회를 설립하는 등 교육전도 사업에 힘쓰다가 1932년 7월 26일 56세로 별세하였다.

7. 〈거트루드 나피어 Gertrude Napier〉 1872~1936

영국 스코틀랜드 출신으로 고등학교 교사로서 선교사가 되기 위해 간호사 자격을 취득하여 1912년 12월 12일 미혼으로 한국에 부임했다.

마산 모자 진료소를 설립하고, 경남 최초의 현대식 병원인 진주 배돈병원에서 간호부장으로 24년간 헌신하다가 1936년 8월 64세로 한국에서 별세하였다.

8. 〈윌리엄 테일러 Dr. Rev. William Taylor〉 1877~1938

1877년 6월 북아일랜드에서 태어나 에든버러대학에서 의학을 공부했다. 부인이 사망한 후 1913년 9월 한국에 의사 겸 목사 선교사로 부임하여 엘리스 매인과 결혼하였다. 통영과 고성 등에서 의사로서 목사로서 치료와 교회 설립에 매진하였다.

그는 작은 배를 이용하여 섬사람들을 진료하였으며, 통영지역 한센병 환자를 위해 헌신하다가 풍토병을 얻어 일본에 가서 치료를 받았으나 1938년 9월 23일, 61세에 별세하였다.

## 2. 애국지사 산돌 손양원 기념관

    손양원 목사의 출생지인 함안에 '애국지사 산돌[111] 손양원 기념관'[112]
이 세워져 있다. 손양은 목사는 일제강점기와 여수·순천사건, 그리고

---

111) "너희도 산 돌 같이 신령한 집으로 세워지고 예수 그리스도로 말미암아 하나님이 기
    쁘게 받으실 신령한 제사를 드릴 거룩한 제사장이 될지니라."(베드로전서 2장 5절)
112) 경남 함안군 칠원읍 덕산4길 39

6·25 전쟁을 겪으면서 하나님의 말씀을 실천하는 행함이 있는 믿음을 우리에게 보여주고 있다. 자신의 두 아들을 죽인 원수를, 그것도 몇십 년 전의 원수가 아니라 현재의 원수를 자신의 양아들로 삼은 이야기는 오늘을 살아가는 우리들에게 던지는 메시지는 강렬하다.

2013년 12월 25일 성탄절에 KBS1 TV에서 손양원 목사의 일대기 〈그 사람, 그 사랑, 그 세상〉을 방영하여 8%에 가까운 시청률을 기록했다. 내가 근무하는 직장의 동료들에게 손양원이라는 이름의 존재를 확인했을 때 아무도 그를 아는 사람이 없었는데, 이 프로그램을 통해 '손양원이라는 이름을 기독교인만이 아니라 대한민국의 모든 사람들이 기억할 수 있겠구나'라는 생각이 들었다. 테레사 수녀, 김수환 추기경은 모르는 사람이 없었지만, 손양원 목사는 그들에게 도무지 처음 들어보는 이름인 것이다.

### 묵상의 벽

기념관을 둘러보기 전, 묵상의 벽에서 손양원 목사의 하나님 사랑(십계명의 1~4계명), 사람 사랑(5~10계명), 나라 사랑을 생각해 본다. 하나님 말씀을 잘 지키는 것이 하나님 사랑, 이웃 사랑, 나라 사랑하는 것임을 잘 보여주는 믿음의 선배를 생각해 보며, 손양원 목사의 말씀을 지키기 위해 당한 고난과 그 가족의 고뇌와 아픔도 생각해 본다.

### 손양원 목사 생가

손양원 목사 생가 자리에 복원한, 1919년 서울중동중학교에 입학하기 전까지 살았던 집으로, 손양원 목사는 이곳에서 칠원교회에 다녔다. 12세 때 칠원공립보통학교에 입학하였고 3학년 아침 조회 시간에 천황이 사는 궁성 쪽을 향해 절하는 '동방요배'를 거부하다가 퇴학당했으나 자신에게 세례를 베푼 선교사 맹호은(Rev. F. J. S. Mcrae) 목사의 도움으로 다시 복학할 수 있었다.

기념관 마당에는 손양원 목사의 두 아들이 1948년 여수·순천사건 때 좌익단체의 손에 희생되어, 두 아들의 장례식 때 유가족을 대표하여 손 목사가 인사하면서 감사한 9가지 내용을 전시해 놓았다.

## 기념관

손양원 목사의 애국과 박애정신을 기리기 위해 손양원 목사 생가터 주변에 세운 둥근 모양의 기념관은 손양원 목사가 '사랑의 원자탄'으로 불리기 때문에 원자 폭탄이 터지는 모양을 형상화했다.

1층은 사무실과 카페 그리고 하늘사랑(하나님 사랑)을 주제로 한 전시실이 있고, 2층에는 영상실과 사람사랑(이웃사랑), 나라사랑이라는 주제의 전시실이 있다.

손양원 목사의 인생 전체에서 드러나는 큰 교훈적 가치인 '나라사랑'은 일제강점기 신사참배 거부와 고난을 통해, '사람 사랑'은 편견과 차별을 극복하고 한센인을 품었던 이야기와 아들을 죽인 원수를 사랑한 이야기, '하나님 사랑'은 신앙인으로서의 말씀에 순종하는 삶의 이야기를 다룬 세 가지 테마로 구성되어 손양원 목사 일대기 및 함안의 독립운동역사를 함께 관람할 수 있다. 손양원 목사의 생애를 잘 표현하고 있는 이

건축물은 2019년 〈제41회 한국건축가협회상〉을 수상하였다.

## 믿음의 스승 주기철 목사

손양원 목사와 주기철 목사의 만남은 그가 일본에서 귀국한 후에 경남성경학교에 입학하면서부터 시작되었다. 주기철 목사의 로마서 강해를 통해 신사참배의 죄에 대해 확고한 가르침을 받았는데 "가장 잘 죽은 사람은 누구인가? 주를 높이다가 죽은 자가 복이 있다(요한계시록 14장 13절). 예수님을 위하여 목숨을 버린 자가 가장 잘 죽은 사람일 것이다."라는 가르침은 손양원 목사의 삶의 지표가 되었다. 손양원 목사[113]는 옥중에서 주기철 목사의 순교 소식을 듣고 30일간 잘 먹지도, 자지도 못하고 슬퍼했다고 한다.

손양원 목사는 전남 여수 애양원교회를 시무하던 중 일제의 신사참

---

113) 자세한 내용은 본 책 '손양원 목사 유적공원' P.368 참조

배 강요를 거부하여 수감생활을 하였고, 6·25 전쟁 때인 1950년 9월 28일 공산군에 의해 여수 미평 과수원에서 순교하였다.

### 손양원 목사가 지은 노래

#### ① 주님 고대가(작사 손양원, 작곡 고대영)

낮에나 밤에나 눈물 머금고, 내 주님 오시기만 고대 합니다.
가실 때 다시 오마 하신 예수님, 오 주여 언제나 오시렵니까.

고적하고 쓸쓸한 빈 들판에서, 희미한 등불만 밝히어놓고
오실 줄만 고대하고 기다리오니, 오 주여 언제나 오시렵니까.

먼 하늘 이상한 구름만 떠도, 행여나 내 주님 오시는가 해
머리 들고 멀리멀리 바라보는 맘, 오 주여 언제나 오시렵니까.

내 주님 자비한 손을 붙잡고, 면류관 벗어들고 찬송 부르면
주님 계신 그곳에 가고 싶어요, 오 주여 언제나 오시렵니까.

신부되는 교회가 흰옷을 입고, 기름 준비 다해놓고 기다리오니
도적같이 오시마고 하신 예수님, 오 주여 언제나 오시렵니까.

천년을 하루같이 기다린 주님, 내 영혼 당하는 것 볼 수 없어서
이 시간도 기다리고 계신 내 주님, 오 주여 이 시간에 오시옵소서.

#### ② 꽃이 피는 봄날에만(작사 손양원, 작곡 김국진)[114]

꽃이 피는 봄날에만 주의 사랑 있음인가, 열매 맺는 가을에만 주의
은혜 있음인가. 땀을 쏟는 여름에도 주의 사랑 여전하며, 추운 겨울
주릴 때도 주의 위로 변함없네.

이 찬송을 통해 매일 매일의 삶이 하나님의 은혜임을 고백하며, 천국
소망을 가지고 욥과 같이 고난을 견디는 심정을 알 수 있다.

### 칠원교회

칠원교회는 손양원 목사가 어릴 때 다니던 교회로, 기념관 바로 앞

---

114) 손양원 목사가 1943년 광주교도소에서 부인(정양순)이 보낸 편지글을 통해 만들어진
시로 찬송가 541장이다.

에 있으며, 아버지 손종일(1871~1945)이 초대 장로로 섬기던 교회다. 1906년 3월 13일 칠원 장날, 전도사 유경화가 칠원 장터에서 전도 강연을 하였는데, 남경오 씨와 김연이 씨가 예수를 영접하여 칠원면 최초의 성도가 되어, 주일날 남경오 가정에서 예배를 드리므로 칠원교회가 시작되었다. 1908.4.19. 칠원현 상리면 남구리 이현 마을에 두 칸짜리 초가를 구입하여 구성리교회라는 간판을 걸고 예배를 드렸다.

1919년 서울에서 시작된 3·1독립만세운동은 3월 23일(오후 3시)과 4월 3일 장날에 손종일, 엄주신, 박순익, 박경천 등 칠원교회 교인들이 주축이 되었는데, 손종일 장로는 주동자로 징역 1년을 선고받고 마산교도소에서 옥고를 치렀으며 이로 인해 건국훈장 애족장을 추서받았다.

칠원교회가 철저히 말씀을 실천하고 있음을 교회 당회록과 재정관리를 통해 알 수 있다. 칠원교회 재정관리를 보면 조선 나병 환자 구제를 위해 헌금한 사실을(1921.8.7) 발견할 수 있다. 손양원 목사는 칠원교회에서부터 소외된 자에 대한 교회의 관심을 배우고 자랐으며, 이러한 것이 손양원 목사의 삶의 방향에 결정적 영향을 미쳤다.

# 3. 항일독립운동가 주기철 목사 기념관

창원시 진해구에 소재한 항일독립운동가 주기철 목사 기념관[115]을 찾았다. 주기철 목사(1897~1944)가 항일독립운동가로 불리게 된 것은 목사로서 성경 말씀대로 살았던 삶 자체가 신앙양심을 지킨 것이지만, 신사참배 반대 등 일제에 항거한 삶으로 표현되었기 때문이다.

주기철 목사의 삶을 통해 하나님 말씀을 실천하는 것이 곧 애국하는 것임을 다시 한번 생각하는 계기가 되었다.

---

115) 경남 창원시 진해구 웅천동로 174

## 주기철 목사, 다큐멘터리 영화로 다시 태어나다

2015년 12월 25일 성탄절 오후 10시에 '일사각오 주기철 목사' 다큐멘터리가 KBS1 TV를 통해 방영되었다. 10%에 가까운 시청률을 보였는데 나도 가족과 함께 시청하였다. 평소 전체 줄거리는 대략적으로 알고 있었지만, 삶으로 믿음을 보여주는 주기철 목사의 생애를 통해 내가 그 시대를 살았다면 어떻게 했을까? 상상할 수 없는 온갖 종류의 고문을 통해 인간의 존엄성을 말살하는 무자비한 고문을 당하면서 신앙 양심을 지키기 위한 그의 모습을 보고, 오늘을 살아가는 나를 되돌아보게 하며, 그 시대에 태어나지 않았음을 감사했다.

막내 광조의 백일기념사진(1932. 6. 28)

### 주기철 목사 발자취

주기철 목사는 1897년 11월 25일 경남 창원군 웅천면 북부리(현 창원시 진해구 웅천1동)에서 주현성 씨의 4남 3녀 중 넷째아들로 태어나 웅천교회에 출석하여 신앙의 길을 걷게 된다.

1913년 평북 정주 오산학교를 입학하여 기독교인인 민족지도자 조만식과 이승훈을 통해 신앙인의 삶과 민족정신을 깨쳤다. 이때 교사로 있던 조만식 장로는 주기철 목사가 마지막으로 시무한 평양 산정현교회에서 장로와 목회자로 같이 신앙생활을 했다.

오산학교를 졸업하고, 1915년 언더우드 선교사가 세운 연희전문학교(현 연세대학교)[116] 상과에 입학했으나 안질로 시력이 나빠져 학교를 중

---

116) 연세대학교는 2017년 8월 25일 주기철 목사에게 명예졸업장 수여

**주기철 목사 장례식**
〈출처: 주기철 목사 기념관〉.
중앙에 막내 광조를 중심으
로 왼쪽에 아내 오정모, 오른
쪽에 셋째 영해와 장남 영진
이 서있다. 일본에 피신 중이
던 둘째 영만은 소식을 늦게
접하여 참석하지 못했다.

퇴하고, 고향에 돌아와 1917년 20세의 나이로 안갑수(1900~1933)와
결혼하였다.

그러던 중 마산문창교회에서 열린 김익두 목사의 부흥회 참석을 계기
로 목회자가 될 것을 결심하고, 평양 장로회신학교를 졸업(1925년), 경
남노회에서 목사 안수를 받았다. 1926년 부산 초량교회에 부임, 성공
적인 목회를 하던 중, 마산문창교회 내분을 수습할 적임자로 선임되어,
1931년 마산문창교회로 옮겼다. 그곳에서 1933년 부인 안갑수와 사별
하고 1935년 오정모와 재혼하였다.

1936년 평양 산정현교회에 부임, 일제가 신사참배를 강요하자 이를
거부하며 신사참배 반대 운동에 앞장섰다. 이로 인해 1938년 체포되어
황실불경죄, 치안유지법 위반이란 죄목으로 징역 10년 형을 선고받고
평양형무소에서 복역(총 5회, 5년 4개월)하였다.

광복을 1년 앞둔 1944년 4월 21일(금) 오후 4시, 부인 오정모와 마지
막 면회를 한 후 밤 9시~9시 30분경 일제의 잔혹한 고문으로 47세의
나이로 감옥에서 순교하여 평양 돌박산 기독교 공동묘지[117]에 안장되

---

117) 평양에서 4㎞ 떨어져 있으며, 아내(오정모)의 묘와 나란히 있다.

었다. 1963년 대한민국 건국공로훈장에 추서되어, 1968년 국립현충원에 가묘 안장하였다.

### 주기철 목사 부인 오정모(1903~1947)

오정모는 평안도 강서에서 태어나 평양에서 여고를 졸업하고, 일본 유학길에 올랐다가 몸이 아파서 부산 초량교회에 잠시 머물러있었는데 그곳에서 주기철 목사의 아내 안갑수와 친하게 지냈다. 그 뒤 마산의신여학교 교사로, 마산문창교회를 다녔는데 주기철 목사가 문창교회로 부임해 왔다. 안갑수가 병으로 세상을 떠나기 전 오정모를 불러 남편과 아이들(15세, 12세, 7세, 2세)을 부탁하여 오정모가 주기철 목사와 결혼하였으나, 결혼 3년 만에 주기철 목사가 투옥되는 등 어려움이 시작되었다.

---

**주기철 목사 순교 이후의 오정모와 아들 주영진 전도사의 순교**

《오정모》는 주기철 목사와 결혼하여 남편의 목회활동으로 인한 일제의 탄압으로 사택에서 쫓겨나 추위와 배고픔과 남편의 순교까지 온갖 고난을 겪었고, 해방이 되어서 김일성이 주기철 목사의 항일운동에 힘쓴 것에 대한 금일봉과 적산가옥(일본인이 남겨 두고 떠난 가옥) 선물을 뿌리치고, 산정현 교회에서 믿음 지키다가 유방암에 걸려 산정현 교회 장로 이며, 평양기독교 연합병원 의사인 장기려 박사의 집도로 수술을 받았으나 1947년 1월 27일 하나님의 부름을 받아 평양 북쪽에 있는 돌박산 기독교 공동묘지의 주기철 목사 옆에 묻혔다.

《주영진(1919~1950)》전도사는 해방 후 1946년 산정현교회에 초빙을 받아 약 4개월 간 시무하다가 평양 인근의 장현교회로 사역지를 옮겨 그곳에서 열정적인 목회활동을 하며 공산당 치하에서 주일날 실시하는 선거에 교회가 불참하는 등 신앙을 지키기 위해 힘쓰다가 체포되어 고문을 당하는 등 온갖 어려움을 겪던 중, 1950년 7월에 공산당에게 체포되어 10월경 순교했다고 전해진다.

---

### 주기철 목사 파면과 취소

1939년 12월 20일 매일신보 기사에 잘 나타나 있다.

1939년 12월 19일 오후 1시. 평양 남문 밖 교회당에서 평양노회 임시노회를 개최하였다. 여기에는 노회원인 목사, 장로와 편하설(Charles F. Bernheisel) 선교사뿐 아니라, 평양서의 고등계 형사 등 일제의 경찰들이 참석하여 삼엄한 경계 가운데 회의가 시작되었다.

앞선 총회[118]의 신사참배 결의사항을, 평양서에 유치 중인 주기철 목사에게 면담을 통해 전달하여 신사참배 하도록 최후 통첩하였으나 주목사가 거부하였다는 노회장 최지화 목사의 경과보고가 있자 편하설 선교사가 갑자기 일어나 장로교 헌법 조문을 들이대며 항의하다가 경찰에 의해 강제로 교회당 밖으로 끌려나갔다. 이때 주기철 목사의 목사직을 파면하고, 앞으로 산정현교회[119]에는 신사참배 할 교역자를 임명하기로 하였다.

그러나 산정현교회 측에서 이러한 결정을 받아들이지 않고 거부하자 예배당을 폐쇄시켰고, 주기철 목사 가족들은 사택에서 쫓겨나, 생계의 위협에까지 이르게 되었다.

주기철 목사 파면 신문기사
(1939. 12. 20, 매일신보)
〈출처: 국립중앙도서관 소장 자료〉

주기철 목사의 파면 결정 68년 만인 2006년 4월 18일 예장통합총회 평양노회 〈164회 정기회〉에서 복권되었다.

## 노래 / 서쪽하늘 붉은 노을

이 곡은 주기철 목사가 옥중에서, 못 위를 걷는 고문을 회상하며 쓴 것으로 생각되는데 〈사(死)의 찬미〉라는 곡에 가사를 붙인 것이다.

---

118) 조선예수교장로회 제27회 총회(1938. 9. 9. 평양서문밖교회)
119) 산정현교회는 1906년 평양 장대현교회에서 분리됨

1. 서쪽하늘 붉은 노을 언덕위에 비치누나, 연약하신 두 어깨에 십자가를 생각하니. 머리에 쓴 가시관과 몸에 걸친 붉은 옷에, 피 흘리며 걸어가신 영문 밖의 길이라네.
2. 한발자국 두발자국 걸어가는 자국마다, 땀과 눈물 붉은 피가 가득하게 고였구나. 간악하다 유대인들 포악하다 로마병정, 걸음마다 자국마다 갖은 곤욕 보셨도다.
3. 눈물 없이 못가는 길 피 없이는 못가는 길, 영문 밖의 좁은 길이 골고다의 길이라네. 영생의 복 얻으려면 이 길만을 걸어야해, 배고파도 올라가고 죽더라도 올라가세.
4. 아픈 다리 싸매주고 저는 다리 고쳐주고, 보지 못한 눈을 열어 영생 길을 보여주니. 온갖 고통 다하여도 제 십자가 바로지고, 골고다의 높은 고개 나도 가게 하옵소서.
5. 십자가에 고개턱이 제아무리 어려워도 주님가신 길이오니 내 어찌 못 가오랴. 주님제자 베드로는 거꾸로 갔사오니 고생이라 못 가오며 죽음이라 못가오리.

《찬송가》 158장에 실린 것은, 새로운 곡에 4절까지만 실려 있다.


## 기념관

기념관 앞마당에는 마산문창교회 시무 당시 무학산에 올라가서 기도하던 십자바위를 복제해 전시해 놓았다. 1층에는 제1전시실과 다목적 홀이 있고, 2층에 제2전시실과 소양홀, 기획전시실이 있다.

전시실에는 주기철 목사가 사례비(생활비) 자진삭감에 대한 제직회

회의록이 전시되어 있는데, 주기철 목사가 부산초량교회 재직 중이던 1930년의 세계적 경제공황은 한국에도 그 영향을 끼쳐 식민지 백성의 궁핍은 극에 달하여 교회 재정도 어려움이 많았던 시기에 주기철 목사는 "교역자 된 우리가 전과 같이 생활비를 받는 것은 양심상 맞지 않다. 나의 생활비를 70원에서 60원으로, 전도부인은 35원에서 30원으로 정하여 당분간 시행키로 하자"라고 제안하여 생활비를 자진 삭감하였다. 부인 안갑수는 친정에서 가져온 6천 평의 논을 팔아 모두 어려운 사람들을 위해 사용하였다.

## 웅천교회

1900년경에 세워진 웅천교회[120]는 주현성 장로(주기철 목사의 부친)가 세우고, 주 목사가 어렸을 때 다녔던 교회로, 당시 지역에서 유지였던 주현성 장로가 예배당을 헌납하였다. 웅천교회당은 2016년 인근에 있는 남문동에 새로운 예배당을 건축하여 옮겨갔다.

## 무학산 십자바위를 찾아서

무학산에 있는 십자바위를 보아야겠다고 생각하던 차에, 진해남전도회연합회에서 부부동반으로 찾아갈 기회가 생겼다.

'서원곡 공영주차장'(창원시 마산합포구 서원곡1길 20)에 대형버스를 주차하고, 우측으로 펼쳐지는 서원곡 유원지 계

---

120) 창원시 진해구 웅천동로 49(남문동)

곡을 따라 1㎞를 걸어 올라가니 백운사가 나온다. 백운사 입구에서 2
㎞ 걸어가자 십자바위(바위가 십자가 모양으로 갈라져 있음)가 나타났
다. 십자바위에 무릎 꿇고 주기철 목사의 모습을 떠올리며 기도했다.
그 당시 목사님은 어떤 심정으로 이곳을 찾았고, 어떤 기도를 했을까?
　올라가는 길은 이정표가 잘 되어있으며 성인 기준 왕복 1시간 정도
되는 거리로 멀지 않고 주위 경치도 좋아 가족 단위로 부담 없이 다녀
올 수 있는 곳이다.

십자바위(구. 마산 시내가 보인다. 현재 창원시에 편입)

# 4. 문창교회

문창교회[121]는 주기철 목사가 5년간 시무한 교회이다.

## 교회 설립

1901년 3월 19일 호주선교사 아담슨(A.Adamson) 가정에서 예배드

---

121) 경남 창원시 마산합포구 노상동7길 21

**평양신학교 학생과 교수(1905년)** 〈출처: 연세대학교 박물관 소장 자료〉.
(맨 뒷줄 좌측에서 테이트(L. B. Tate), 마펫(S. A. Moffet), 스왈른(W. L. Swallen), 그레함 리(Graham Lee). 맨 앞줄 좌측 5번째 길선주(성경 든 사람), 6번째 한석진(태극기 가진 사람))

린 사랑방교회와 같은 해 미국선교사 시릴로스가 세운 구마산교회의 두 예배공동체가, 1903년 통합하여 마산포교회가 설립되었다. 1919년 11월 30일 추산동 7번지에 석조 예배당을 신축 이전하여 문창교회로 개칭하였고, 1993년 7월 31일 이곳 상남동 제비산 동편 기슭에 예배당을 준공하여 이전하였다.

한국 최초의 목사 7인 중 한 명인 한석진 목사가 제3대 담임 목사로 (1916~1919) 3년간 재직하였고, 제8대 주기철 목사가 1931년 7월 부임하여 1936년 7월 산정현교회로 부임하기까지 5년간 시무하였으며, 한상동 목사, 이약신 목사, 송상석 목사 등이 거쳐 간 역사가 있는 교회이다.

문창교회 제직회 (앞줄 좌측에서 4번째가 주기철 목사)

1951년 3월 6일 김영삼 전 대통령과 손명순 여사가 학생시절, 손명순 여사가 다니던 이 교회에서 결혼식을 한 것으로 유명한데, 손 여사는 1987년 대선 때 일요일 선거유세를 중단시켜 사람들을 놀라게 한 일화를 남겼다.

문창교회는 1906년 독서숙을 만들어 근대교육을 실시하여 오늘의 창신 중·고·대학으로 발전되었다. 문창교회는 1970년에 문창교회(통합)와 제일문창교회(고신)로 분리되었다. 이곳에서 1.6㎞ 떨어진 곳에 위치한 서원곡 공용주차장[122]에서 약 3㎞ 무학산을 걸어 올라가면, 주기철 목사가 매일 기도하던 십자바위가 있다.

「이 돌판은 추산동 구 예배당 건물 전면 출입문 중앙 상부 벽에 축조(1950년도)되었던 것인데 그곳 예배당 철거 시 수집하여 이곳으로 옮겨와 보존케 된 것이다.(1993년 2월),〈돌판 설명문〉

---

# 5. 제일문창교회

　제일문창교회(고신)[123]는 1970년 문창교회에서 분리되어 (구)마산포
교회당 옛터로 이전, 문창교회와 함께 1901년 창립의 역사를 이어오
고 있다. 교회 역사관은 교육관 2층에 위치해 있는데, 2004년부터 '주
기철 목사 기념관'을 운영해 오다가 재정비하여 2018년 역사관으로 문

---

123) 경남 창원시 마산합포구 노산남 1길 7(상남동)

을 열었다. 역사관 관장 장로님이 제일문창교회의 일제 신사참배 반대 정신 계승과 역사에 대해 자세히 설명해 주셨다.

역사관은 두 개의 구별된 공간으로 나누어져 있는데 개별 교회가 관리하는 역사관인데도 규모가 아주 크다.

주기철 목사가 사용하던 탁자와 초창기 선교사 가방, 1930년대의 출석부, 1950년대 교회 제직회록, 당회록, 교회일지 등이 전시되어 있었다. 그리고 깨끗하고 밝은 분위기로 편하게 자료를 살펴볼 수 있었다. 또 역사관에는 1938년에 발간된 《조선동요작곡집》 초판 원본이 전시되어 있었는데, 이일래(1903~1979)가 이방공립보통학교(현, 창녕 이방초등학교) 교사로 재직 중 작사 작곡한 '산토끼'와 다른 사람의 곡들이 실려

1920년대에 선교사가 예배시간을 알리는 데 사용한 종(전시실)

있다. 이일래는 당시 문창교회 찬양대 지휘를 맡고 있었는데 동요 외에도 '하나님은 나의 목자시니'(찬송가 568장)와 '하나님이 세상을' 등 어린이 찬송을 작사, 작곡하였다.

창녕군 소재 이방초등학교에는 '산토끼 노래비'와 당시의 교실을 재현한 '산토끼 노래 교실'이 있다.

전시실에는 1920년대 선교사가 예배시간을 알리던 큰 종이 전시되어 있었다. 새벽 종소리는 우리 민족을 가난과 미신으로부터 깨우는 소리였다.

1970년대에 전 국민이 불렀던 〈새마을 노래〉 가사 '새벽종이 울렸네, 새 아침이 밝았네……'의 '새벽종'은 교회의 종이 아닌지? 당시 전국 모든 교회가 5시에 새벽기도회를 하므로 10분 전인 4시 50분에 전국의 교회종이 일제히 울려 잠자는 영혼을 깨웠다.

신마산에서 바라본 구마산(1938년) 〈출처: 서울역사박물관〉

한국기독교
문화유산답사기

# 4장 | 호남권

전라북도, 광주광역시, 전라남도

**드루선교사가 구입하여 전도한 전도선** 〈자료 제공: 전킨기념사업회〉

　미국 북장로교 언더우드 선교사가 1891년 안식년을 맞아 미국 맥코믹신학교
와 내쉬빌(Nashville)에서 한국에 많은 선교사가 필요하다는 강연을 하자 감명
을 받은 미국 남장로교 선교사 지망생들이 한국에 가기를 원했으나 재정 형편
과 조선이라는 나라에 대한 지식이 없어서 선교부에서 허락하지 않았다.

　그러던 중 언더우드 타자기 회사를 운영하고 있던 언더우드 선교사의 형, 존
언더우드(John Underwood)의 재정지원으로 미국 남장로교 선교사 7명이 파송
되었는데, 이를 7인 선발대라고 부른다. 그들 중 전킨 부부가 1892년 11월 3일
제물포에 도착하여 호남선교의 시작을 알렸다.

# 1. 군산구암교회 한강이남 최초의 3·1운동 발원 중심교회

〈군산 3.1운동 역사공원〉 경사로를 따라 올라가면 길 왼편에 붉은 벽돌의 빛바랜 옛 군산구암교회당[124]이 있는데, 지금은 3·1운동역사 영상관으로 사용하고 있다.

---

124) *구 예배당: 전라북도 군산시 영명길 15, *현 예배당: 영명길 22

## 교회 설립

1893년 1월 27일 미국 남장로교의 7인 선발대 선교사 중 한 사람인 전킨(Junkin) 선교사와 그의 어학선생 장인택 조사에 의해 수덕산에 군산교회(군산선교부)가 설립되었다. 그러나 1899년 일본인들이 몰려와 수덕산에 자리 잡게 되자 주민들이 수덕산 아래로 내려와 12월 19일 데이비스 여선교사의 궁멀 기도처와 합하여 구암동산으로 이전하면서 구암교회라 불렀고, 1905년 개복동에 거주하는 교인들이 개복교회를 세웠다.

구암교회는 1919년에 벽돌로 'ㄱ'자형 예배당을, 1959년에는 현재 남아있는 건물(3·1운동역사 영상관)을 봉헌하였다.

**군산 첫 예배당과 교인들(1904년)** 〈자료 제공: 전킨기념사업회〉
(앞줄 좌측) 전킨 선교사 자녀 3명
(앞줄 중앙) 전킨 선교사, 구암교회 양응칠 장로, 불 선교사
(뒷줄, 아이 안고 있는 사람) 엘리자벳 앨비〈불 선교사 부인〉
(뒷줄 우측) 레이번〈전킨 선교사 부인〉

1896년 3월 17일 세례를 받은 양응칠 (1855~1932)은 장로가 되어 전킨 선교사를 도왔으며, 두 아들 양기준, 양기철은 1919년 3.5 만세운동으로 옥고를 치루었는데, 양기준은 우리나라 최초의 야구선수(영명학교)로 활동하였다.

**양응칠 장로 가족** 〈자료 제공: 전킨기념사업회〉

### 전킨 선교사와 3자녀의 사망

전킨(전위렴) 선교사는 1908년 1월 2일, 폐렴(혹은 발진티푸스)으로 43세의 나이에 사망하였다. 전킨뿐 아니라 그의 자녀 3명도 이미 사망하였는데 조지는 2살 때 서울에서, 시드니는 출생 2달 만에, 프랜시스는 출생 20일 만에 군산에서 사망하였다. 전킨 선교사는 군산 구암동산에 있는 세 자녀 옆에 묻혀 있다가 '예수병원 전주선교부 남장로교선교사묘원'에 자녀들과 함께 이장되었다.

### 3·1운동

군산의 3·1운동은 서울 세브란스 의학전문학교에 재학 중이던 구암교회 교인 김병수에 의해 시작되었다. 그는 민족대표 33인의 한 사람인 세브란스병원에 근무하던 이갑성으로부터 독립선언문과 태극기를

전달받아 1919년 2월 26일 군산에 내려와 영명학교 교사 박연세 장로
(나중에 목사가 됨) 등 여러 사람과 만나 독립선언문과 태극기를 만들
어 3월 6일 거사를 계획했으나, 하루 전인 5일에 이들이 연행되어 거사
가 실패로 끝나는 듯했다. 그러나 표면에 나타나지 않은 사람들과 영명
학교 학생, 예수병원 직원, 구암교회 교인 등 500여 명이 5일 시위를
벌였다. 박연세 장로는 이로 인해 2년 6개월간 옥고를 치렀다. 그 뒤
그는 평양신학교를 졸업 후 목포양동교회 목사로 재직 중 신사참배 거
부로 1942년 투옥되어 수감 중 1944년 2월 15일 순교하였다.

### 영명학교와 멜볼딘학교

1902년 선교사 전킨과 아내 레이번이 자신의 사택에 남자학교인 영
명학교(현 군산제일중고등학교)와 주일학교 여학생반(멜볼딘학교-현

**전킨 선교사 부인 레이번의 주일학교 여학생반(1902~1903년)**
〈자료 제공: 전킨기념사업회〉

군산영광여자중고등학교)을 세웠다. 일제 강점기에 독립운동의 중심에
서 있던 영명학교와 멜볼딘학교는 신사참배를 거부하며 1940년 자진
폐교하였다.

### 현재 예배당

호남선교기념예배당은 2003
년 11월 3일 건립되었다. 예배
당 전면의 8개의 기둥은 미국
남장로교의 7명의 선교사와 장
인택 조사를 기념하고 있다.

### 전킨기념사업회

전킨 선교사를 재조명하기
위해 2019년 (사)전킨기념사
업회가 조직되어 전킨기념관
건립과 책자 발간, 사진 전시
회, 강연 등을 통해 호남에
처음으로 복음을 전해준 전킨 선교사를 알리는 데 힘쓰고 있다.

특히 추진위원장인 서종표 목사는 미국의 전킨 선교사 고향과 출신
학교 등을 방문, 그의 후손들을 만나 전킨 선교사 사진 등 관련 자료
를 수집하여 2021년에 《전킨 선교사》를 출간하였다.

전킨은 호남지역의 첫 선교사로 군산과 전주를 중심으로 선교하면서
길지 않은 삶을 살았지만 그의 사역은 지금도 믿음의 후손들을 통해
계속 이어지고 있다.

# 2. 아펜젤러순교기념교회

　군산은 아펜젤러 선교사의 활동 지역이 아니지만 아펜젤러[125] 선교
사가 순직한 어청도가 속한 행정구역으로 아펜젤러순교기념교회[126]가
있다.

---

125) 아펜젤러(Henry Gerhard Appenzeller, 1858~1902)
126) 전라북도 군산시 내초안길 12

건물 외벽에 '한국을 자유와 빛으로'라는 문구가 그의 사역을 한마디로 잘 표현하고 있었다.

## 아펜젤러 선교사의 사역

아펜젤러 선교사는 1858년 2월 6일 미국 펜실베니아에서 태어나 웨스터체스터사범학교를 거쳐 프랭클랜 마샬대학에서 고전학을 전공하고, 드루신학교에서 해외선교의 꿈을 키웠다.

1885년 신학교를 졸업한 후 감리교 목사 안수를 받고 2월 3일 아내 다지(Ella J. Dodge)와 함께 샌프란시스코를 떠나 2월 27일 일본 요코하마를 거쳐 1885년 4월 5일 제물포에 도착했으나 한국 정세가 불안하여 임신한 아내는 입국할 수 없으므로 일본에 잠시 가 있으라는 미국 대리공사 폴크의 강력한 권유로 아펜젤러 선교사 부부는 인천 대불호텔에서 일주일을 머물다가 일본으로 돌아갔다.

일본에 간지 2개월 뒤인 6월 20일 제물포항을 통해 입국, 40여 일간 머물다가 7월 29일 서울에 도착하였다. 그는 1886년 4월 25일 한국에서 최초로 세례를 베풀고, 정동제일교회 초대 담임목사로 재직하였으며, 배재학당을 세우고, 1900년 9월 9일에는 신약성경 번역을 완료하는 등 짧은 생애를 예견이나

**아펜젤러 가족사진**
(왼쪽에서부터) 둘째 딸 아이다. 큰딸 엘리스, 아펜젤러, 아들 닷지, 부인, 셋째 딸 메리.

한 듯 짧은 기간에 많은 일을 감당하였다.

### 아펜젤러 선교사의 순직

1902년 6월 11일 성경 번역 모임에 참석하기 위해 그의 조수 조한규와 방학을 맞아 고향으로 가는 이화학당 여학생 1명과 함께 인천에서 쿠마가와마루[127]에 승선하여 목포로 가던 중 군산 앞 어청도 부근 해상에서 일본 선적의 기소가와마루(675톤)와 충돌[128]하여 약 30분 만에 침몰, 44세의 젊은 나이에 순직하였다. 그 배에는 미국인 탄광기술자 보울비(J. F. Bowlby)도 타고 있었는데 그는 살아나 유일한 목격담을 《Korea Review》지에 남겼다. 당시 아펜젤러는 수영도 잘했고 탈출이 용이한 1등석에 있었음에도 다른 26명과 함께 바닷속에 자취를 감추었다. 그는 배가 충돌하자 당황하며 이리저리 뛰어다니고 있었는데, 탈출하려는 것 같지 않았다고 한다. 그가 목숨을 잃은 것은 자기와 동행한 두 사람을 구하기 위해 노력했기 때문으로 판단된다.

### 기념관

기념관 1층은 아펜젤러 선교사 전시실로 아펜젤러 선교사의 선교용

---

127) 쿠마가와마루: 길이 48.79m, 높이 5.66m, 1890년 3월 진수
128) 사고지역: 위도 36.10도/경도 125.5도, 어청도 부근 3마일, 외항로

가방, 이발기구, 은수저, 카메라, 타자기 등 유품과 유물을 전시하여 그의 삶을 되새겨 볼 수 있고, 또한 신약성경 주석과 아펜젤러 편지, 배재학당의 학칙(1890년), 아펜젤러가 번역한 신약성경, 우편물, 기독교 관련 책자, 아펜젤러 순교 내용이 전시되어 있다. 2층에는 1892년 내한하여 42년간 조선 선교의 삶을 보여주는 아펜젤러 선교사의 사돈인 노블 선교사 전시실이 있는데, 노블 선교사 목사 안수증과 선교사역 일지 등 노블 선교사에 관한 자료가 전시되어 있다.

### 한국기독교 역사전시관

기념관 밖으로 나가면 별관 건물이 있는데 한국기독교 역사전시관이었다. 건물은 낡아 보였으나 전시관 안은 깔끔하게 잘 진열되어 있었는데, 옛 예배당을 전시관으로 사용하는 것 같았다.

전시관에는 아펜젤러순교기념교회 역사와 각 교단의 한국선교에 대한 내용과 교육, 의료 등 우리나라 근대화에 기여한 내용 및 한글성경 변천사, 성경, 찬송가, 기독교 서적 등이 전시되어 있었다.

### 선박 체험관

한국기독교역사전시관을 둘러보고 내려오면 언덕에 선박체험관이 있다.

아펜젤러 선교사가 순교한 '1902년 6월 11일 잊지 않겠습니다.'라는 문구가 선명하다. 배에 올라가 당시의 현장을 생각해 볼 수 있도록 희생에 관한 글이 전시되어 있다.

## 대를 이은 선교

아펜젤러는 1902년 순교하였지만, 그의 딸 앨리스 레베카 아펜젤러[129]는 미국에 유학 후 한국에 돌아와 이화여자전문학교 학장으로 재직하였는데, 1950년 학교에서 설교 도중 순직하였다.

아들 헨리 다지 아펜젤러(1889~1953)는 1900년 미국에 유학 후, 1917년 한국에 돌아와 배재학당 교장을 맡아 교육과 선교 활동을 하다가 1953년 미국 뉴욕감리병원에서 소천하였는데, 한국 땅에 묻히겠다는 그의 유언에 따라 누나와 함께 양화진선교사묘원에 안장되었다.

선박사고로 아버지의 시신도 발견하지 못한 조선 땅에서, 대를 이어 우리 민족을 사랑한 그들의 발자취를 이곳에서 처음 알게 되었다.

---

129) 앨리스 레베카 아펜젤러(1885~1950), 조선에서 처음 태어난 백인

# 3. 남전교회

익산지역 3·1독립만세운동 진원지인 남전교회당[130]을 찾았다.

**교회 설립**

남전교회는 미국 남장로교의 전킨 선교사에 의해 복음을 받아 1897

---

년 10월 15일 설립된 익산 최초의 교회로 남 소학교인 도남학교, 여 소학교인 미성학교를 설립하여 교육하다가 1923년 남녀소학교를 병합, 신성학교를 설립하여 복음전파와 교육에 힘쓰며 오랜 신앙전통을 이어왔다.

### 3·1운동 진원지

예배당 길 건너에는 조그만 공원이 있는데 3인의 순국열사비와 박병호의 순교비가 서 있다. 1919년 익산지역 3·1독립만세운동 진원지인 남전교회는 익산4.4만세운동을 주도하고 문용기, 박영문, 장경춘 열사를 배출하여 민족독립운동과 한국교회 선교역사에 크게 공헌하였다.

### 두 팔이 잘린 문용기

익산 4.4만세운동 순국열사비

문용기는 1919년 4월 4일 남전교회 교인들과 도남학교 학생들을 인솔하여 솜리 장터에 도착하여 300여 명의 기독교인을 중심으로 1,000여 명 앞에서 대한독립의 정당성을 연설한 후 대열의 앞에 서서 태극기를 들고 대한독립만세를 부르며 행진하였다.

문용기는 행진 도중 일본 헌병이 태극기를 든 오른손을 내리쳐 태극기가 땅에 떨어지자 왼손으로 주워들고 만세를 불렀는데, 다시 왼손을 칼로 내리쳐 두 팔이 잘린 채 피를 흘리며 계속 행진하자, 일본 헌병이 총을 난사하여 순국하였다.

이날 남전교회 박응춘 장로의 아들 박영문도 도남학교 스승인 문용기와 함께 대한독립만세를 부르며 행진하다가 일본 헌병의 총탄에 16세의 나이로 순국하였고, 남전교회 교인인 도남학교 학생 장경춘도 일본의 발포로 순국하였다.

## 성도 박병호의 순교

박병호 순교비

박병호 성도는 1909년 남전교회 박다연 장로의 아들로 태어났다. 강직하고 의협심이 많은 그는 1945년 8월 15일 해방 직후 대한독립청년단을 조직하여 청년운동을 전개하였고 반공운동에 참여하여 대한민국 정부 수립에 크게 기여하였다.

청년단 오산면 단장겸 익산군 부단장을 역임하고 면민들의 절대적인 지지를 받아 오산면장에 취임하여 면민의 복리증진에 힘썼다.

부모와 함께 남전교회에서 열심히 신앙생활을 하던 중 6·25전쟁이 일어나자 토착 좌익세력들이 박병호를 체포하여 심하게 고문하였고, 1950년 8월 2일 인민군에 의해 소라산으로 끌려가, 순교직전 대한민국 만세를 외치고 기도 후 41세의 나이로 순교하였다.

하나뿐인 목숨을 기꺼이 바친 그들은 사도행전 29장에 기록될 만한 믿음의 사람들임이 분명하다.

# 4. 두동교회

　우리나라에 남아있는 몇 안 되는 'ㄱ'자 예배당이 있는 두동교회당
[131] 을 찾았다. 입구에 들어서면 좌측에서부터 1991년에 지은 교육관
과 1964년에 건축한 예배당, 1929년의 'ㄱ'자 예배당, 2007년에 복원
한 종탑이 차례로 있는데 처음 종은 일제가 수탈해 갔다.

---

131) 전북 익산시 성당면 두동길 17-1

## 교회 설립

1923년 박재신은 예수를 믿는 아내가 임신한 채 멀리 교회에 가는 것을 안타까이 여겨 자신의 사랑방을 예배처소로 내놓으므로 교회가 설립되어 성장해 나갔으나 몇 년 뒤 아들이 사망하자 박재신이 교회를 떠나자, 새로운 예배처소가 필요하였다.

이에 이종규가 밭 100평을 기증하여 1929년에 건립한 'ㄱ'자 예배당이 전라북도 문화재자료인 현재 남아있는 초기 본당으로 기독교 전파 과정에서 남녀유별의 관습을 확인할 수 있다.

## 건물의 특징

한국의 토착성과 자율성을 강조한, 일종의 현지 자립형 선교라고 할 수 있는 '네비우스 선교정책'을 통하여 기독교와 한국의 전통을 잘 살렸으며, 남녀유별적인 유교 전통이 막 무너져 가는 1920년대에 오히려 'ㄱ' 자형 예배당을 통해 남녀유별의 전통을 존중하면서 남녀 모두에게 복음을 전파하려고 했던 독창성이 돋보인다. 건물의 한쪽은 남자석, 다른 한쪽은 여자석으로 구분하여 남녀가 볼 수 없게 만들었으며, 모서리에는 강단을 설치하였다. 현재 'ㄱ'자형 예배당은 두동교회와 금산교회 등 몇 군데에 남아있는데, 한국기독교 전파과정의 이해와 교회건축 연구에 있어서 매우 중요한 건물이다. 이 건물은 우진각 형태의 지붕으로, 네 면에 모두 지붕이 있고, 건물의 앞과 뒤에서 볼 때는 사다리꼴 모양이고, 양옆에서 볼 때는 삼각형의 모양으로, 용마루와 추녀마루만 있고 내림마루가 없는 지붕형태다.

지붕은 본래 양철로 만들어졌으나 건물 보호를 위해

**두동교회 주일학교** 〈자료 제공: 두동교회〉

2003년 아연골함석으로 교체하였는데, 건물의 앞뒤에만 지붕이 있는 맞배지붕이다. 맞배지붕은 추녀가 없기 때문에 추녀마루는 없고, 용마루와 내림마루만 있다. 강대상에서 볼 때 우측은 남성, 좌측은 여성이 앉는 곳이고 각각 출입문이 하나씩 있다.

출입문은 동쪽의 남성 출입문과 북쪽의 여성 출입문 외에도 설교자를 위한 출입문이 남녀 각각 남쪽과 서쪽에도 있는데 이것은 교회지도자를 존중하고 배려한 것으로 보인다. 예배당 내부에는 리드오르간(풍금), 성경학교 사진(1940년), 찬양대 사진(1940. 10. 10.) 그리고 60년대 사진들이 전시되어 있어서 두동교회의 역사와 성장 과정을 짐작해 볼 수 있었다.

예배당 우측에는 '생명수 샘 카페'라는 무료 무인카페가 있다. "누구나 들어와서 차 한 잔씩하고 가세요."라는 문구가 있어서 우리 부부도 차를 마시면서 편안한 마음으로 여유를 즐겼다.

# 5. 황등교회

    1884년에 만든 우리나라에서 가장 오래된 종, 일명 사랑의 종을 간직한 황등교회당[132]을 찾았다.

132) 전북 익산시 황등면 황등10길 29

## 교회 설립

교회 건물 안내판의 내용을 옮겨 보면 다음과 같다.

"계원식 장로는 일제강점기 만주동포 선교를 하다가 순교한 계택선 목사의 장
남으로 1888년 9월 9일 평양에서 출생하여 1904년 평양 장대현교회에서 마포
삼열 선교사에게 세례를 받았다.

숭실대학과 경성의학전문학교(현 서울의대)를 졸업하고 평양에서 기성의원을
개원하였다. 그는 1919년 3월 상해임시정부에 독립군 자금을 제공한 혐의로 일
제로부터 고초를 받아 가족과 함께 군산으로 피신하여 군산 구암 기독병원에
근무하다가, 1921년 3월 황등으로 이주하여 기성의원을 운영하면서 가난한 자
들에 대한 무료 진료와, 수시로 농촌 지역을 방문하여 의료봉사를 하였다.

1921년 동련교회 장로가 되어, 기성의원에서 목요기도회와 교회학교를 시작하여
황등교회 창립의 기초를 다져 1928년 7월 7일 동련교회에서 황등교회가 분립하
여 창립하는 데 크게 공헌하였다. 1924년 4월 1일 황등지역 초등교육기관인 계
동학교 교장을 맡아 배움에 갈급한 지역 아동들의 교육사업에 헌신하였다.

1945년 8.15해방과 1953년 6·25 전쟁 직후 이념에 따른 민족 간, 이웃 간 보
복이 없도록 기독교정신에 입각한 선한 영향력으로 지역사회를 선도하였고, 황
등지역의 복음화를 위해 농촌지역 선교에 앞장섰다. 계원식 장로는 자신보다
남을 높게 여기는 겸손함으로 평생을 바쳐 예수 사랑을 실천한 착하고 충성된
하나님의 일꾼으로 황등 지역에 빛과 소금의 역할을 다한 황등의 슈바이처로
추앙받고 있다.

1970년 2월 17일 83세의 일기로 별세하여, 황등교회 묘지에 안장되었다."

## 6·25 전쟁으로 인한 시련

계원식 장로의 아들 계일승은 중국 유학 시절, 평양 숭의여학교에 다
니던 안인호와 결혼(1926년) 하고, 졸업 후 가정을 이루었고, 평양신학
교를 졸업하고 이리중앙교회를 거쳐 황등교회로 옮겨왔다.

계일승은 1948년 선교사의 주선으로 미국유학(유니온신학교)을 떠
난 후 6·25 전쟁이 발발하여 황등교회 이재규 목사(북한 정권을 피해

월남)와 변영수 장로, 계일승 목사의 부인 안인호, 백계순 집사가 순교하였다.

계일승 목사는 미국 유학을 다녀온 후 장로회신학대학 학장이 되었으며, 황등교회는 이들이 흘린 순교의 피로 인해 크게 성장하여 지역사회에 빛과 소금의 역할을 다하고 있다.

게시판에 교회역사가 잘 정리되어 있다.

### 지역사회에서의 역할

황등교회 부설기관은 황등어린이집, 황등기독학원(황등중학교, 성일고등학교), 황등신용협동조합으로 예배당 건물과 나란히 있었는데 교회가 지역사회에서 많은 일을 감당하고 있었다.

황등교회 인터넷 카페는 교회의 현황을 한눈에 파악할 수 있도록 잘 정리되어 있었는데, 게시된 정관을 살펴보면 이런 많은 기관을 관리하는 교회의 노력을 엿볼 수 있다.

건학이념이 황등중학교는 '하나님 사랑', '이웃 사랑'이고, 성일고등학교는 '하나님을 사랑하자', '이웃을 사랑하자', '자연을 사랑하자'이다.

## 사랑의 종

종탑 옆 "사랑의 종의 유래" 안내판의 내용은 다음과 같다.

첫 번째 종은 일제시대 일본의 강압으로 몰수당하였고, 두 번째 종은 계원식 장로가 헌납한 종으로. 이 종은 해방의 기쁨을 만끽하면서 친 종인데 지금의 낭산 중리에 있는 "중리교회"에 기증하였다.

지금 사용 중인 세 번째 "사랑의 종"은 미국유학 중인 계일승 목사의 노력으로 1884년에 제작된 종이 황등교회에 오게 되었다.

이 종은 미국 플로리다주에 있는 리스펔 제일교회에서 사용하던 종으로 기증 받은 것이다.

기증을 받았던 계일승 목사는 1950년 1월 16일 미국에서 배편으로 한국에 보냈지만 오는 도중 6·25를 만나 그 종이 일본 동경에 머물러있다가 1951년 6월 10일 황등교회에 오게 되었다.

이 "사랑의 종"은 한국선교가 시작되던 해인 1884년에 제작한 종으로 역사적인 의미를 안고 있는 종이며 한국에서 제일 오래된 종으로 알고 있다. 그러므로 이 종은 황등교회의 자랑이자 한국교회의 자랑이요, 역사적인 보존의 가치가 있는 종으로 서서히 한국교회에 알리어져 가고 있다.

이 종은 미국에서 도착하기까지의 운임은 53불이었으며, 이 돈을 헌금해 주신 분은 C. A. Tompson, J .E. Anderson, S B Clowwer 목사이다.

이 역사적인 "사랑의 종"소리가 울릴 때마다 복음을 확장해 나가야겠다는 마음이 황등교회 모든 성도들의 한결같은 다짐이었다. 이 "사랑의 종"은 앞으로도 많은 영혼들의 구원을 위해 영원히 울려 퍼질 것이다.

# 6. 전주서문교회

**전주서문교회 예배당 및 부속건물** 〈자료 제공처: 대한민국역사박물관〉

전주서문교회는 우리나라에서 제일 오래된 종각이 있는 교회로 유명
하다. 전주서문교회[133]는 1892년 미국 남장로교에서 파견한 7인[134]의
선교사 중 한 사람인 레이놀즈(Reynols, 한국명 이눌서) 선교사의 어
학선생이자 비서인 정해원이 1893년 6월 전주에 도착하여 완산 자락의
은송리(현 완산동)에 초가를 구입하여 예배처 겸 거처로 삼아 복음을

---

133) 예배당: 전라북도 전주시 완산구 전주천동로 220
134) 자세한 내용은 이 책의 '순천시기독교역사박물관' P.387 참조

예배당 내부 모습 〈자료 제공처: 대한민국 역사박물관〉

전파한 것이 시작이다.

9월에 테이트 목사가 제1대 목사로 부임하였는데, 그는 예수병원 설립자 마티 잉골드와 결혼 (1905년)하였다.

제2대(1897년), 제4대 (1908년) 담임으로 설립자 레이놀즈 목사가 부임하였는데 1910년 4월에 최초로 구약성경을 번역하였으며, 전주서문교회를 발판으로 전주신흥학교(현 신흥중·고등학교)를 세워졌다.

1904년에는 군산에서 사역하던 전킨 목사(W. M. Junkin, 전위렴)가 제3대 목사로 부임하였는데 건강상 이유로 선교본부에서 전주서문교회로 보내 휴식을 취하도록 하였으나 교회 개척과 예배당을 건축(현

**전킨 선교사 가족(1907년)** 〈자녀들〉 에드워드, 메리(어릴 때: 토야), 마리온, 윌리암, (모태)알프레드. 순서대로 목사, 작업 치료사, 교수, 의사, (모태)워싱턴 공무원을 지냈다. 〈자료 제공: 전킨기념사업회〉

재 위치)하는 등 과로로, 1908년 1월 2일 43세로 "나는 행복하다."라는 말을 남기고 별세하였다.

전주서문교회는 독립운동가 김인전 목사[135]와 신사참배 반대로 신앙을 지킨 배은희 목사[136], '조선의 성자'로 불리는 처녀교사 방애인[137]을 배출하여 빛과 소금의 역할을 다하는 교회로 자리 잡았다.

## 한국에서 가장 오래된 종각

전킨 목사가 갑자기 사망하자 그의 아내 메리 레이번(Mary Leyburn)이 남편의 선교 기념으로 교회당 종을 미국에 주문, 교회에 헌납하고 1908년 4월 4일 고향인 미국 버지니아로 돌아갔으며 1908년 12월에 종각이 완성되어 종을 달았다. 종의 직경이 약 90㎝로 종소리를 통해 전킨 선교사의 희생을 오래도록 기억하게 하였으나, 1944년 일제 말기 전쟁 무기 제조를 위해 일본 경찰이 빼앗아갔다.

1945년 해방 후 교회는 국내에서 제작된 종을 구입하여 달아 놓은 것이 현재에 이르고 있다. 높이 6m 80㎝인 종각의 처음 위치는 현재

---

135) 김인전 목사: 1875년 충남 서천에서 태어나, 1914년 39세의 나이로 평양신학교를 졸업하고 전주서문교회 제6대 담임목사로 부임하여, 3·1운동 당시 전주지역 만세운동을 지휘하고, 1919년 4월 중국 상해로 망명하여 임시정부 의정원 의장으로 항일 투쟁을 벌였다. 1923년 병을 얻어 상해에서 47세의 나이로 별세하여 그곳에 묻혔다가 1993년 서울 국립현충원 임시정부 묘역에 이장되었다.

136) 배은희 목사: 1888년 경북 경산에서 출생하여 1918년 평양신학교에 입학, 이듬해 3·1운동에 그 선봉에서 활약하였다. 신학교를 졸업하고 1921년 8월에 제7대 목사로 부임하여 도내 처음으로 유치원, 고아원을 개설하였고, 신사참배 반대로 일제의 탄압을 받아 1936년 사임하였다. 해방 후에는 국가고시 출제위원장과 제2대 국회의원을 역임하였다.

137) 방애인: 1909년 황해도 황주에서 태어났으며, 전주기전여학교 교사로 재직하면서 방과 후 교사와 학생들로 전도대를 만들어 전도활동을 하였다. 그는 전주서문교회 담임목사 배은희와 기전여학교 교사들과 함께 고아원 설립 기금을 모금하여 1931년 12월 고아원을 개원하였다. 학교 사역과 고아원 사역을 겸임하여 과로로 인해 건강이 나빠져 1933년 9월 16일 24세의 나이로 별세하였다.

▲ 〈자료 제공처: 대한민국역사박물관〉

의 예배당 정문 계단 자리에 있었으나 그 후 수차례 옮겨져 현 위치에 있게 되었는데 국내에서 가장 오래된 종각이다.

세 자녀와 남편을 이 땅에 묻고 미국으로 귀국한 메리 레이번은 1952년(86세) 소천하였다. '전킨을 기념한다'는 뜻으로 이름 지은 학교가 기전학교이다.

◀ 마이산(1930년) 〈출처: 서울역사박물관〉
전라북도 진안군에 있는 두 봉우리 마이산(馬耳山)의 모습이다. 오늘날 경남 진주에서 전북 전주로 가는 고속도로의 마이산휴게소 위치에서 바라본 모습과 같다.

▲ 전주읍 전경. 〈출처: 서울역사박물관〉

# 7. 예수병원

전주 서문교회당으로부터 1㎞ 안쪽에 신흥중·고등학교, 예수대학교, 예수병원, 선교사묘원이 있는데, 전주는 초기 선교에 필요한 교회, 병원, 학교를 갖춘 선교 거점지역이다.

## 병원설립

예수병원[138]은 마티 잉골드[139]가 1898년 전주 성문 밖에 초가 한 채를

---

138) 전북 전주시 완산구 서원로 365

139) 마티 잉골드(Mattie B. Ingold. 1867~1962)는 미국 남장로교 의료선교사로, 미국 볼티모어 여자의과대학을 졸업하고, 30세 처녀의 몸으로 1897년 내한하여, 1898년 11월 3일 처음으로 6명의 환자를 진료하므로 예수병원이 시작되었다. 마티 잉골드는 말을 타고 어려운 이웃들을 찾아다니면서 진료하는 등 헌신적 삶을 살았다. 전주서문교회 담임 목사이며 기전학교를 세운 테이트 선교사와 한국에서 결혼하였고, 1925년(58세)에 28년간의 한국 사역을 마치고 남편과 미국으로 귀국하였다. 남편은 1929년에 소천 하였고, 잉골드는 1962년 95세 일기로 소천하여 플로리다주 묘지에 남편 곁에 잠들었다.

사들여 진료를 시작한 우리나라 최초로 선교를 목적으로 세운 병원으로, 광혜원에 이어 두 번째 근대적 병원이다.

## 병원의 성장

예수병원은 1902년 선교사 해리슨에 의해 최초의 서양식 건물이 완공되었으며, 1904년부터 병원은 노약자, 버림받은 자, 한센병자들을 정성으로 치료한 포사이드가 원장을 맡았다.

1940년 일본의 신사참배 강요를 거부하며 병원이 폐원되는 아픔을 겪었지만 해방 후 1947년 다시 문을 열었다. 1949년 한국 최초로 체계적인 수련의 제도를 도입하였고, 1963년에는 우리나라 최초로 암등록사업을 시행하였다.

1979년에는 방글라데시에 의료선교사를 파송하는 등 세계 선교에도 관심을 기울였다.

현재 병원 건물은 1962년부터 수년간에 걸쳐 미국과 독일 교계에서 모금활동을 벌여, 1971년 11월 10일 당시 호남 최대 규모의 병원 건물을 완공하여, 현재까지 의료선교의 사명을 잘 감당하고 있다.

병원 언덕에 'GOD IS LOVE'라는 글씨가 선명하다.

## 예수병원 전주선교부 남장로교 선교사묘원

선교사묘원[140]은 예수병원 제1주차장 뒤편 산(언덕)에 자리 잡고 있다. 신일아파트 우측 언덕길로 올라가면 한일여성복지회관 맞은편에 예수병원 어린이집이 있고, 어린이집 정문 왼편 돌길을 따라 올라가면 선교사 묘원이 나온다.

## 묘원에 묻힌 17명의 선교사와 자녀들

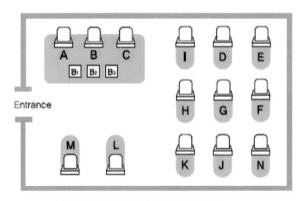

묘원 배치도 〈자료 제공: 전주 예수병원〉

---

140) 전북 전주시 완산구 중화산동1가 산40-6

A. 리니 데이비스 해리슨(1862~1903, Linnie Davis Harrison)

　미국 남장로교 7인 선발대 중 1인으로 1898년 리니 데이비스 해리슨 선
교사와 결혼하여 전주로 이사했다. 전주예수병원에 입원한 어린이와 여
성들을 전도하다가 열병에 전염되어 1903년 41세에 선발대 7인 중 제일
먼저 하나님의 부름을 받았다.

B. 윌리암 맥클리 전킨(William McCleary Junkin)과 세 자녀(B1. 시드니
　Sidney, B2. 프랜시스 Francis, B3. 조지 George)

　미국 남장로교 7인 선발대 중 1인으로 서울, 군산, 전주에서 활동했다.
군산에서 구암교회와 개복교회를 개척, 전주 서문밖(서문)교회에서 선
교와 교육 활동 중 병으로 1908년 1월 43세에 별세하였다. 전킨 목사가
사망하자, 부인 메리 레이번 전킨은 남편의 선교를 기념해 대형종을 전
주 서문교회에 헌납하고 1908년 귀국했다.

C. 데이비드 씨 랭킨(David C. Rankin)

　미국 장로교회 해외 선교부 실행 위원회 보좌역 담당으로 55세에 사망
했다.

D. 윌리암 랜카스터 크레인(William Lancaster Crane)

　크레인 자녀로 대천해수욕장에서 사망(1963~1966)

E. 미첼 자녀 (Mitchell's son)

F. 윌리암 에이 린톤 자녀 (W.A.Linton's daughter)

G. 윌리암 에이치 클락 자녀 (William H. Clark's son)

H. 헨리 엘 티몬스 주니어 (Henry L. Timmons Jr.)

　예수병원 5대 병원장 자녀, 태어난 지 22개월 만에 발육 정지 증세로 사망

I. 마티 잉골드 자녀 (Mattie Ingold Tate's daughter)

　마티 잉골드는 예수병원 제1대 원장으로 딸을 1910년 11월에 사산했다.

J. 로라 메이 피츠 (Laura May Pitts)

　간호사로 전주에 온 지 6개월 만에 사망

K. 넬리 비 랭킨(Nellie B. Rankin)

　기전학교장. 1911년 충수염으로 사망

L. 프랭크 고울딩 켈러 병원장(Frank Goulding Keller) 8대, 10대

M. 박영훈 의사 (Y. H. Park) 6·25 전쟁 때 월남, 예수병원 신경외과 과장, 장로

N. 해진(Hae Jin)

## 묘원에 있는 건물은?

십자가가 있는 건물은, 1930 년 전후 선교사들이 이 동산에 가옥을 지으면서 지대가 높아 상수도가 급수되지 않자 신흥학교 앞에서 펌프로 올려 물을 보관하던 곳으로 하부는 물 저장 탱크이고 상부는 펌프실이었다. 2016년 선교묘지를 일부 정리하면서 지하에 묻혀있던 탱크 부분을 들어내고 창문과 출입문을 만들었다.

내부에는 선교사들이 쓰던 성경공부 노트, 생활도구 등이 보관되어 있다.

## 예수병원 의학박물관

예수병원 의학박물관[141]은 신흥중·고등학교 정문 맞은편, 예수병원

---

141) 전북 전주시 완산구 서원로 394(2층)

마티 잉골드 흉상(전시실)

**마티 잉골드 의상과 구두(1900년대)**
성경책은 예수병원에서 치료 받았던 최계량 씨가 예수병원 전
도부인에게 받은 것(1930년대) 〈전시실〉

제 4주차장 건물에 위치해 있다. 의학박물관은 2009년에 전라북도로부터 전문박물관 허가를 받은 우리나라 민간 병원으로서는 최초의 박물관이다. 예수병원 의학박물관은 설립자 마티 잉골드 의사의 유품을 비롯해 예수병원 발자취는 물론 호남선교의 역사

말을 타고 왕진가는 마티 잉골드 의사(1898년)
〈자료 제공: 전주 예수병원〉

를 자료들을 통해 한눈에 볼 수 있다. 의료장비의 변천을 볼 수 있는 현미경, 내시경 장비 등 각종 의료기구와 역대 병원장의 활동 내역 등이 전시되어 있다.

전시실 내부

   또한 2008년 문화재청의 근대의료유물목록[142] 113건에 포함된 '말을 타고 왕진가는 마티 잉골드 의사' 사진(1898년), 방광내시경(1930년), 요도확장기(1930년), 안과 수술기구(1948년), 종양심부 치료기록지(1955년)도 전시되어 있다.

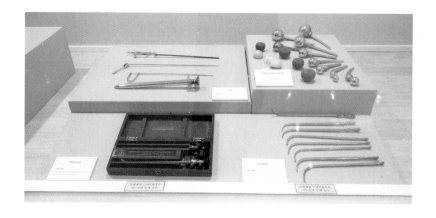

---

142) '근대 의료유물 목록'은 근대 의료유물 중 문화재등록 가치가 있는 것을 조사한 목록
    이다. 조사 목록에 포함된 113건 가운데, 6건이 2009년 문화재로 등록되었는데 예
    수병원 소장 의료유물은 포함되지 않았다.

# 8. 전주신흥중·고등학교

예수병원 의학박물관 바로 맞은편에 신흥중·고등학교가 있다. 이 학교는 일제 강점기 때 신사참배를 반대하며 자진 폐교한 학교로 국가등록문화재를 보유하고 있다. 입구에 들어서자 미션스쿨임을 알리는 "진리가 너희를 자유하게 하리라."는 성경 구절이 눈에 들어온다.

## 학교의 설립과 시련

전주신흥중·고등학교, 예수병원, 예수대학교가 이웃하여 기독교 기관들이 큰 마을을 형성하고 있다. '하나님을 경외하며 세상의 빛과 소

全州新興、紀全兩校

廢校許可키로決定

全北知事等이 本府와 協議後

教員生徒處置考慮

1910년대 신흥학생들과 선생님의 모습. 선생님과 학생
들의 복장이 같이 한복 두루마리였다.
〈자료 제공: 신흥중학교〉

자진폐교 기사(매일신보 1937. 9. 10.)
〈출처: 국립중앙도서관 소장 자료〉

금이 되는 사람을 기르는 것'을 건학이념으로 한 신흥중·고등학교[143]는
1900년 9월 9일 전주 서문 밖 다가산(多佳山) 정상에 있는 미국 남장
로교 레이놀즈(W. D. Reynolds) 선교사 사택에서 김창국(金昶國) 학
생 1명으로 시작되었다. 1906년 현재 위치에 건물을 인수하여 학교를
옮겼고, 1908년 '예수교학교'라는 교명을 '신흥학교'로 변경하였다.
1919년에는 전주 만세운동을 주도하였고, 1937년 9월 22일에는 일제
의 신사참배 강요를 거부하고 학교를 자진 폐교하였다.

　선교를 목적으로 세운 학교로서 신사참배 거부는 당연한 것이었다.
해방이 되자 1946년에 학교 문을 다시 열었고 6·25전쟁이 일어나자
신흥학교 학생 120명은 학도의용군으로 참전하기도 하였다.
　1980년 5월 27일에는 전두환 신군부의 세력에 맞서 전교생이 운동
장에 모여 '전두환은 물러가라'는 등의 구호를 외치며 정문을 나서려다
저지당했지만 학생들은 지속적으로 불의에 항거하였다.

---

143) 전북 전주시 완산구 서원로 399

단정하고 똑바른 1930년대 초 학생들의 모습이다.(뒷편 왼쪽 두 번째가 5대 린톤 교장)
〈자료 제공: 신흥중학교〉

　전주신흥중·고등학교는 학교법인 호남기독학원 소속으로 광주와 전남, 전북지역의 11개 학교가 소속되어있다.

### 강당 및 본관 포치(국가등록문화재)
　· **강당**

강당은 리차드슨 여사의 지원을 받아 1936년에 강당 겸 체육관 용도로 건립한 장방형 평면의 벽돌조 박공지붕 2층 건물로(건축면적 1,043㎡, 연면적 2,448㎡) 박공면에 3개의 아치 형태가 연속된 출입구가 있다.

강당의 명칭은 리처드슨 여사의 오빠인 미국 남장로교 전도국 총무 스미스 박사의 이름을 따서 에그버트 더블유 스미스 오디토리엄으로 정하였다. 1층은 소예배실과 실험실습실로, 2층은 대예배실로 사용하고 있다.

### • 현관 포치

학교 본관은 리처드슨 여사의 지원을 받아 1928년에 지었으며, 이를 기념하여 리처드슨 홀로 정하였다. 본관이 1982년 화재로 없어지고 남아 있는 입구의 포치[144]를 수리하여 옛 본관의 모습을 기념하고 있다.

---

144) 포치: 건물의 현관의 바깥쪽에 튀어나와 지붕으로 덮인 부분

# 9. 금산교회 ㄱ자형 예배당

금산교회[145]는 'ㄱ'자형 예배당의 특별함도 있지만, 조덕삼 장로와 이 자익 목사의 아름다운 이야기가 있는 곳이다.

## 교회 설립

김제군 금산리 용화마을은 교통의 요지로, 교통의 주요수단인 말이

---

145) 전라북도 김제시 금산면 모악로 407

쉬어가는 마방의 주인이 조덕삼으로, 어느 날 마방에서 쉬고 있던 최의덕(Lews Boyd Tate 테이트) 선교사를 통해 복음을 접하고 자신의 집에서 예배를 드리게 한 것이 금산교회의 시작이다. 교회가 성장하자 1905년 두정리에 있는 조덕삼의 과수원에 예배당을 짓고 금산교회라고 불렀다.

이자익 목사

## 이자익과 조덕삼의 만남

이자익은 경남 남해에서 태어나 6세에 부모를 잃고, 17세 때 살길을 찾아 육지로 나와 조덕삼의 마부 자리를 얻어 생활하던 중 예수를 믿어, 1905년 10월 11일 조덕삼, 이자익, 박화서가 학습을, 6개월 뒤 세례를 받고, 일주일 뒤 세 사람이 집사로 임명받았다.

조덕삼 소개로 이자익은 김선경과 1905년 5월 최의덕 선교사 주례로 전주서문교회에서 결혼식을 하였고 조덕삼은 집도 마련해 주었다.

최의덕 선교사는 1907년 1월 첫 주일에 조덕삼 집사와 이자익 집사를 영수[146]로 임명하였고, 1907년 9월 17일~19일 열린 평양 장대현교회에서 독노회[147]가 조직되어 이때 모인 제1회 독노회 전라대리회에, 금산교회 장로 2명 청원허락을 받아 장로 투표를 실시했다. 조덕삼 영수가 장로가 될 것이라는 예상을 깨고, 이자익 영수가 장로로 선출되자 조덕삼 영수는 발언권을 얻어 "저희 집에서 일하는 이자익 영수는 저보다 신앙이 좋습니다. 오늘 훌륭한 일을 해냈습니다. 감사합니다."라고 했다. 이 말을 듣고 교인들은 모두 놀랐다. 이자익이 떨어지고 그

---

146) 영수: 초창기 있던 제도로 목사가 부임해 오거나 장로가 세워지기 전까지 교회 살림과 행정을 맡아 하며, 설교도 담당했던 직책

147) 전국을 하나의 노회로 조직(독립노회)

밑에서 일하는 사람이 장로가 되었으니 교회에 큰 분란이 있을 것으로 생각했던 것이다.

교회가 부흥하자 건축위원장에 조덕삼 영수를 선출하고 전주 서문교회당을 건축한 최광진 장로가 건축을 맡아, 1908년 4월 4일 헌당식을 하였다.

금산교회는 교인들의 불편을 해소하기 위해 삼길교회와 원평교회로 각각 분리하고, 세례교인 50명이 되자 조덕삼을 장로로 선출하였다. 이자익은 조덕삼의 후원으로 1915년 6월 15일 평양신학교 제8회로 졸업하고 목사안수를 받아 금산교회에 부임하였다.

4년 뒤 1919년 12월 17일 조덕삼 장로는 52세의 나이로 숨을 거두었고, 그 뒤 아들 조영호가 장로가 되고, 그의 아들 조세형(당시 국회의원)도 1999년 장로가 되므로 같은 교회 3대째 장로가 되었다. 1924년 대한예수교장로회 13회 총회는 이자익 목사를 총회장으로 선출하였는데, 3차례나 총회장을 지냈다.

### 예배당의 특징

내부는 통칸으로 이루어졌으며, 남북방향 5칸과 동쪽 방향 2칸이 만나는 곳에 강단을 설치한 1908년 한옥으로 지어진 'ㄱ'자형 건물이다.

이것은 남녀 신도를 분리하기 위한 것으로 좌측(남쪽)문은 남성이, 우측(동쪽)문은 여성이 출입하여 남녀 구분해 예배를 드렸으며, 강대상 좌측에 있는 문은 설교자가 드나드는 문이다.

'ㄱ'자형 예배당 〈출처: 문화재청〉

예배당은 보존상태가 양호하고 한국식과 서양식 교회당의 특징을 잘 결합시켜 초기 교회당 건축의 한국적 토착화를 살필 수 있는 건물로 1997년 전라북도 문화재자료로 지정되었다.

구 예배당의 남자가 앉는 자리로, 커튼 우측에 여자석이 있다

금산교회 'ㄱ'자형 교회당이 사라질 두 번의 위기가 있었다.

한 번은 6·25 한국전쟁 때 북한군의 소행으로 금산마을이 불길에 휩싸였지만 금산교회는 온전하게 보전되었는데, 이때 조기남 장로는 북한군에게 끌려가 총살을 당했고, 조영호 장로의 집은 북한군의 방화로 전소되었다.

또 한 번의 철거 위기는 1988년 3월 열린 김제노회에 금산교회가 'ㄱ'자형 교회당을 헐고 새로 교회당을 신축하기 위해 재정지원을 요청한 사건으로 목사, 장로들과 외지의 금산교회 출신 교우들의 역사적 가치가 있는 교회당을 보존해야 한다는 여론에 따라 그 옆에 새 교회당을 건축하였다.

# 1. 오웬기념각

　광주는 동쪽의 산간부와 서쪽 평야부의 경계지역에 위치하고, 무등산(1,187m) 골짜기에서 발원해 시내를 북서 방향으로 광주천이 흐르고, 동쪽은 담양군, 서쪽은 함평군, 남쪽은 나주시, 화순군, 북쪽은 장성군과 접하고 있다.

　양림은 버드나무 숲이라는 뜻으로 선교 초기 양림산은 어린아이가 죽으면 나무에 걸어놓는 풍장이 행해지던 곳으로 이곳을 저렴한 가격에 구입하여 선교사 사택을 지었다. 선교사 사택도 한때는 철거 위기에 있었으나 역사적인 건물의 보존을 원하는 주민들의 여론을 받아들여 현재까지 이르게 된 것이다.

오웬 선교사가 장흥에서 전도여행 중 발생한 폐렴으로 광주제중원(광주기독병원)에 입원하자, 외과 의사인 우일선 원장은 목포에서 사역하던 내과의사 포사이드 선교사에게 전보를 보냈다.

전보를 받은 포사이드(W. H. Forsythe) 선교사가 말을 타고 광주로 오던 중, 길에 쓰러져 있는 한센병 환자를 발견하여 자신의 말에 태우고 자신은 걸어서 병원에 도착했으나 오웬 선교사가 숨을 거둔 뒤였다. 한센병 환자도 치료 중 며칠 뒤 사망하였는데, 결국 오웬의 죽음은 한센병 진료소가 양림에서 태동하게 하여, 국내 최대 규모의 한센병치유공동체(1927~28년 여수 애양원으로 이주)로 발전하는 계기가 되었다.

광주광역시 유형문화재 오웬기념각[148]은 목사이자 의사인 오웬 선교사(Clement C. Owen: 1867~1909)가 지역민을 위해, 자신을 길러주신 할아버지를 기념하는 건물을 지으려고 기금을 모으다 1909년 사망(양림묘원 안장)하자 동료들과 미국의 지인들이 모금을 통해 1914년 준공되었다. 오웬 선교사는 유진벨 선교사(Rev. Eugene bell, 배유지)와 함께 1904년 양림리에 광주선교부와 첫 교회를 설립, 전남지역에서 활동하였다.

## 건물의 특징

오웬기념각은 네덜란드식으로 회색 벽돌을 쌓고 맨사드 지붕틀을 올린 정방형 건물로, 공간 1층 한쪽 모서리에 강단을 두고 좌우대칭으로 좌석과 출입문들을 배치하였다. 남녀 동등하게 모양과 크기가 같은 각각의 큰 문으로 입실, 강단 기준으로 휘장을 쳐서 남녀 자리를 구별하였으

---

148) 광주광역시 남구 백서로 70번길 6 (양림동)

2층에서 바라본 오웬기념각 내부. 〈출처: 한국관광공사〉

며, 바닥은 마루널을 설교단 방향으로 경사지게 깔았다.

또한 2층 건물 뒤편에 3층을 일부 배치하여 2층과 3층이 하나의 천장을 사용하는 건물 형태는 오늘날 대부분의 교회당 건축양식으로 채택하고 있다.

오웬기념각은 광주의 첫 오페라, 첫 독창회, 첫 악단, 첫 연극, 첫 시민운동체(YMCA) 태동 등 개화기 광주 신문화의 발상지로서 음악인 정율성을 비롯한 숱한 근대 인재들의 발자취가 서린 요람이었으며 해외 인사 초청 공연과 강연이 있는 문화전당이었다. 현재도 오웬각에서 음악회와 각종 공연, 문화행사가 열리고 있어 광주 시민의 사랑을 받고 있다.

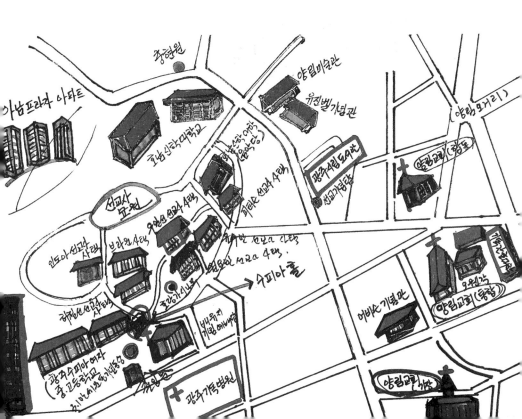

## 2. 광주 양림교회

### 교회 설립

오웬기념각 옆에 있는 건물이 광주 양림교회당[149]으로, 1904년 12월 25일 유진벨(Eugene Bell, 배유지) 목사의 사택에서 마을 사람들과 함께 예배를 드리므로 교회가 시작되었다.

1905년 유진벨 목사가 제1대 담임목사로 재직하였고, 1916년 이기

---

149) 광주광역시 남구 백서로 70번길 2 (양림동)〈예장 통합〉

풍 목사가 2대 담임목사로 재직하다가 1918년에 질병으로 휴직한 후, 1920년 순천읍교회로 이동하였다.

» 유진벨에 대한 자세한 내용은 P.354 참조

## 일제에 항거

1919년 3·1만세운동에 본 교회 교인들이 대거 참여함(3·10)에 따라 5월에 교회당 터를 몰수당하여 오웬기념각에서 예배드리다가 10월에 남문밖에 예배당을 세워 남문밖교회로 불리게 되었다.

1921년 김창국 목사(5대)가 부임하여, 1924년 전남노회 임시노회의 허락을 받아 남문밖교회는 양림교회와 금정교회로 분리되었다. 1937년에는 신사참배 반대로 양림교회 청년들이 수감되어 고문을 당하고 벌금형을 받는 등 일제에 저항하였다.

1943년에는 일제에 의해 광주 시내의 교회가 하나로 통·폐합되어 김창국 목사는 강제로 사임을 당했고, 금정교회당은 사무실로, 예배는 양림교회당과 중앙교회당에서 나누어 드렸다.

1945년 해방이 되자 김창국 목사가 다시 담임목사로 부임하였으나 1947년 사임하였다.

---

― 김현승 시인 ―

양림교회 김창국 목사의 아들로, 기독교 정신에 바탕을 둔 시를 썼는데 '가을에는 기도하게 하소서'가 잘 알려져 있다. 1913년 평양에서 출생하여 목회하는 아버지를 따라 제주도에서 살다가 6세 때 광주로 이사하여, 초등학교를 보내고 평양 숭실학교 졸업 후 1936년 숭실학교에서 교사생활을 하다가 1937년 신사참배 거부로 투옥되기도 했다. 조선대학교를 거쳐 숭실대학교 교수로 재직 중 1975년 채플 시간에 쓰러져 숨졌다. 호남신학대학교 교정에 김현승 시비가 세워져 있다.

---

## 박석현 목사 가족의 순교

1950년 6·25전쟁 중 7대 담임 박석현 목사(부인 김귀남, 아들 박원택)는 진도로 피난하였다가 7월 23일 광주로 돌아오던 중, 영암군 학산면 상월교회 인근 숲에서, 찬송가 70장(피난처 있으니…)을 부르면서 장모를 포함한 전 가족과 상월교회 교인들 수십 명이 인민군에 의해 순교하였다.

## 신앙 노선에 따른 교회 분열

1953년은 교회가 신앙 노선으로 분열되는 일이 발생하였다. 본래 교단인 대한예수교장로회(예장 통합)를 고수하는 장맹섭, 김기열, 최준섭 장로를 중심으로 한 대다수의 교인들은 오웬기념각에 모여 예배드리고, 김재석 목사와 일부 교인들은 기독교장로회(기장)에 소속하여, 기존 예배당에서 예배하므로 양림교회 명칭을 2개 교회가 사용하게 되었다.

양림교회(예장 통합)는 1960년 4월 현 위치에 있는 미국 남장로교 선교회로부터 땅을 기증받아 건평 183평의 현 교회당을 완공하여 입당하였다.

1961년 4월 23일 합동측을 지지하는 교우들이 또다시 분리하여 오웬기념각에서 예배를 드리므로 또 하나의 양림교회가 탄생하여 광주 시내에 뿌리가 같은 3곳의 양림교회(예장 통합, 예장 합동, 기장)가 존재하게 되었다.

# 3. 광주기독병원

병원 전경 〈자료 제공: 광주기독병원〉

광주기독병원(광주제중원)[150]은 1905년 11월 20일 미국 남장로교 의료선교사 놀란(J. W. Nolan)이 사택에서 진료하면서 시작되었다.

1909년에는 한센병 환자 진료를 시작하였는데 1926년 2대 원장(1908 ~1926) 윌슨(R. M .Wilson. 우일선)이 광주나병원의 한센 환자들과 함께 여수(애양원)로 이주할 때까지 계속되었으며, 윌슨 선교사는 새로운 집단 거주지에서 한센병 환우들과 함께 생활하였다.

제3대 원장 브랜드(L. C. Brand) 선교사는 1933년 화재로 병원 건물이 전소되자 제중병원 재건축과 간호사 기숙사 신축, 결핵전용병동 신축 등 병원 발전과 결핵 퇴치를 위해 헌신적인 삶을 살다가 1938년 44세의 젊은 나이로 선교지인 광주 제중병원에서 하나님의 부르심을

---

150) 광주광역시 남구 양림로 37

받아 양림동산에 묻혔다.

병원은 1940년 신사참배 거부로 폐쇄되었다가 1951년 다시 개원하여, 1970년 광주기독병원으로 이름이 변경되었다.

현재 병원은 "예수그리스도의 사랑으로 생명존중을 통한 의료서비스와 의료선교를 실시하는 세계 최고의 기독교 의료기관이 된다."라는 미션을 수행하기 위해 힘쓰고 있다.

## 섬김의 삶을 보여준 서서평 선교사

엘리자베스 요한나 셰핑[151]은 독일에서 미혼모의 딸로 태어나 3세 때 그녀의 어머니는 혼자 미국으로 이민을 가버려 할머니 댁에서 자랐으며, 9세 때 할머니가 별세하자 미국으로 건너왔다. 서서평은 간호학교 재학 중 장로교 집회에 참석을 계기로 가톨릭(catholic)에서 장로교로 개종하자 가톨릭 신자인 어머니는 서서평을 내쫓아 또다시 혼자가 되었다.

(1914년) 광주 제중원 여성 성경공부반의 조선 부인과 함께

그녀는 학교를 졸업하고 1912년 미국 남장로교 선교사(31세 미혼)로 조선에 들어와 서울 세브란스병원 간호원장으로 근무하다가 3·1운동에 관련되었다는 이유로 서울에 있지 못하고 광주로 내려와 광주제중원(현 광주기독병원)에서 일하면서 조선인 고아 13명

151) 셰핑: Elisabeth Johanna Shepping. 서서평(1880~1934)

을 양녀로 삼아 교육과 결혼까지 시켰다.

그는 교육을 받지 못하면 가난이 해결되지 않음을 깨닫고, 1922년 미국 지인의 후원을 받아 이일학교(현 한일장신대학교)를 설립하여, 이혼당한 여자, 남편이 죽고 없는 여자, 학령이 초과한 여자 등을 교육하였으며, 자신의 생활비 전부를 학교 운영비에 충당, 개인 생활은 극히 어려워 자신의 무너진 주택을 수선할 여유조차 없었다.

그녀는 평소 조선의 농촌 여성들과 같이 무명베옷과 고무신을 신었으며, 된장을 먹는 등 조선인과 똑같은 생활을 하였다.

1929년 캐나다에서 열린 선교대회에 참석 후 미국에 있는 어머니를 20년 만에 만났지만 "거지가 되어버린 네가 나의 딸이라고 하면 창피하니 내 눈에 보이지 말고 어서 가라"고 외면하여 또다시 어머니에게 버림받았으나 어머니에게 받지 못한 사랑을 조선 여성을 위한 헌신으로 승화시켜 평생을 독신으로 지내며 하나님의 사랑을 실천하였다.

그녀는 조선간호협회와 여전도회를 창설하는 등 여성을 위해 활발한 활동을 하다가, 1934년 6월 26일(오전 4시) 풍토병과 영양실조로 54세의 나이로 소천하였다.

그녀는 유언을 통해 자신의 몸을 연구 해부용으로 기증하여 마지막까지 자신의 모든 것을 주었다.

그녀의 장례식은 광주 최초의 사회장(기독교단체연합장)으로 거행되었고, 수천 명의 사람들이 거리로 나와 그녀의 가는 길을 아쉬워했다.

그가 거주했던 방의 머리맡에 붙어 있던 "성공이 아니라 섬김이다 (NOT SUCCESS, BUT SERVICE)"라는 글은 그의 삶을 잘 표현하고 있었다.

서서평 선교사 소천. 동아일보(1934. 6. 28.)
(사진 위) 찌그러진 그의 집, (사진 아래) 그가 세운 이일학교 〈자료 제공: 동아닷컴〉

# 4. 양림산에 남아있는 복음의 유산들

양림산은 조선시대 화살대를 납품하는 관죽전이 있었고, 돌림병에 걸린 어린아이들을 버리는 풍장터가 있던 곳이다. 당시 선교사들은 이 곳의 땅을 저렴하게 구입하여 선교사들의 사택과 학교를 지었다.

## 유진벨선교기념관

유진벨선교기념관[152)]에 주차하고, 양림산 문화유산 답사에 들어갔다. 유진벨은 광주, 전남에서 선교의 아버지로 불렸는데, 그의 딸 샬롯 벨(인사례)이 윌리엄 린튼(인돈)과 결혼하면서 린튼 가문으로 이어졌다. 유진벨 재단은 유진벨의 외증손인 스티븐 린튼(인세반)이 1995년 유진 벨 한국선교사역 100주년을 기념하여 설립하였다.

---

152) 광주광역시 남구 제중로 70 (양림동)

## 유진벨 선교사

1868년 미국 켄터키주에서 출생한 유진벨은 켄터키신학교를 졸업하고 로티 위더스푼 벨(Lottie Witherspoon Bell, 1867~1901)과 결혼하여 1895년 4월 6일 인천(제물포)에 도착하였다. 10월 8일 을미사변으로 명성황후 시해 사건이 발생하여 고종이 신변의 위협을 받자 유진벨 목사 등 미국 선교사들이 고종 침소에서 불침번을 서게 된

유진벨과 첫 부인 로티 위더스푼, 자녀 샬롯(좌)과 헨리(우) 〈출처: 유진벨 재단〉

것이 계기가 되어 고종의 묵인 하에 선교를 펼쳤다. 미국 남장로교 선교사들은 네비우스 선교정책과 남쪽 전통에 따라 충청남도 일부와 전라도, 제주도를 선교지로 배정받았다.

1897년 3월 5일 목포에서 유진벨과 그의 어학선생 변창연이 장막을 치고 목포에서 첫 예배를 드리므로 '목포교회'가 시작되었다.

유진벨은 교회 개척을 위주로 하였으나 신자의 자녀교육을 위해서 학교를 세웠다. 그의 아내는 1896년 5월 27일 서울에서 아들 헨리를 낳고, 1899년 1월 6일 목포에서 딸 샬롯을 낳았다. 유진벨 선교사가 전주 출장 중 1901년 4월 12일 32세에 사인 불명으로 세상을 떠났고 그의 유해는 서울 양화진 외국인선교사 묘원에 안장되었다.

유진벨은 1903년에는 목표영흥학교와 목포정명여학교를 설립하였고, 1904년 5월 10일 마가렛 휘태커 양과 재혼 하였다.

1904년 12월 25일 임시 사택에서 첫 예배를 드리므로 광주에 교회가 탄생하였고 광주숭일학교와 수피아여학교를 설립하였다. 1919년 3월 26일 두 번째 부인인 마가렛 벨이 교통사고로 별세하여 양림동 선교사 묘원에 안장되었다. 1921년 9월 15일 줄리아 다이사트 양과 세

유진벨(우측) 전도여행. 좌측은 하위렴(W. B HARRISON) 선교사 〈출처: 유진벨 재단〉

번째 결혼 후 1925년 9월 28일 유진벨 목사가 별세하여 양림동 선교
사묘역의 둘째 부인 옆에 안장되었다.

### 전시실

기념관은 지하 1층과 지상 1층으로 되어있다. 1층에는 당시 선교사
들의 발자취를 확인할 수 있는 언더우드 타자기와 언더우드 선교사가
1913년에 쓴 모세제도(구약시대 예배의식) 공과, 1919년 유애나 선교
사가 쓴《한국에서의 나날》이라는 미국 남장로교 선교사들의 활동 사
항을 정리한 책을 통해 당시 선교 활동을 짐작해 볼 수 있다. 전시된

유진벨의 편지를 통해 그
의 선교 활동의 어려움을
이해할 수 있었다.

지하 1층은 양림동 선교
사들의 발자취를 전시해
놓았다.

전시실 관람 후 선교사묘역을 방문하기 위해, 기념관 길 건너편에 있는 호남신학대학교 정문으로 교정에 들어섰다. 정문을 지나면 바로 앞에 음악관이 있고, 음악관 우측 언덕으로 올라가는 길에 있는 선교사묘역 이정표 팻말을 지나 조금 더 올라가면 선교사묘역이 있다.

### 선교사 묘역

양림산 정상(108m)에 위치한 선교사묘역은 일제 강점기 이후 광주, 전남지역에서 한센병 치유공동체, 결핵 치유공동체, 빈민구제공동체 등을 통한 희생, 나눔의 실천과 근대정신 문화를 보급한 미국 남장로교 선교사들의 전용 집단묘역으로 유진벨 선교사 등 22명의 묘가 있다.

선교사묘역을 올라가는 길이 몇 갈래가 있는데, '고난의 길' 돌계단에는 묘역에 묻힌 사람들의 이름이 새겨져 있어서, 숙연한 마음이 들었다.

묘역에는 어린아이들의 묘가 있는데 어떤 자녀는 몇 달 만에, 또 어떤 자녀는 한창 재롱을 부릴 나이에 숨을 거둔 것을 알 수 있는데, 언어와 생활방식이 전혀 다른 머나먼 이국땅에서의 복음전파를 위해 눈물로 씨를 뿌린 선교사들의 고뇌와 헌신을 생각해 본다.

## ▎안장된 선교사와 가족들

1. Gertrude P. Chapman(1869.11.1.~1928.3.24.)
2. Kathryn N. Gilmer(1897~1926.3.27.)
3. Elizabeth D. Nisbet(1922.10.23.~1923·1.8.)
4. Anabel M. Nisbet(1869~1920.2.2.) 유애나
5. Elizabeth Johanna(1880~1934.6.26.) 서서평
6. Mariella J. Emerson(1860~1927)
7. Jessie S. Levie(1886~1931.9.28.)
8. Philip T. Codington(1960~1967.8.9.)
9. Louis Christian Brand(1894~1938.3·1.) 부란도
10. Ellen Ibernia Graham(1869~1930.9.17.) 엄언라
11. Clement Carrington Owen(1867~1909) 오웬
12. Paul Sacket Crane(1889~1919.3.26.) 구보라
13. Harriet Knox Dodson(1889~1924.5.9.)
14. Eugene Bell(1868~1925.9.28.) 유진벨
15. Margaret W. Bell(1873~1919.3.26.)
16. Cora Smith Ross(1868~1927)
17. Thelma Barbara Thumm(1902~1931.5.25.)
18. Thomas Hall Woods Coit(1909~1913.4.27.)
19. Roberta Cecile Coit(1911~1913.4.26.)
20. Lillian Andrus Southall(1938.11.4.~1938.11.4.)
21. Elizabeth Letitia Crane(1917.11.27.~1918.3.25.)
22. John Curtice Crane Jr(1921.3.25.~1921.10.4.)

묘역 뒤편에는 전라도 지역의 순교자들 이름과 교회별 인원이 새겨져 있는 표지석과 오른쪽에는 선교사들의 활동내용이 소개되어있는 표지석이 위치해 있다. '고난의 길'을 따라 산길을 걸어 좌측 굽은 길로 내려가면 3채의 건물이 나타나는데 맨 우측의 언덕에 있는 건물이 '인도아 선교사 사택'이고, 좌측 언덕에 있는 건물이 '브라운 선교사 사택'으로 현재 모두 기독간호대학교 기숙사로 사용하고 있다.

### 인도아 선교사 사택

드와이트 린튼(한국명
인도아, 1927~2010) 선교
사는 4대째[153] 한국에서
봉사한 가문 출신이다.
유진벨 선교사의 딸 샬롯
벨(인사례) 선교사와 한남
대를 설립한 윌리엄 린튼
(인돈)은 결혼하여 4명의

아들을 두었다. 셋째 아들인 등대선교회 설립자 휴 린튼(인휴)이 기독재활원원장을 지낸 로이스 린튼(인애자)과 결혼하여 낳은 자녀 중에는 유진벨 재단 이사장인 스테판 린튼(인세반)과 세브란스병원 국제진료센터 소장 존 린튼(인요한)이 있다.

### 브라운 선교사 사택

브라운[154] 목사는 1921년 중국에서 미국 남장로교 선교사 아들로 태

---

153) 린튼가 가계도는 본 책 '순천시기독교역사박물관' P.391 참조
154) 브라운: George Thompson Brown, 미국 남장로교의 한국 선교사역(1892~1962)
　　을 정리한 《Mission to Korea》를 출판함

어나 1952년 내한하여, 1955년 호남성경학원장, 1961년 호남신학원[155](호남신학대학교 전신) 교장으로 선출되어, 호남지방의 목회자 양성에 힘썼다.

### 허철선 선교사 사택

허철선 선교사[156]는 1957년 듀크대학교(Duke University)를 졸업 후 리치몬드에 있는 유니온 신학교에서 신학을 전공하였다. 1962년 6월 4일 결혼 후 미국 남장로교 소속 선교사로 한국에 와서 순천선교부, 광주선교부에서 사역하면서 1984년 귀국할 때까지 다양한 사역을 감당하였다. 그는 4명의 자녀 중 셋째인 아들을 광주에서 입양하였는데 동양과 다른 서양의 문화를 엿볼 수 있다. 그는 광주기독병원에서 1976년부터 1984년까지 제6대 원목실장으로 활동하면서 호남신학대학교에서 상담학을 가르쳤다.

1984년 한국선교회의 철수와 함께 한국을 떠나 미국에서 은퇴하였고 2017년 6월 26일 미국에서 하나님의 부름을 받았다.

부인 허마르다 선교사는 기자 출신답게 당시 병원 원목실장이던 허철선 선교사와 5.18 광주 사건 때 그 현장을 촬영하여 자신의 사택 지하 암실에서 인화하여 사진과 글을 통해 세계에 알리는 일을 하였다.

---

155) 호남성경학원, 광주야간신학교, 순천매산신학교를 통합하여 탄생
156) 허철선, Charles Betts Huntley(1936-2017): 미국 샤롯 출생

그녀는 1969년부터 1984년까지 매주 월요일 저녁이면 광주의 젊은 이들을 위한 영어 성경공부반을 운영하여 많은 젊은이들에게 꿈을 심어주었고, 코리아 타임즈와 코리아 헤럴드 등의 고정 칼럼니스트로 많은 기고문을 남겼다. 허 선교사는 《새로운 시작을 위하여》라는 책을 통하여 1884년부터 1919년까지의 한국 초기교회 역사를 저술하기도 했다.

1984년 선교사들이 철수하였으며, 현재 이 건물에 안내자가 별도로 거주하지 않으나 기부금을 내고, 차를 마시며, 기념품을 구입할 수 있도록 무인시스템을 운영하고 있었다.

## 원요한 선교사 사택

원요한(Underwood John Thomas 1919~1999) 선교사는 언더우드(1세)의 손자이며 호레이스 호튼 언더우드(원한경) 선교사의 아들로 1966년부터 광주 호남신학대학교 교수로 재직하였다.

건물 앞에는 광주광역시 기념물인 호랑가시나무가 있는데 감탕과에 속하고 변산반도 남쪽의 따뜻한 지방에서만 자란다. 나뭇잎은 두껍고 윤이 나며 각이 진 곳에는 가시가 달려있으며, 꽃은 4·5월에 피고, 9, 10월에 붉은 열매가 익는데 한겨울에도 그 빛이 선명하여 관상용으로 좋다. 이 나무의 높이는 6m, 뿌리 부분의 둘레는 1.2m, 나이는 약 400년 정도인데 이 수종에서는 보기 드물게 큰 나무다.

## 유수만 선교사 사택

이곳은 200년 이상 된 호랑가시나무가 다수 서식하고 있어서 호랑가

시나무 언덕으로 불린다.

미국 남장로교 선교사로 광주기독병원에서 치과의사로 활동하였다. 현재 '호랑가시나무 언덕 게스트하우스 (http://www. horanggasy. kr/)'로 운영하고 있다.

## 우일선 선교사 사택

호랑가시나무와 원요한 선교사 사택 가운데 언덕길로 올라가면 우일선 선교사 사택이 나타나는데, 한눈에 봐도 뭔가가 특별해 보이는 건물이다. 이 건물은 미국인 우일선(Robert M. Wilson)에 의해 1920년대에 지어졌으며, 광주에 남아있는 가장 오래된 서양식 주택이다.

우일선 선교사는 1908년 제중원(현 광주기독병원)의 제2대 원장

(1908~1926)으로 의사로 선교활동을 하였다. 1908년 장애아와 고아들을 위한 지역 최초의 고아원 사역을 시작하였고, 서로득 선교사와 함께 어린이 주일학교를 부흥시켰다. 1909년 한센병자들을 보살피다 봉선리에 나병원을 설립, 최흥종, 서서평과 함께 돌보다가 환자들의 급격한 증가로 총독부의 이전 지시에 따라 멀리 여수지역으로 이전, 애양원을 설립, 평생 병자를 가족처럼 보살폈다.

1910년 전후 우일선 선교사가 지은 아름다운 회색 벽돌 기와집은 그가 안식년으로 미국에 있던 1922~23년경 불이 나서 후에 다시 건축되어 한동안 제중원 원장 사택으로 사용되었다.

광주광역시 기념물로 지정되어 있는 이 건물(30평)의 평면은 정사각형으로 1층에는 거실, 가족실, 다용도실, 부엌, 욕실이 있고, 2층에는 침실을 두었으며, 지하에는 창고, 보일러실이 있다. 이 건물을 보고 정문 앞길로 내려와서 좌측에 있는 유수만 선교사 사택 길 건너편에 피터슨 선교사 사택이 있다.

## 광주수피아여자고등학교

남구 백서로 13(양림동)에 있으며, 1908년 4월 1일 미국 남장로교 유진벨(배유지) 선교사가 여학교를 개교하였다.

1911년 9월 1일 미국 스턴스 여사가 세상을 떠난 동생 제니 수피아를 기념하기 위해 미화 5천 달러를 기부하여 회색 벽돌로 된 3층 건물이 준공되어 수피아여학교로 부르게 되었다.

1919년에는 3·1운동의 중심에 있었으며, 1937년 9월 6일 일제가 신사참배를 강요하자 신사참배를 거부하여 자진 폐교하였다가 해방이 되자 1945년 12월 5일 다시 문을 열었다.

## 광주 3·1만세운동

학교 정문에 들어서면 높이 7m 넓이 4m² 크기의 광주 3·1운동 만세기념 조형물이 맞아준다. 1919년 3월 10일 독립 만세운동에 학교가 참여하여 2명의 교사와 학생 21명 등 23명이 투옥되어 옥고를 치렀다.

만세운동 하루 전인 3월 9일 학교 기숙사 안에서 교사 박애순, 진신애와 학생들이 독립선언문과 태극기를 만들어, 다음날인 10일 오후 2시,

수피아여학교 학생들과 숭일학교 학생들이 양림교회 부근에서 광주천과 장터를 따라 경찰서 앞까지 행진하다가 일본 경찰의 저지를 받자 그곳에서 독립만세를 외쳤고 윤형숙 학생은 왼팔을 잃었다.

광주 수피아여학교 시절로 추정(우측 2번째가 윤형숙)

» 윤형숙에 대한 자세한 내용은 P.375 참조

## 유진벨 기념예배당(커티스메모리얼 홀 Curtis Memorial Hall)

광주수피아여고 정문을 들어서면 바로 우측 언덕에 있는 건물은 미국인 커티스의 기부로 1925년에 건립하였으며(2층, 연면적 172.38m²), 초기에는 커티스 기념교회라 불렀지만, 나중에 수피아여학교를 설립한 유진벨 기념예배당으로 변경하였다.

초창기에는 선교사들의 예배당으로 이용되었는데, 전체적으로 중앙

을 기점으로 대칭을 이루고 곳곳에 원형창과 첨두아치(Pointed Arch) 형상의 창문을 조화롭게 배치하였다. 규모는 작지만 장식적인 요소가 많고 건축 기법이 우수한 건물로 국가등록문화재로 지정되어있다.

## 수피아홀

3·1운동만세기념 조형물이 있는 건물 뒤로 가면 국가등 록문화재인 수피아홀이 있다. 1911년에 건립된 수피아홀은 미국 스턴스 여사(Mrs. M. L. Sterns)가 세상을 떠난 동생 (Jannie Speer)을 추모하기

위하여 기증한 5,000불로 세운 건물이다.

중앙의 현관 포치 위쪽에 박공을 두어 정면성을 강조하고 있으며, 1

층과 2층 사이에 돌림띠로 장식하고 수직의 긴 창을 반복적으로 배치하였다. 당시에 일반적으로 사용되던 붉은 벽돌이 아니라 회색 벽돌로 지은 것이 특징으로, 수피아여학교에서 가장 오래된 건물이다.

### 광주수피아여자고등학교 소강당

정문 입구에 보이는 강당 바로 왼편에 있는 소강당은, 광주 근대사학의 효시인 광주수피아여자고등학교가 당시 학교 인가를 목적으로 1928년에 신축하였는데, 광주에 남아있는 체육시설 가운데 가장 오래된 것이며 1945년 전남대학교 의과대학에서 교사(校舍)로 사용하기도한 광주광역시 문화재자료이다.

붉은 벽돌로 건축되었으며, 독특한 박공지붕[157] 왕대공 트러스[158]인

---

157) 지붕면이 양쪽 방향으로 경사진 'ㅅ'자 모양의 지붕
158) 큰 외부하중을 지지하는, 긴 기둥 간격을 가진 구조물

산형구조물의 중앙에 수직재가 있는 구조물 등은 당시의 건축양식과
기술을 후세에 전하는 중요한 건축물로서 가치가 높다.

## 광주수피아중학교
### ▌윈스브로우 홀

구 수피아여학교 윈스브로우 홀(지상 2층, 지하 1층 건축면적 1,040㎡ 연면적 2,238.06㎡)

붉은 색 건물이 이국적으로 느껴졌다. 건물 가까이 다가가자 피아노
소리가 들리는데 현재 교실로 사용하고 있었다.

국가등록문화재인 이 건물은 윈스브로우(Winsborough) 여사가 미
국에서 모금한 돈 5만 달러로 1927년 지하 1층, 지상 2층으로 건축하
여 그 이름을 따서 윈스브로우 홀이라 부르는데, 건축을 전공한 미국
남장로교 서로득(Swinehart) 선교사가 건축하였다.

좌우대칭의 중복도형으로 정면 출입구에 설치한 아담한 돌출현관인

포치가 인상적으로 이 돌출현관 위 삼각형의 박공지붕과 이를 받치는 투스칸 오더(Tuscan Order)의 원형 기둥은 다른 학교 건물에서 찾아 볼 수 없는 독특한 것이다.

광주에서 활동한 선교사들의 희생과 사랑이 건물 곳곳에 묻어 있어서 그들의 숨결을 느낄 수 있었다.

광주 근대화의 주역인 그들은 오늘도 양림 동산에 남겨진 유산을 통해 살아 숨 쉬고 있다. 이러한 이유로 광주에 올 때마다 양림 동산을 방문하여 그들의 숨결을 확인하곤 한다.

# 1. 손양원 목사 유적공원

여수는 손양원 목사의 목회지역이며 순교지로, 유적공원은 총면적 84,580㎡로 2012년 5월 1일 준공되었는데, 한센병 환자들과 애환을 함께한 손 목사의 삶의 현장으로, 하나님에 대한 믿음과 하늘의 소망으로 그리스도의 사랑을 실천한 제자의 삶을 살았다.

### ① 성산교회(애양원교회)

미국인 의료선교사 포 사이트(Wiley H. Forsythe)가 1909년 광주

에 세운 봉선동교회가, 광주에 있던 한센병 환자 560명을 1926년 여수로 옮겨올 때 환자들의 신앙생활을 위해 같이 옮겨와 1928년 2월 10일 예배당을 건축하여 교회 이름을 신풍교회로 변경하였다. 1934년에 화재가 발생, 1935년 다시 짓고 '사랑으로 기르는 동산'이라는 뜻의 '애양원 교회[159]'라 부르다가 1982년 2월 28일 성산교회로 바꾸었다.

일제 강점기에 미국 선교사들에 의해 건축된 이 석조 건물(건평 602㎡)은 1956년과 1979년 두 차례 증축과 개축한 종탑이 하나 있는 평면 장방형으로 전체적으로 단순하고 투박하다. 하지만 여수에서 보기 드문 건물 형태로, 근대 한국 선교역사에 중요한 의미를 가져 국가등록문화재로 지정되었다.

## 손양원 목사

손양원 목사는 1902년 6월 3일, 경남 함안군 칠원면 구성리 653번지에서 손종일 장로와 김은주 집사 사이에 장남으로 태어났다. 칠원공립보통학교 3학년 재학 중 수업 시작 전 시행하는 동방요배(일본 동경을 향하여 절하는 것)를 십계명에 위배 되므로 거부하여 퇴학을 당했으나 선

---

159) 전남 여수시 율촌면 산돌길 42

교사의 도움으로 복학하여 졸업하였다. 1919(18세)년 칠원보통공립학교 졸업과 함께 서울 중동 학교에 진학하였으나 가정형편이 어려워 학업을 포기하고 귀향했다. 1921년, 일본에 건너가, 동경의 스가모(巢鴨) 중학교 야간부에 입학, 낮

**(1939. 7. 14) 손양원 목사 가족사진**
부임 당시 애양원 사택 앞에서 찍은 것으로, 오른쪽은 부친 손종일 장로 〈자료 제공: 손양원 목사 순교기념관〉

에는 일하고 밤에는 공부하여 1923년 졸업과 함께 귀국하였다.

손양원 목사는 경남성경학교에 입학하면서 감만동교회 등 여러 교회 전도사로 시무하면서 목회자의 길을 걸었다.


손양원 목사는 1935년 4월 5일, 33세에 평양신학교에 입학, 1938년 3월 16일 졸업 하였으나, 신사참배 반대 운동을 한다는 이유로 목사 안수도 받지 못하고, 전도사 신분으로 1939년 7월 14일 애양원교회에 부임, 한센병 환자들을 위한 목회를 하였다.

신사참배 반대로 1940년 11월 17일 광주형무소에 수감되었고, 1945년 8월 15일 광복이 되자 17일 풀려나 1946년 3월 경남노회에서

**손양원 목사 시신과 함께한 가족(1950. 9. 28.)**
장례는 10월 13일 거행. 〈누워 있는 분〉 손양원 목사, 〈좌측부터〉 손동임(딸), 손동연(딸), 아내 정양순, 안고 있는 아기 손동길(아들), 양아들 안재선, 손동장(아들). 큰딸 손동희는 없음

목사 안수를 받았다.

1948년 10월 21일 여수·순천 사건 때 두 아들을 좌익에 의해 잃었으나 두 아들을 죽인 안재선을 아들로 삼았다.

1950년 6·25 전쟁이 일어나자 교인들이 배를 준비하여 손양원 목사에게 피난을 가도록 설득하였으나, 목자가 양떼를 버리고 혼자 피난 갈 수 없다고 하면서 교회를 지키다 1950년 9월 28일 여수 미평과수원(현 여수새중앙교회 옆)에서 인근 교회의 여러 성도들과 함께 공산군에 의해 순교하였다.

## ② 애양원역사박물관(구 여수애양병원)

성산교회 예배당 바로 앞에 있는 애양원역사박물관은 병원 본관으로 사용하기 위해 1926년에 2층 석조건물을 지었다. 1953년에 양쪽 부분이 증축되었고, 발코니를 가진 현관은 해체되었으나 비교적 원형을 잘 유지하고 있으며 국가등록문화재로 지정되었다.

1967년 현대식 병원이 세워진 후 양로원으로 사용되다가 2000년 개관한 역사박물관에는 의료선교 기관의 역사를 보여주는 전신마취 기구와 수술기구 등 각종 의료기구와 사진 자료, 고관절수술기구, 선교사

복원한 수술실 〈자료 제공: 애양원역사박물관〉

들의 생활용품 등이 전시되어 있어 한국 한센병 치료 역사의 변천사를 한눈에 볼 수 있다. 2층에 있는 복원한 수술실은 당시의 병원 환경을 짐작해 볼 수 있었는데, 박물관 실내 '사진 촬영금지' 안내가 붙어 있어서 아쉬웠다.

### ③ 순교기념탑(사랑의 열매)

손양원 목사는 오직 성경 말씀대로 살고 실천하다가 순교 하였다. 순교기념탑은, 두 아들을 죽인 원수를 양자로 삼아 그리스도의 사랑을 실천한 아가페 사랑을 나타내고 있다. 아홉 계단은 두 아들 순교 후 아홉 가지 감사를, 세 개의 기둥은 삼부자의 순교를, 열매는 순교의 열매 맺음을 의미한다.

④ 사랑과 용서

손양원 목사 순교기념탑 바로 앞에 손 목사가 두 아들을 죽인 안재선을 포옹하면서 용서하는 조형물이 세워져 있다.

⑤ 손양원 목사 순교기념관

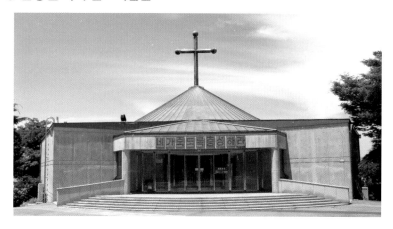

손양원 목사 순교기념관[160]은 순교 신앙의 전승과 순교 사료의 보존을 위해 교회와 개인, 그리고 기관의 헌금으로 1993년 4월 27일 건축되었다.

마침 손양원 목사가 순교하던 날 새벽에 태어난 막내 손동길 목사가 아버지 손양원 목사에 대해 설명해 주었는데, 손양원 목사 장례가 3일장이 아니고 가매장하였다가 15일장으로 치렀다는 사실도 알게 되었다.

---

160) 전남 여수시 율촌면 산돌길 70-62

손양원 목사의 호 '산돌'은 성경 베드로전서 2장 5절 말씀[161]에 기초하였다.

기념관 1층은(1·2·3전시실)로 손양원 목사 삼부자 관련 사진과 그림 및 유품이 전시되어 있고, 지하층(전시실, 영상실, 기도실)에는 애양원의 역대 원장 및 손 목사 관련 사진이 전시되어 있다.

⑥ 순교자 기념비

순교기념관을 나오면 앞에 손양원 목사상이 있고, 그 뒤로 여수지역 순교자 12인의 기념비가 둘러 있다.

┃ **김정복 목사(1882~1950)** 충남 서천에서 태어나 평양신학교를 졸업하고 고흥 읍교회에서 사역하던 중 신사참배 거부운동을 주도하여 3년 6개월 동안 옥고를 치렀다. 소록도 중앙교회에 시무 중이던 1950년 8월 28일 북한군에 끌려가 9월 30일 고흥읍 뒷산에서 68세에 순교하였다.

---

161) "너희도 산 돌 같이 신령한 집으로 세워지고 예수 그리스도로 말미암아 하나님이 기쁘게 받으실 신령한 제사를 드릴 거룩한 제사장이 될지니라."

▎**안덕윤 목사(1897~1950)** 전남 광양군 진상면 원당리에서 출생하여 광주 숭일학교를 거쳐 평양신학교를 졸업했다. 김제 대창리교회에서 시무할 때 6·25 전쟁이 일어나자 피난을 가라는 주변의 강권에 사역자로서 죽을지언정 교회를 버릴 수 없다고 하면서 매일 새벽기도를 이어가다가 1950년 9월 28일, 교회 뒤 논으로 끌려가 죽창에 찔려 53세에 순교하였다.

▎**양용근 목사(1905~1943)** 전남 광양군 진월면 오사리 출신으로 순천매산학교를 졸업하고 일본에 건너가 일본대학에서 법률학을 전공했다. 관동대지진 때 조선인 대학살 과정에서 겨우 살아난 뒤 귀국 후 1939년 평양신학교를 졸업하였고, 애양원교회 목사직을 동창인 손양원 목사에게 인계하고 고흥으로 옮겨 목회 활동을 하였다. 1942년 신사참배 거부로 18개월 징역형을 선고받고 광주형무소에서 복역하던 중 1943년 12월 5일 38세에 순교하였다.

▎**이기풍 목사(1865~1942)** 평양출신으로 1907년 평양신학교 제1회 졸업생 7명 중 한사람으로 한국인 최초로 목사 안수를 받고 제주도에서 선교활동을 시작했다. 제주, 고흥 등에서 시무하다가 1934년 칠순의 노구로 여수 우학리교회에서 목회 활동을 이어갔다. 일제의 신사참배 강요에 맞서 1938년부터 호남지방 교회 지도자들과 결속하여 싸우다가 체포되어 모진 고문을 받고 1942년 6월 20일 고문 후유증으로 77세에 순교하였다. 장로회 총회장을 역임하였다.

▎**이선용 목사(1908~1950)** 평남 개천군에서 태어나 평양숭실학교를 졸업, 교사로 10여 년을 재직하다 목회를 위해 일본에서 신학대학에 재학 중 귀국하여 1941년 조선신학교를 졸업하고 목사안수를 받았다. 1947년 가족과 월남하여 구례읍 중앙교회 담임목사로 시무했다. 6·25 전쟁으로 훼손된 교회를 복구하기 위해 순천노회를 찾아가던 중 1950년 12월 9일 공비들의 총격을 받아 일행 4명과 함께 43세에 순교하였다.

▎**윤형숙 전도사(1898~1950)** 여수시 화양면 창무리에서 태어나 순천매산학교를 졸업, 3·1운동 때 광주 수피아여고 재학 중이던 윤형숙은 시위를 주도하다 왼팔과 오른쪽 눈을 잃고 옥고를 치른 후 원산 마루다신학교에 수학 중 고문 후유증으로 여수로 내려와 봉산학원(영락교회전신) 교원을 거쳐, 여수제일교회 전도사로 있다가 1950년 9월 28일 여수시 미평동 과수원에서 52세에 손양원 목사와 함께 순교하였다.

▎**조상학 목사(1877~1950)** 전남 송주에서 태어나 예수님을 영접하고 46세의 나이로 평양신학교를 졸업, 목사안수를 받아 순천, 여수 등에서 시무하였다. 일

제강점기에는 신사참배의 강요에 당당히 맞서 여러 차례 옥고를 치렀다. 6·25 전쟁 때 교회를 지키다가 체포되어 1950년 9월 28일 여수 둔덕과수원에서 73세에 순교하였다.

▌**지한영 강도사(1906~1950)** 여천군 율촌에서 태어나 평양 숭실학교를 졸업 후 일본으로 건너가 신학대학에 입학하였으나 사상범으로 몰려 투옥되었다. 출소 후 귀국, 조선신학교를 졸업, 고향 여흥중학교에서 교사로 근무하면서 전도사의 길을 걸었다.

율촌면 장천교회에서 강도사로 시무하던 중 6·25 전쟁을 만나 기독교인이라는 이유로 인민군에 체포되어 1950년 9월 28일 둔덕과수원에서 장남 지준철과 함께 44세에 순교하였다.

▌**지준철 성도(1930~1950)** 전남 여천에서 지한영 강도사의 장남으로 태어나, 여수수산학교 졸업 후 모교인 율촌초등학교에서 교사로 있으면서 주일학교 교사와 찬양대 지휘자로 사역하였다. 1950년 9월 15일 인민군이 퇴각하면서 체포되어 28일 여수 둔덕과수원에서 부친과 함께 20세에 순교하였다.

▌**허상용 집사(1906~1950)** 전남 여수 출생으로 21세 되던 해 선교사들의 전도로 예수님을 영접하였다. 그 후 즐기던 술도 끊고 자신의 집 옆에 돌산읍교회를 개척하였다. 부면장으로 격무에 시달리면서도 누구보다 열심히 전도했다. 6·25 전쟁 때 교회 지킴이를 자임하다가 체포되어 1950년 9월 28일 둔덕과수원에서 44세에 순교하였다.

▌**손동인 성도(1925~1948)** 손양원 목사의 장남으로 순천사범학교에서 기독교학생회 회장을 맡는 등 평소 복음전파에 앞장섰지만 반대로 좌익계 학생들 사이에서는 친미반동주의자로 낙인이 찍혀있었다. 특히 미국 유학을 준비하고 있었기 때문에 더욱 미움을 샀다.

1948년 10월 21일 여수·순천 사건 때 좌익 학생들에게 납치되어 모진 고문과 회유를 당했지만 끝내 하나님 섬기기를 포기하지 않았고, 1948년 10월 21일 결국 인민재판에 회부되어 동생과 함께 23세에 순교하였다.

▌**손동신 성도(1930~1948)** 손양원 목사의 차남으로 순천중학교에 다니던 중 1948년 10월 21일 여수·순천 사건 때 형(손동인)이 폭도들에게 끌려간 사실을 알고 찾아가 장남인 형 대신에 자기를 죽이라고 애원했다. 형제는 폭도들을 향해 담대하게 복음을 전하다가 18세에 형과 함께 총에 맞아 순교하였다.

1948년 10월 19일, 제주 폭동 사태를 진압하기 위해 여수에 집결했던 군인들 중 공산주의 사상에 물든 군인 일부가 반란을 일으켜 여수·순천 사건이 일어나, 21일 손양원 목사의 두 아들 동인과 동신 형제가 안재선 등 좌익 학생들에게 예수 믿는다는 이유로 죽임을 당했다. 이 소식은 25일 애양원교회당에서 이인재 전도사를 강사로 부흥회 도중 가족과 교인들에게 전해져 큰 충격을 받았다.

27일 애양원교회당에서 거행된 두 아들의 장례식 때 손양원 목사는 9가지 감사로 참석자들에게 인사하였다.

장례식 후 두 아들을 죽인 안재선이 사형을 당한다는 소식을 접한 손양원 목사는 큰딸 손동희를 순천제일교회 나덕환 목사에게 보내, 안재선을 아들로 삼겠다며 당국에 구명하여 줄 것을 요청하였고, 요청을 받은 나덕환 목사는 손동희를 데리고 계엄사령관을 찾아가 손양원 목사의 뜻을 전하고, 사형집행 직전에 있던 안재선을 구해내어, 손양원 목사는 자신의 아들을 죽인 안재선을 양아들로 삼았다.

손양원 목사가 아들을 죽인 자를 양아들을 삼겠다고 했을 때 가족들은 어떤 마음이었을까? 오빠와 형으로 불러야 하는 그 마음을….

### 손양원 목사의 9가지 감사 내용

① 나 같은 죄인의 혈통에서 순교의 자식을 나게 하니 감사

② 허다한 많은 성도들 중에서 이런 보배를 나에게 주셨으니 감사

③ 3남 3녀 중에서 가장 귀중한 장남과 차남을 바치게 하였으니 감사

④ 한 아들의 순교도 귀하거늘 하물며 두 아들이 순교하였으니 감사

⑤ 예수 믿고서 누워서 죽는 것도 복이라 했는데 전도하다 총살 순교하였으니 감사

⑥ 미국 가려고 준비하던 아들이 미국보다 더 좋은 천국 갔으니 내 마음이 안심되어 감사

⑦ 내 아들을 죽인 원수를 회개시켜 아들을 삼고자 하는 사랑의 마음을 주신 하나님께 감사

⑧ 내 아들 순교의 열매로써 무수한 천국의 열매가 생길 것을 믿으면서 감사

⑨ 이 같은 역경 중에서 위 8가지 진리와 하나님의 사랑을 찾는 기쁜 마음, 여유 있는 믿음 주신 주님께 감사

## 안재선의 이후 생활

손양원 목사의 양아들이 된 안재선을 손재선으로 불렀다. 손 목사의 뜻에 따라 부산고려고등성경학교에 입학하였으나 손 목사 아들을 죽인 죄책감과 여러 가지 갈등으로 목회자의 길을 접고 성경학교를 중퇴한 뒤 사업을 하다가 서울에 와서 생활하던 중 1979년 12월 19일 병으로 48세에 숨을 거두었다.

안재선의 아들 안경선 목사는 처음에는 아버지와 손양원 목사의 관계를 몰랐으나, 손 목사의 상중일 때 손 목사의 막내 손동길 목사를 통해 알게 되었다고 한다.

남대문교회 부흥사경회 후 모습(맨 앞줄 손 목사 옆 학생이 안재선)
〈자료 제공: 손양원 목사 순교기념관〉

### ⑦ 아버지와 두 아들의 묘

사랑의 열매 옆에 있는 언덕 길로 올라가면 3기의 묘가 나타난다. 앞쪽에는 손양원 목사의 아들인 동인, 동신의 묘가,

뒤쪽은 손양원 목사와 부인 정양순 여사의 합장된 묘가 있다. 손 목사는 두 아들의 장례식 때 자신도 이곳에 묻어 달라는 말에 따라 이곳에 묻혔고, 부인 정양순 여사도 1977년 11월 26일 부산 청십자병원에서 별세하여 합장되었다.

### ⑧ 치유의 숲

치유의 숲에는 토플하우스 가는 길 좌우측에 건물이 있는데 1926년부터 1928년까지 이곳의 채석과 벽돌로 지은 41동의 남녀 한센인 병동 중, 상태가 양호한 여자 숙소를 활용하여 이곳

을 방문하는 사람들이 가족 단위로 쉴 수 있도록 게스트하우스로 만들었다.

옛 건물 벽체 등을 일부 남겨 놓고 개조하여, 건물의 역사성과 깔끔한 현대식 숙소의 실용성을 겸비한 아름다운 건물로 곳곳에 산재해 있는데 건물 모양이 단순하고 깔끔하여, 주위 환경과 잘 어우러져 보였다.

### 토플하우스

성산교회(애양원교회) 예배당과 역사박물관 사이길 '치유의 숲길'을 따라 약 400m 정도 가면 토플하우스가 있다.

애양병원의 마지막 외국 병원장 토플선교사의 이름을 딴 것으로 내부는 일반 호텔과 같은 구조로 되어있는데, 1953년 신축되어 1955년 교역자 양성을 위한 한성신학교로 사용되다가 1962년 폐교되었고, 1967년~1979년까지 의지(義肢, prosthesis) 제작실과 창고로, 1986년에는 기독교 수양관으로 사용하다가 2000년 6월 24일 토플하우스(Topple house)로 개관하였다.

방문객은 '치유의 숲'과 같은 방법으로 예약할 수 있다.

### ⑨ 여수애양병원

병원 전경 (신관). 〈자료 제공: 여수애양병원〉

여수애양병원[162]은 원래의 병원 건물인 역사기념관에서 600m 정도 떨어져 있다. 건물 구관은 애양재활병원으로 1967년 8월 3일 건축하였고, 신관은 2010년 6월 16일에 완공된 5층 건물이다.

여수애양병원은 1909년~1910년 미국 남장로교의 지원으로 광주에 한센병 환자를 위해 세운 것이 이 병원의 시작이며, 설립목적은 선교, 진료, 봉사이다.

병원 홈페이지를 열면 다음의 성경 구절이 눈에 띈다.

병원 전경 〈자료 제공: 여수애양병원〉
(앞 건물이 구관, 뒷건물이 신관, 우측에 보행자 전용 다리가 보인다.)

"항상 기뻐하라. 쉬지 말고 기도하라. 범사에 감사하라. 이것이 그리스도 예수 안에서 너희를 향하신 하나님의 뜻이니라."
(데살로니가전서 5장 16절-18절)

"나는 너희를 치료하는 여호와임이니라"(출애굽기 15장 26절)

보행자 전용 다리 (병원 앞)

---

162) 전라남도 여수시 율촌면 구암길 319

병원 신관 잔디 광장을 지나면 목조의 긴 다리가 있는데, 보행자 전용으로 병원에 입원 환자나, 방문객들에게 좋은 볼거리와 즐길 거리를 제공해주고 있다. 다리의 단순함이 주위와 조화를 이루고 있다.

## 손양원 목사 순교지

성산교회당(애양원교회)에서 약 18㎞ 떨어진 곳에 '손양원 목사 순교지'[163]가 있다. 순교 당시에 이곳은 과수원 골짜기로, 1950년 9월 28일 손양원 목사 등 많은 사람이 순교하였다. 기념관에서 안내하던 손 목사의 아들 손동길 목사에 따르면 여수 경찰서에서 이곳까지 끌려오면서 죽음을 직감하고 계속 공산군에게 전도하자 공산군이 시끄럽다고 총 개머리판으로 손 목사의 입을 내리쳐서 입이 찢어졌다고 한다.

순교지 우측 길 건너편에는 손양원 목사의 순교정신을 기리기 위한 작은 순교공원이 만들어져 있는데, 손양원 목사와 함께 순교한 순교자들 기념비가 서 있다.

---

163) 전남 여수시 좌수영로 493-5 (둔덕동) 새중앙교회 옆

## 2. 장천교회

　건축 시기가 다른 세 개의 예배당을 간직하고 있는 장천교회당[164]을 찾았다. 건축된 순서대로 나란히 서 있는 예배당과 잔디 마당이 조화를 이루고 있었는데 옛 건물을 허물지 않고 잘 관리하고 있었다.

　장천교회는 지한영 강도사와 아들 지준철 성도의 순교의 피가 흐르고 있는 교회이다.

---

164) 전남 여수시 율촌면 동산개길 42

## 교회 설립

  1907년 10월 조일환 씨 집에서 조의환, 지재한, 박경주, 이기홍, 박
중호 씨와 그 가족들이 모여서 예배를 드린 것이 장천교회의 시작이다.
1908년 4월 장천리에 초가 약 37㎡ 규모의 장천예배당이 건립되었고,
1910년 예배당 내에 사립 여흥학교(麗興學校)를 세워 관내 주민을 위
한 근대교육을 시작하였다. 이런 연유로 여수지역에서 가장 먼저 개화
한 곳이 율촌으로 그간 배출된 지역의 인물들 대부분은 여흥학교 출
신이었다. 여흥학교는 1935년 일제의 신사참배 강요를 따를 수 없어서
자진 폐교하였다.

  1924년 4월에 2층의 석조 건물(연 80평)을 건축하였는데, 국가등록
문화재로 현재 장천 어린이집으로 사용하고 있다.

  1950년 6·25 전쟁 때는 교회당이 북한군에 강탈당하였고 건물 앞
에는, 1950년 9월 28일 미평과수원에서 손양원 목사와 함께 공산군에

의해 순교한 장천교회 지한영 강도사와 아들 지준철 성도의 순교비를 2015년에 세웠다.

### 건축물의 특징

이 건물은 1924년에 건축한 율촌면 최초의 석조 건축물이자 당시 이 지역에서 유일한 2층 건물이었다. 벽체는 화강석으로 쌓았고 지붕은 목조 뼈대구조이다. 그동안 여러 차례 고쳐 짓는 과정을 통해 내부와 앞면 계단부 등의 모습이 조금씩 달라졌지만, 벽체와 지붕 등 주요 부분은 처음 모습을 그대로 유지하고 있다. 밖에서 2층 예배실로 오르는 계단은 양쪽 대칭이다. 앞면 가운데 탑을 설치했고 탑 중앙에는 큼지막한 원형 창문을 냈다.

교회당 외부는 단순 소박하며 내부는 정교한 목구조의 건축기법으로 지어졌다고 하는데 지금은 그 모습을 찾아볼 수 없다. 다만 현관 상부에 설치된 작은 닫집의 목구조가 원래 모습을 유지하고 있어 예배당으로 사용되었을 당시 내부 공간의 아름다움을 짐작할 수 있다.

그 우측에는 1974년과 2000년에(안내판 내용) 건축한 예배당 2채가 있어서 20세기 교회 건축사의 변화를 한눈에 볼 수 있는 몇 안 되는 교회 건물 중 하나이다.

# 3. 순천시기독교역사박물관

순천은 전주, 군산, 목포, 광주와 함께 미국 남장로교 선교부가 위치하였던 곳이다. 이러한 이유로 순천 매산지역은 순천시기독교역사박물관을 비롯하여 매산중학교, 매산고등학교, 매산여자고등학교, 순천기독진료소 등 둘러볼 곳이 많다. 순천시기독교역사박물관[165]은 2012년 11월 20일 개원한 순천시립박물관이다.

---

165) 전남 순천시 매산길 61(대지면적: 1,447㎡, 지하 1층, 지상 1, 2층)

## 7인의 선발대

미국 북장로교 언더우드 선교사가 안식년으로 미국으로 건너가 1891년 시카고 맥코믹신학교와 테네시주 네쉬빌에서 강연을 통해 조선에 선교사가 부족하다는 호소에 남장로교 7명이 지원하여 한국 선교사로 파송되어 이들을 '7인의 선발대'라고 부른다. 처음에 선교비가 부족하여 선교사 파송을 결정하지 못하고 있을 때 뉴욕에서 타자기 회사를 운영하던 언더우드 선교사의 형(존 언더우드)의 전적인 지원으로 파송이 결정되었다. 7인 중 데이비스 양은 1892년 10월 18일에, 나머지 6인은 11월 3일 제물포에 도착하므로 미국 남장로교 선교가 시작되었다. 미국 남장로교와 북장로교가 선교지 구역을 지정하는 예양협정을 맺음에 따라 충청도와 전라도를 선교지로 할당받았다.

7인의 선교사역을 살펴보면 다음과 같다.

▌**리니 데이비스(Linny Davis)** 처녀 선교사로 군산에서 어린이와 여성을 대상으로 선교하였고, 1898년 해리슨 선교사와 결혼하여 전주로 이사했다. 자신의 목숨을 돌보지 않고 병원에 입원한 어린이와 여성들을 전도하다가 열병에 전염되어 1903년 41세에 하나님의 부름을 받았다.

▌**레이놀즈(William D. Reynolds. 이눌서)** 목사, 신학자, 성서번역가, 언어학자로 서울, 전주, 목포, 평양에서 활동했다. 성서번역위원, 조선예수교장로회신학교(평양신학교) 교수, 전주서문교회 담임을 역임하고 은퇴 후 아내와 귀국하였다.

▌**패시 볼링(Patsy Bolling)** 레이놀즈 선교사의 부인으로 45년간 한국 선교에 기여하고, 1937년 은퇴하여 남편과 귀국하였다.

▌**전킨(William M. Junkin, 전위렴)** 목사, 서울, 군산, 전주에서 활동했다. 군산에서 구암교회와 개복교회를 개척하였고, 전주 서문밖교회(전주서문교회)에서 선교와 교육을 위해 활동 중 과로로 43세에 하나님의 부름을 받았다.

▌**메리 레이번(Mary Leyburn Junkin)** 전킨 선교사의 부인으로 1908년 남편이 별세하자 남편의 선교 기념으로 전주서문교회에 큰 종을 헌납하고 미국으로 귀국

했다.

▌**테이트(Lewis B. Tate, 최의덕) 목사.** 전주에서 선교활동을 개시함으로써 호남
선교의 최초 개척자가 되었다. 그는 78개의 교회를 설립하였고, 조선예수교장로회
신학교 교수, 성서공회이사장, 전라노회장을 역임했으며, 33년간 한국 선교에 기
여했다.

▌**메티 테이트(Mattie Tate, 최마태)** 오빠인 테이트 목사를 따라 내한, 전주에서
활동하였는데. 1898년 기전여학교를 세우고, 여성과 아동 선교에 44년간 헌신
했다.

## 전시실

기독교역사박물관은 영상실, 제1전시실, 제2전시실, 예배실, 휴게실
등으로 되어있고 1900년대 역사자료 650여 점이 전시되어 있다.

지하 1층의 제1전시실은 한국에 복음이 들어오는 과정을 소개하고
있으며, 선교사들이 한국에 올 때 짐을 운반하던 가방(1920년)과 드럼
통, 당시 쓰던 물건들, 오르간, 전도지, 전도 여행가방, 《천로역정 강화
(1949)》, 《주일학교 교수법(1927년)》 등이 전시되어 있다.

1층의 제2전시실은 순천선교부 개설, 순천기독교의 발자취를 주제로
구성되어 있는데, 우리나라 최초의 소래교회 소개로부터 1893년 선교
의 효율성을 위해 선교지역을 분할한 예양협정, 여수·순천 사건과 사
랑의 원자탄 손양원 목사 등 순천지역의 선교역사가 전시되고 있다.

그리고 호남의 교회 개척자 유진 벨의 한국 사랑에 대한 이야기와 선교사의 가정생활 모습을 볼 수 있는 세탁기(1950년), 변압기와 선교사들이 한국어를 공부하던《한국말 첫걸음》도 전시되어 있다.

2층에 있는 예배실은 근대 초기교회의 'ㄱ'자 모양의 남녀가 따로 앉아 예배를 체험할 수 있도록 꾸몄고, 영상실은 미국 남장로교 선교지역인 전라도 지역의 선교사와 후손들의 이야기를 들을 수 있다.

휴게실에 있는 작은 도서관은 기독교 서적, 교양서적 등 2,000여 권의 책을 구비하여 지역주민에게 개방하고 있다.

### 랜드로버 자동차와 인휴 선교사

기독교역사박물관에서 200m 걸어서 내려오면 길 우측에 매산여자고등학교와 순천노회유지재단 건물이 있다. 순천노회유지재단 길 건너편에, 휴 린튼 선교사가 타고 다니던 차량과 같은 종류의 랜드로버(Land Rover SeriesⅡ·A88) 차량이 전시되어 있다. 휴 린튼(Hugh M. Linton, 인휴) 선교사와 안기창 목사는 개척 후보지를 확인하기 위해 전국 농어촌 구석구석을 방문하였는데, 그 당시 전국의 두메산골과 비포장도로를 다니기에 랜드로버 차량이 적당하였다.

안타깝게도 휴 린튼 선교사는 1984년 4월 10일 음주운전 차량과 교통사고를 당하여 택시로 광주기독병원으로 이송 중 숨졌다.

아들 인요한 박사는, 앰뷸런스가 없어서 아버지가 돌아가신 것으로 판단하고 어머니가 40년간 의료 활동을 한 공로로 받은 호암상 상금 5천만 원으로 한국의 좁은 길에도 다닐 수 있는 한국형 앰뷸런스를 개발하여 보급 사업을 펼쳤다.

## 린튼가의 4대째 한국사랑

### ▌1세대 〈유진벨〉

유진벨 선교사는 로티 위더스푼(1867~1901)과 결혼하여 헨리와 샬롯 두 자녀를 두었으나 그의 아내가 심장병을 앓다가 1901년 4월 1일 별세하여 양화진에 묻혔다. 유진벨 선교사가 순회여행 중 전주에서 부인이 아프다는 전보를 받고 집에 도착했을 때는 부인이 사망한 지 나흘이 지난 뒤였다. 유진벨은 마가렛 벨과 재혼하였으나 둘째 부인이 1919년 3월 26일 자동차사고로 소천하였다. 유진벨 선교사는 호남지방에서 교육과 의료사업을 통한 선교를 하다가 1925년 9월 28일 57세의 일기로 과로 등으로 사망하였다.

### ▌2세대 〈윌리엄 린튼, 한국명 인돈〉

윌리엄 린튼(1891~1960)은 미국 조지아공대를 수석으로 졸업하고 GE사에 입사 예정이었으나 한국에서 선교 도중 일시 귀국한 프레스톤(변요한) 선교사의 강연을 듣고, 21세의 남장로교 최연소 선교사로 한국에 왔다.

전주, 군산 지역에서 교육·선교 사업을 하였으며, 한국의 독립운동을 지원하다가 일제로부터 추방을 당하였다가 다시 내한했다. 그는 유진벨 선교사의 딸인 샬롯 벨(1899~1974)과 결혼하여 자녀 4명을 두었는데 장남 윌리엄 린튼2세, 차남 유진 린튼, 셋째 휴 린튼(인휴, 1926~1984)과 넷째 드와이트 린튼(1927~2010)이다.

### ▎3세대 〈휴 린튼, 한국명 인휴〉

평소 검정고무신을 신고, 기차도 3등 칸을 이용하는 등 검소한 생활을 하여 검정고무신이라는 별명을 얻었다. 그는 로이스 린튼과 결혼하여 자녀 6명을 두었다. 로이스는 순천기독결핵요양원을 설립하였다.

### ▎4세대 〈스티븐 린튼, 제임스 린튼, 존 린튼〉

자녀 6명 중 3명이 한국에서 선교에 헌신하고 있다. 차남 스티븐 린튼(1950~, 인세반)은 1995년 NGO 재단인 유진벨 재단을 설립하여 북한의 결핵 환자 돕기에 앞장서고 있다. 3남 제임스 린튼(1955~, 인야곱)은 전남 순천에서 태어나 미국에 유학 후 다시 돌아와 대전에서 선교 사업을 하였고, 1995년부터는 북한 우물파기 사업에 중점을 두고 있다. 막내 존 린튼(1959~, 인요한)은 한국에서 태어나 연세의대를 졸업하고 서울세브란스병원 외국인진료소 소장을 맡고 있으며, 아버지 휴 린튼의 교통사고 사망과 관련하여 응급체계구축을 위한 한국형 앰뷸런스 보급 사업을 시작하였다.

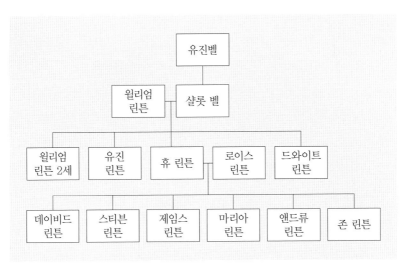

린튼가 가계도

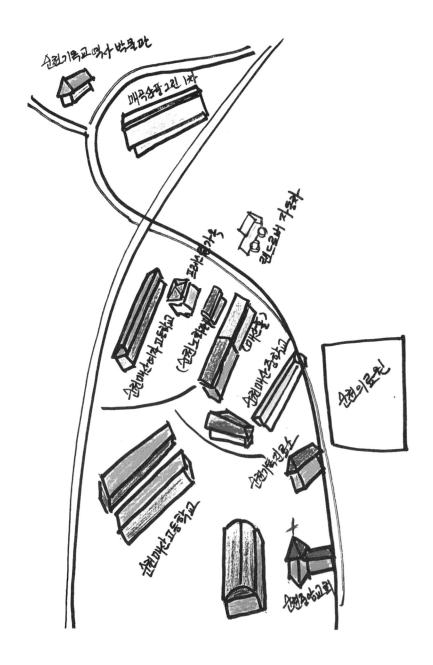

순천기독교역사 박물관

매곡숨풍그린 1차

랜드로버선교사사택

교사사택

순천매산여자고등학교

순천노회회관 (구 김중풍)

순천매산중학교

순천기독진료소

순천의료원

순천매산고등학교

순천중앙교회

# 4. 구 선교사 프레스톤 가옥 매산여자고등학교

랜드로바 자동차를 구경하고 길 건너편에 있는 매산여자고등학교 정문에 들어서면 보이는 이 건물은 순천지역에서 선교 활동을 한 미국 남장로교 선교사 프레스톤의 사택으로, 지금은 매산여고 어학실로 사용되고 있다.

화강암으로 외벽을 쌓고 한식 기와를 얹은 한·양 절충식의 형태와 건물의 폭과 높이를 거의 1:1로 구성한 것은 순천 및 광주지역의 선교사 주택 건축에서 나타나는 특징이다(국가등록문화재).

1900년 초 순천지역에서 활동한 선교사들의 역사와 주거형태를 살펴볼 수 있는 건물이다. 건물 옆에 있는 매산여고 100주년 기념비의 성경 구절이 눈에 들어온다.

**진리가 너희를 자유롭게 하리라!**
"너희가 내 말을 마음에 새기고 산다면 너희는 참으로 나의 제자이다. 그러면 너희는 진리를 알게 될 것이며 진리가 너희를 자유롭게 할 것이다."

# 5. 매산관 매산중학교

우측 2층 건물이 매산관이다.

매산여자고등학교 바로 밑에 있는 매산중학교[166] 정문에 들어서면 국가등록문화재인 2층 석조건물이 나타나는데, 미국 남장로교에서 선교 목적으로 설립한 교육시설로 순천의 대표적 서양 근대건축물이다.

매산관의 처음 이름은 '왓츠기념남학교'로 당초 벽돌 건물이었으나, 1930년에 석조로 된 현 건물이 세워졌다. 외벽은 전체적으로 순천과 옥천지역 일대에서 생산된 화강석으로 이루어졌고, 내부 장식 재료는 대부분 미국에서 수입하여 사용하였다고 한다. 중앙부를 약간 돌출시

---

166) 전라남도 순천시 매산길 23

켜 정면성을 강조하고 있으며, 지붕창이 설치되어 채광 및 환기가 원활히 이루어지도록 하였다.

## 매산학교의 역사

매산학교는 1910년 프레스톤(Preston, 1875~1975, 변요한) 목사가 순천 금곡동에서 시작되어 1911년 이곳으로 옮겨왔고, 1913년 미국 남장로교가 경영하는 성경을 가르치는 기독교 교육기관으로 은성학교를 설립하였으나, 1916년 당시 총독부에서 성경 가르치는 것을 금지하자 자진 폐교하고, 1921년 성경을 정규 교과에 포함하도록 인가를 받아 매산학교와 매산여학교가 개교하였다.

1937년 일제의 신사참배 강요에 맞서 자진 폐교하는 아픔을 겪었는데 국가보훈처가 매산학교가 있었던 현 매산중학교를 '매산학교 신사참배 거부 운동지' 현충시설로 지정하였다.

해방 후 1946년 조선예수교장로회 순천노회 유지재단으로 매산중학교를 개교(남녀 공학)하였고, 1950년에 은성고등학교를 개교하고 그뒤 순천매산고등학교로 이름을 변경하였다. 1983년 순천매산고등학교에서 여학생을 분리하여 순천매산여자고등학교를 개교하였다. 이들 3개 학교는 학교법인 호남기독학원에 속해있다.

# 6. 조지와츠 기념관 순천기독진료소

　매산중학교를 나와 언덕길을 약 160m 걸어서 내려가면 국가등록문화재인 순천기독진료소[167]가 나온다. 1925년 무렵에 건립된 이 건물은 연면적 388.43㎡로 1층은 순천기독진료소로 사용되고, 2층은 조지와츠기념관으로 사용하고 있다.

---

167) 전남 순천시 매산길 11(관리처: 순천기독결핵재활원 유지재단)

이 건물은 현지인을 교회지도자로 양성하기 위해 미국 남장로교 선교사 프레스톤(Preston, 변요한)이 설립한 보통성경학원이었다.

1911년 안식년으로 미국에 간 프레스톤은 조지와츠를 만나 순천지역 선교사의 생활비 후원을 약속받았고, 그는 약속대로 선교사 13가정의 선교비를 지원하였다. 그의 지원으로 휴 린턴(Hugh Linton) 선교사 부부가 결핵 환자를 위해 세운 순천기독진료소가 현재도 운영되고 있는데, 그의 이름을 따 조지와츠 기념관이라는 이름을 붙였다.

### 건물의 특징

지붕은 박공지붕의 양쪽 끝부분이 약간 꺾인 맨사드 형태에 지붕창이 전후 하나씩 나와 있으며, 외벽 층간에는 돌림띠를 두었다. 순천지역의 선교 활동을 위해 지은 진료소 건물로 현재까지 거의 완벽하게 당시의 모습을 그대로 간직하고 있다. 1층 진료소 직원에게 문의하니 2층은 개방하지 않는다고 하여 아쉬웠다.

### 기념비

마당 우측에는 당시 이 지역에서 활동한 선교사들과 선교기관들의 기념비 여러 개가 세워져 있다.

# 7. 광양기독교선교100주년기념관

순천시기독교역사박물관에서 광양기독교선교100주년기념관[168]으로 가는 길은 46㎞밖에 되지 않지만 백운산 산길을 한참이나 올라갔다. 길 양쪽으로 펼쳐진 풍경은 시골의 고향길과 같이 정감이 느껴졌고, 자동차는 큰 저수지를 지나 목적지에 도달했다. 저수지가 너무나 커

---

168) 전남 광양시 진상면 성지로 399

눈에 확 들어왔는데 나중에 확인해보니 이름이 '수어저수지'였다. 스위스 인터라켄에서 루체른으로 가는 산언덕에서 내려다보면 호수마을 링겐른이 있는데, 그 호수와 많이 닮았다.

## 기념관 현황

2008년 5월 28일 개관한 광양기독교선교100주년기념관은, 39억을 들인 연면적 1,069㎡의 지하 1층, 지상 3층 건물이다.

기념관에는 대강당, 식당, 숙소 등도 갖추어져 있어서 교육, 수련회 등을 개최할 수 있다. 야외에는 세 순교자의 추모비와 광양선교100주년 기념비가 있고, 건물 우측에는 1908년에 설립된 웅동교회 건물이 있다. 다른 방문객이 없어 우리 부부만 관람하였다.

## 기념관 전시실

1층의 〈한국기독교역사관〉은 복음이 광양으로 전해오기까지의 과정을 소개하고 있는데, 한국기독교100년사 연표, 기독교의 수용과정, 선교사들의 초기 사역, 성경 번역과 출판, 한국기독교 초기교회, 기독교의 사회봉사, 105인 사건, 항일독립운동, 일제 말기의 학살, 한국전쟁과 교회 탄압과 성장에 대한 내용을 전시하고 있다.

2층의 〈광양기독교역사관〉은 복음이 광양에서 전남지역으로 전파되는 과정을 소개하고 있는데, 광양기독교 역사 연표, 풍전등화 조선, 여수순천사건과 한국전쟁, 영상으로 보는 광양기독교사, 광양기독교의 부흥기, 광양의 빛과 소금 등이 전시되고 있다.

3층은 〈한국기독교순교자기념관〉으로, 한국의 순교자 214명의 사진과 신사참배 반대로 숨진 양용근 목사와 6·25 전쟁 당시 목숨을 잃은 조상학 목사, 안덕윤 목사의 유품과 옥중 영상을 볼 수 있다.

기념관의 1층에서부터 3층까지 중앙이 둥근 원형으로 뻥 뚫려있고,

1층 중앙에 입체 십자가를 만들었는데 동서남북 사방에 수직 십자가 모형을 만들어 서로를 이었고, 4개의 십자가 상부에 또 하나의 십자가를 수평으로 붙여서 5개의 십자가가 하나의 몸을 이루어 동서남북 네 방향, 2층과 3층에서도 십자가 형상을 정확히 볼 수 있도록 구성해 놓았다.

기념관의 이 같은 구조는 1~3층 전체가 하나의 공간으로 연결되어 시원한 느낌을 주었다.

# 8. 문준경 전도사 순교기념관

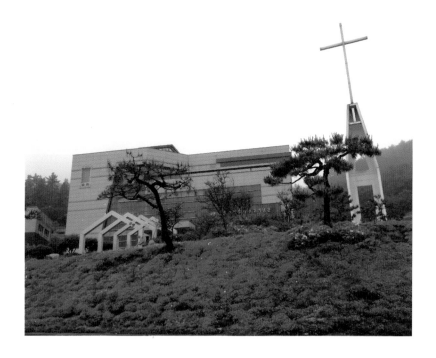

　전남 영광에 있는 야월교회에서, 신안군 증도에 있는 문준경 전도사 기념관[169]을 네비로 검색하니 49㎞, 1시간 소요로 나타난다. 영광에서

---

169) 전남 신안군 증도면 문준경길 234[대지 8,418㎡(2,550평), 건물은 본관(3층), 생활관 (2층), 총비용 4,773,200,000원 소요.〈2013년 5월 21일 개관〉]

출발할 때 저녁 6시가 넘은 시간이므로 문준경 전도사기념관에 전화하니, 기념관에 잘 곳이 있고, 인근에 교인이 운영하는 식당이 있으므로 걱정하지 말고 오라고 한다.

1,025개의 섬으로 이루어진 신안군은 섬들의 천국으로 지도, 사옥도를 지나 목적지인 증도에 도착하였다. 증도에 들어서자 국내 최대의 염전 지역과 갯벌이 끝없이 이어져 있어서, 처음 찾은 방문객을 위해 증도는 신비로움을 준비하고 있었다. 여러 섬을 거쳐서 오면서 섬을 이어주는 다리와 바다와 마을의 아름다움을 마음껏 구경할 수 있었다.

### 생활관에서 하룻밤을

숙소인 생활관에 짐을 풀고 목사님이 알려준 식당을 찾아갔다. 낯선 곳의 마을 식당에서 저녁을 먹는 것도 나름대로 의미가 있었다.

생활관은 모두 온돌방으로 작은 방과 큰방, 단체실이 있고 식당도 있었는데 오늘은 사정상 운영하지 않는다고 한다. 숙소에는 샤워실이 있었고 수건도 제공되었는데, 우리 부부만 이곳에서 숙박을 하였다. 증도의 시원한 밤바람을 맞으며 밖을 한 바

퀴 둘러보고 하룻밤을 보냈는데, 순교기념관에서 1박은 새로운 경험이었다.

### 전시실 둘러보기

1층 전시실은 고난의 삶이 주제로, 순교자 문준경의 유품, 문 전도사

가 사용하던 돋보기, 재봉틀, 성경과 성결교회에 대한 자료가 전시되어 있다. 2층은 박애와 헌신의 삶이 주제로, 그가 남긴 열매가 주제로 문 전도사가 사용하던 '종'을 볼 수 있다.

## 문준경 전도사의 생애

문준경 전도사는 1891년 2월 2일 (음력) 신안군 암태면 수곡리 섬에서 문재경의 3남 4녀 중 3녀로 양반가정에서 자랐지만, 여자라는 이유로 공부를 시키지 않았다. 열일곱 살이 될 무렵, 지도면에 사는 정근택과 결혼하였으나 자녀가 없었고, 남편은 집을 자주 비웠다.

그러던 중 글을 가르쳐주며 자상하게 대해주던 시아버지가 세상을 떠나자 그녀는 혼자 20여 년 살던 증도를 떠나 오빠가 살고 있는 목포로 이사했다.

그곳에서 집 근처의 이성봉 전도사가 개척을 시작한 북교동성결교회를 통해 신앙을 가지게 되었고, 1928년에 세례를 받고, 자신의 삶을 하나님께 드리기로 작정했다.

1931년 봄, 40세의 문준경은 경서성서학원(현 서울신학대학교)에 입학했다. 경성성서학원은 6년제 학교로, 3개월은 공부하고, 6개월은 실습으로 교회를 개척하도록 했다. 문준경 전도사는 실습기간이 되면 고향에 내려와 섬 지역을 다니며 전도를 하여 1932년 임자진리교회, 1935년 증동리교회를 개척하였다. 1936년 3월 대초리교회를 세웠는데 마을 사람들의 온갖 행패에도 변함없이 대하는 문 전도사를 보고 마을 사람들이 복음을 받아들이게 되었다.

1936년 6월(45세) 경성성서학원을 제25회로 졸업하고, 증도로 돌아와 나룻배를 타고 이곳저곳을 돌며 우전리교회, 방축리교회, 재원교회를 세웠다.

6·25전쟁 중인 1950년 9월 27일에 이성봉 전도사와 함께 목포공산당 정치보위부로 끌려갔다가 28일 국군이 목포에 들어오자 인민군이 퇴각할 때 풀려났으며, 잠시 피해있으라는 이성봉 전도사의 권유에도 불구하고 교인들을 그대로 둘 수 없다고 하면서 섬으로 들어갔다.

1950년 10월 4일, 국군이 증동리 섬까지 들어온다는 소식이 전해지자 공산당들은 교인과 주민들을 바닷가로 끌어내어 다음날 새벽 2시경 20여명을 한 사람 한 사람씩 칼로 내리쳐 죽였다. 이때 문 전도사도 59세의 나이로 순교했다. 문 전도사의 시신은 선산에 묻혔다가 2005년 순교현장에 묘지로 이장되었다.

미신이 가득한 섬 지역이 복음화 90%의 기적을 이룰 수 있었던 것은 하나님이 문준경 전도사를 통해 일하셨기 때문이다. 문준경 전도사 순교기념관 정문 표지석에 다음과 같은 성구가 적혀있다.

"한 알의 밀알이 땅에 떨어져 죽지 아니하면 한 알 그대로 있고, 죽으면 많은 열매를 맺느니라(요한복음 12장 24절)"

## 문준경 전도사 순교지

순교기념관 길 건너편에 문준경 전도사 순교지[170]가 있다. 직선거리는 얼마 되지 않지만 걸어갈 수 있는 길이 없으므로 차도를 따라 둘러가야한다. 기념관을 나와 우측으로 가면 삼거리가 나오고, 좌측 해안길로 가면(약 500m 거리) 조그만 공원에 묘가 있는데 안내 표지판에 문준경 전도사의 생애가 기록되어 있다.

---

170) 전남 신안군 증도면 증동리 1607-3 〈신안군 향토유적〉

이곳의 길은 편도 1차선 도로 (갓길 없음)로 차량통행이 아주 많았고, 주차공간이 별도로 마련되어 있지 않아 차도에 그대로 주차하고 순교지를 둘러보는 동안 마음이 조마조마했다.

모든 일정을 마치고 증도를 둘러보았는데, 갯벌 위를 가로질러 나무로 만든 짱뚱어 다리에서 농게, 칠게, 갯지렁이, 짱뚱어 등 다양한 수생생물을 관찰할 수 있다.

　또한 국내 최대 규모인 140만 평의 태평염전은 증도에 들어올 때부터 눈길을 끌었고, 석조 소금 창고를 개조한 소금박물관(근대문화유산)은 소금의 역사와 자연의 신비함을 그대로 느낄 수 있다.

　아름다운 증도의 자연환경에 문준경 전도사의 이야기가 더해져 증도를 더욱 아름답게 빛내고 있었다.

# 9. 소록도

**하늘에서 본 소록도** ⟨자료 제공처: 대한민국역사박물관⟩

　소록도[171]는 섬이지만 소록대교(1,160m)로 다녀올 수 있는데, 섬 전체가 병원 지역으로, 지정된 장소만 다닐 수 있고, 방문객은 오전 9시부터 오후 5시까지 일을 마치고 나와야 한다.

---

171) 소록도: 전남 고흥군 도양읍에 위치한 섬. 면적은 3,744,232㎡(약 113만 평)으로, '작은 사슴'이란 뜻인데 섬이 작은 사슴과 닮았다고 붙여진 이름이다.
　　(소록도 주차장: 전남 고흥군 도양읍 소록리 130-1)

**소록도 연락선(1917년)**
〈출처: 서울역사박물관〉

## 자혜의원 설립

선교 초기 한센병 환자를 보호한 곳은 여수애양원, 부산상애원, 대구 애락원 등 모두 선교사들이 보호 및 치료하고 있었으나 수용에 한계가 있어 환자 대부분은 다리 밑이나 움막 등에서 생활하였다. 이에 일제는 한센병 환자들을 한곳에 모아 관리하기로 하고 기후가 온화하고, 물이 많으며, 섬이라는 지리적 조건으로 인해 격리되어 있으면서 육지와 가까운 소록도를 대상지로 정했다. 1916년 2월 24일 소록도 자혜의원(현 국립소록도병원)을 설립하고, 5월 17일 개원하여 환자들을 강제로 수용하기 시작했다. 처음에는 소록도의 1/5의 땅을 구입하여 정원 100명으로 시작하였으나, 1933년에 섬 전체를 구입하여, 1947년에는 6,254명까지 수용하였다.

**국립소록도병원** 〈자료 제공처: 대한민국역사박물관〉

격리된 이곳에서 1942년 6월 20일에는 수호원장이 살해되었고, 광복이 되고 며칠 뒤인 1945년 8월 21일에는 소요사건으로 환자 84명이 피살되고(24일 일본인 직

**초창기 환자 병동(1917년)** 〈출처: 서울역사박물관〉

원들 철수), 1950년에는 공산군에 의해 직원 11명이 순직하는 등 아름다운 섬이 일제 강점기와 6·25 전쟁의 큰 피해를 당했다.

### 일본인 목사의 복음 전파와 순교

처음 자혜의원 일본인 원장은 환자들에게 일본식 생활을 강요하고 억압하였으나 1921년 2대 원장 하나이는 인권을 존중하고 일본인 다나까 목사의 선교활동을 허가하여 1922년 10월 2일 구북리에서 예배한 것이 소록도교회(북성교회) 시작이다. 처음에는 병실에서 예배를 드렸으나 하나이 원장의 배려로 일본 신사에서 예배를 드렸고, 1928년 남성교회, 이후 신성교회, 장성교회, 동성교회, 서성교회 그리고 1938년 중앙교회 등 총 7개 교회가 마을마다 세워졌다.

한편 1927년부터 사역하던 고이데 도모하루 목사는 1937년 일본으로 귀국하여 사역하던 중 1942년 신사참배 거부로 투옥되어 1945년 9월 10일 일본형무소에서 숨지는 안타까운 일도 있었다.

### 김정복 목사 순교

1946년 중앙교회에 김정복 목사가 부임하였는데, 그는 충남 서천이 고향으로 하와이 사탕수수 농장으로 이민 갔다가 귀국하여 평양신학교 졸업(9회) 후 목사가 되었다.

1950년 8월 5일 공산군이 소록도에 들어와 예배는 중단되었고, 28일 잡혀가 9월 30일 퇴각하던 공산군에 의해 고흥경찰서 뒷산에서 총살당해 순교하였다.

### 김두영 목사 예배당 건축

1961년 부임한 조창원 원장이, 병원소유의 건물에서 예배를 드리지 못하게 하자, 1962년 중앙교회에 부임한 김두영 목사가 주축이 되어 6개 예배당을 건축하였다.

중앙교회도 자체 교인과 나머지 6개 교회 교인이 함께 예배드릴 수 있는 규모의 예배당을 건축하여 1964년에 입당하였다. 현재 소록도의 각 교회는 독립적으로 운영되지만, 연합당회를 통해 하나의 교회로 운영되고 있다. 영혼 구원뿐 아니라 경제적 향상에도 힘썼던 김두영 목사는 1993년 4월 은퇴(32년 2개월 재직)하였다.

소록도 인구 감소로 현재는 중앙, 북성, 장성교회만 운영되고 있다.

### 구 소록도 성실중·고등성경학교 교사

국가등록문화재인 이 건물은 1957년 5월 소록교회 연합당회에서 교역자 양성을 목적으로 건립하였으며(건축면적 224.8㎡), 이후 인문계고등학교로 전환하였으나 학생이 없어서 80년대 말 폐교하였다. 전형적인 학교 건물로 앞쪽에 교실을 두고 뒤쪽에 복도를 두었으며, 목재 널판으로 마감하였다.

중앙 현관 포치 위쪽에 박공 모양의 캐노피를 두어 정면성을 강조하였고, 그 위에 작은 십자가를 세워 교회 시설임을 나타내었다. 2012년 5월 '각시탈'을 촬영한 곳이기도 하다.

〈자료 제공처: 대한민국역사박물관〉

## 10. 77명의 순교의 피가 흐르는 **염산교회**

염산교회[172]는, 6·25 전쟁 때인 1950년 10월 3일부터 1951년 1월 6일까지 3개월간 국군이 영광에 진입할 당시 퇴각하지 못한 공산당들이 염산교회당에 불을 지르고, 교인들을 바닷가 수문통에서 돌에 매달아 수장시키고, 칼과 죽창으로 찔러 한국교회 역사상 단일교회로는 제일

---

172) 전남 영광군 염산면 향화로 5길 34-30

많은, 전체 교인의 2/3인 77명이 순교한 교회이다.

## 염산교회 설립

1939년 9월 20일 옥실리 이봉오 집에서 허상 전도사(1대 교역자)의 인도로 예배를 드리므로 염산교회가 시작되었다. 1947년 4월 8일 설도[173]로 옮겨와 초가 28평의 예배당을 건축하였고, 10월 4

일 염산교회 제2대 원창권 목사가 부임하여, 1948년 4월 7일 위임식 및 헌당예배를 드렸다. 5월 18일부터 한 주간, 나환자를 위해 목회하던 손양원 목사를 강사로 부흥회를 개최하였다.

순교 동산을 둘러보면서 염산교회의 순교 역사를 살펴본다.

순교 동산(우측의 큰 묘가 순교자 합장묘)

---

173) 원래 섬이었던 설도가 1930년 간척사업으로 육지가 되었다.

## 허상 장로의 순교 (초대 교역자)

기념관 뜰에 있는 묘비의 글을 통해 알아본다.

허상 장로는 1879년 전남 광주에서 태어났다. 예수 믿기 전에는 술주정꾼으로 소문이 난 사람이었는데 동생이 신학교를 졸업하고 목사가 된다는 소리를 듣고, 동생이 정부 관리인 목사(牧使)가 된 줄 알고 동생을 위해 교회에 다니기 시작한 것이 결국 술 담배를 끊고 광주 양림교회 집사가 되었다.

겨울 농한기가 되면 광주 오웬기념각에서 개최되던, 달 성경학교에 매년 참가하였고 3년 과정을 이수하였다. 1939년에 설립된 염산교회의 초대 교역자로 초빙을 받아 전도사로 1948년까지 사역을 하다 은퇴 후, 장로로 장립 받아 교회와 성도들을 섬기며 매일 기도로 나날을 보내고 있던 중 6·25 전쟁을 맞게 되어 1950년 10월 23일 흉악한 공산당들에게 봉덕산 한 시골에 끌려가 부인 이순심 집사와 함께 하나님께 감사하면서 순교하였다.

허상 장로 부부 (왼쪽)와 김방호 목사 부부의 묘 (오른쪽)

## 원창권 목사의 순교 (2대 교역자)

아들이 헌병대에 근무한다는 이유로 교회를 떠날 것을 좌익들이 요구하자 교회에 피해를 주지 않기 위해 1949년 2월 10일 염산교회를 사임하고 영광읍에 거주하다가 6·25 전쟁이 일어나자 광주로 가는 도

중 만삭이던 부인과 함께 공산군에 의해 순교하였다.

## 김방호 목사 순교 (3대 교역자)

기념관 뜰에 있는 김방호 목사의 묘비의 글이다.

"김방호 목사는 1888년 경북 경산에서 태어났다. 3·1운동 당시 아들 앞에서 부친 김기삼이 일경의 총에 쓰러지자 만주로 건너가 용정에서 독립군에 가담하여 압록강을 넘나들며 활동하던 중 함경북도 삼수 갑산지역 사경회에 참석하였다가 예수를 영접하였다. 개성 한영서원을 졸업하고 교원생활을 하던 중 전남지방 선교사였던 도대선(Dodson)의 조사로 활동하다가 장로가 되었다. 1933년 평양신학교를 졸업하고 전남노회에서 목사 안수를 받아 영광읍교회, 산안 덕산교회, 나주 상촌교회, 영산포교회에서 시무하였고, 염산교회에 부임하여 6·25전쟁을 만났다. 성도들의 피난 권유도 마다하고 교회와 성도들을 돌보시다가 1950년 10월 27일 가족 8명이 함께 순교하였다. 아버지의 뒤를 이어 4대 교역자로 부임하여 성도들을 사랑으로 위로하며 헌신했던 김익 전도사와 강안심 사모가 여기에 함께 안장되다."

이 외에도 노병재 집사 3형제와 그의 가족 등 친척 22명과 김만호 장로와 박귀덕 권사의 딸 4명도 설도 수문에 수장당했다.

## 김익 전도사의 사랑의 실천(4대 교역자)

김방호 목사의 둘째 김익 전도사는, 처가가 있는 신안군 비금도에 있다가 유일하게 살아남았다. 그는 부모와 가족 등 모두 8명이 순교한 염산교회에 제4대 교역자로 부임(1951. 4. 7)하여, 희생자 가족과 가해자 가족 등 모든 사람이 서로 화해하도록 설득하였다.

처음에는 모두 김 전도사의 이러한 행동을 이해할 수 없었으나 차츰 참뜻을 알게 되어 화해가 이루어졌다. 그러나 김 전도사의 시력이 점점 나빠져 교회를 사면하고 영산포에 거처를 정하고 투병 생활을 하다가

9년 뒤인 1962년 5월 25일 42세에 하나님의 부름을 받았다.

### 순교 당시의 수문

순교 당시 수문으로, 설도항 간척공사로 인해 철거된 것을 옮겨 놓았다.

염산교회의 역사를 살펴보면 세계에서도 유례를 찾아보기 힘든 대규모 순교자를 배출하였고, 순교자의 아들이 펼친 화해와 용서의 행동은 사도행전이 28장에서 끝난 것이 아니라 29장에서 계속되고 있음을 확인할 수 있었다.

### 옛 예배당

순교 동산 앞에 있는 계단으로 올라가면 왼편에 순교 당시의 옛 예배당과 종탑이 있는데 2016년 9월 9일 복원하였다.

## 순교체험관

본관 2층 순교체험관[174]에 있는 영상실에서 15분의 영상을 통해 순교의 역사를 보고 전시실에 들어가면 염산교회와 한국교회역사가 사진으로 전시되어 있고, 77인 순교자의 이름이 붙어있다. 또한 순교현장 사진과 순교 장면을 묘사한 그림이 전시되어 있고, 김방호 목사가 사용하던 가방과 모자 그리고 6·25 전쟁 전부터 사용하던 강대상과 공산주의자들이 사용한 죽창

과 대검 그리고 교인들을 바다에 수장시키는데 사용한 돌덩이도 전시되어 있었다.

특히 강대상은 1950년 10월 7일 불타는 예배당에서 기삼도 학생(목포고등성경학교 3년)이 구해내고 자신은 그날 순교하였다.

특이한 것은 성경책을 숨겼던 젓갈동우 항아리와 당시 사용하던 부엌 도구도 전시되어 있었다. 전시관을 나오면 순교현장을 체험할 수 있도록 줄을 매달아 놓은 큰 돌무더기가 있다.

## 기독교인 순교탑

염산교회 앞길 건너에 기독교인 순교탑이 있다. 설도항 수문이 있던 자리로 교인들이 순교한 자리인데 2003년 6월 16일 준공하였다.

순교탑 하단에 있는 내용은 다음과 같다.

---

174) 순교체험관: 2008.12.31 준공. 건축면적 577㎡(연면적 984㎡)

순교탑 뒤의 십자가가 있는 건물이 염산교회당이다.

"1950년 6·25 한국전쟁 당시, 9월 28일 서울 수복 후 미처 퇴각하지 못한 인민군과 공산당들에 의해서 바다 속에 빠져 허우적거리면서 마지막 순간까지 찬송가를 부르면서 그들은 순교했습니다.

이같이 신앙을 지키려다 순교한 194명의 숭고한 정신을 기리고 장소를 기념하기 위하여 역사적인 사건의 주 현장인 이곳에 순교탑을 세우게 되었습니다.

탑은 예수님이 팔을 벌리고 있는 듯한 형상과 마치 천사의 날개와 같은 의미를 조형화했고, 상층부의 세 개의 타원구는 성부, 성자, 성령의 삼위일체를, 그리고 전체적으로는 사랑의 형상을 리듬감 있게 역동적으로 묘사하고 있습니다.

부조 벽화는 목에 돌을 매달아 수장시키고 몽둥이와 죽창으로 신자들을 무참히 살해하는 장면을 상징적으로 표현하여 순교지역의 현장성과 영속성을 부각시켰습니다." (2003. 6. 16.)

순교탑 우측 부조 벽화에 영광군 순교자 194명[175]의 명단이 있다.

---

175) 염산교회 77명, 야월교회 65명, 백수읍교회 35명, 묘량교회 9명, 법성교회 6명, 영광대교회 2명

# 11. 야월교회 기독교인순교기념관 전교인 65명 순교

　염산교회를 방문하고 기독교인순교기념관(야월교회)[176]으로 이동하기 위해 네비게이션을 확인하니, 7㎞ 거리에 같은 염산면에 소재하고 있었다. 영광군은 기독교순교기념관(염산교회, 야월교회)과 천주교 순교자 기념성당(영광성당)이 있고, 백제 불교의 최초의 도래지와 원불교 발상지가 있는 특이한 지역이다.

### 야월교회 개척자 유진벨 목사
　미국 남장로교 소속의 유진벨 선교사와 그의 아내 로티벨이 1895년

---

176) 전남 영광군 염산면 칠산로 565
　　2006년 6월 헌금과 영광 군청의 지원으로 건립 〈연건평 250평, 2층〉

한국에 도착하여 전남 선교부 책임을 맡아 나주를 첫 번째 사역지로 결정했으나, 유생들의 반대가 심하여 목포로 옮겨 선교를 시작하였다. 1901년 유진벨의 아내가 풍토병으로 32세의 나이로 사망하고, 1905년 유진벨은 목포를 떠나 광주로 이사하여 최초의 근대식병원 제중원(광주기독병원 전신)을 설립하였다.

또한 1908년 영광군 염산면 야월리 포구(당시 섬)에 도착, 정착하여 복음을 전파하였다. 구한말의 암울한 시대적 상황에서 이곳에서도 친일적인 성격을 띠고 있는 일진회를 반대하던 문영국, 정정옥 씨 등이 교회를 찾아 1908년 4월 5일 야월리교회가 설립되었고 나중에 야월교회로 이름을 변경하였다.

4년 전에 방문하였을 때 붉은 벽돌 예배당이 있었는데, 2021년 다시 와보니 새 예배당을 건축하면서 철거되어 다시 보지 못함이 아쉽다.

현재 예배당(좌측)과 철거된 예배당(우측)

## 야월교회의 시련

1950년 6월 25일 남침한 공산당은 9월부터 10월 사이에 기독교인들을 핍박하고 살해하였다. 일부 교인들은 염산 설도 수문 앞에서 물에 빠뜨려 처형하였고, 10월에는 예배당 건물에 교인들을 모아놓고 불을 질렀다. 교회가 불타고 교인 한 명도 남김없이 순교한 한국 교회사에서 유일한 교회이다.

## 기독교인순교기념관

전시실은 한국 선교의 시작과 호남지역의 기독교 역사, 일제의 탄압과 한국교회, 한국전쟁과 야월교회 이야기가 전시되어 있다. 또한 초기

선교사들의 전도 모습과 한국교회 연표, 야월교회 순교자 65명의 명단과 사진들도 전시되어 있다. 1900년 초기 성경과 1950년대 성경도 있어서 성경의 변천을 눈으로 확인할 수 있다.

1층의 맞잡은 손 조각상이 2층까지 솟아있는데 하나님의 손이 상처 입은 사람들의 손을 잡아주는 형상이다.

전시물 중 특히 눈에 띄는 것은 언더우드 목사가 편찬한 한국 최초의 악보가 있는 찬송가인 '찬양가'로 국가등록문화재(연세대학교 소장)로 지정되어있는 것과 같은 책이다. (본 책의 새문안교회 P.70 참조)

야외에 있는 '십자가 조각공원' 에는 익투스 십자가 및 승리의 십자가, 생명의 십자가, 생명의 그루터기 등 조각물과 이전 예배당 종탑이 전시되어 있다.

# 12. 목포양동교회

　케이블카가 이리저리 움직이는 유달산이 나타나더니 어느새 국가등
록문화재인 110년 된 목포양동교회당[177]에 도착하였다.

　유달산은 임진왜란 때 이순신 장군이 유달산 바위를 군량미로 위장
하고, 주민들에게 군복을 입혀, 노적봉 주위를 돌게 하여 군인이 많게
보이도록 위장해 왜군을 물리쳤다는 내용이 전해지는 곳이다.

---

177) 전라남도 목포시 호남로 15(양동)

## 교회 설립과 건물의 특징

목포양동교회는 목포지역 최초의 교회로 유진벨 선교사가 세웠는데 1897년 3월 5일 목포 개항과 함께 들어온 선교사와 신도들이 목포교회라는 이름으로 천막을 치고 예배를 시작하였다. 이후 신자가 늘어나자 1910년 교인들이 유달산에서 직접 운반한 석재를 주재료로 목포양동교회당을 건축하였다.

1층의 (건축면적 448.33㎡) 4층 첨탑이 있는 이 건물 좌측면 상부 아치에 태극무늬와 함께 한자로 대한융희4년 이라는 글이 새겨져 있는 문은 남성이 출입하고, 우측면 상부 아치에 한글로 '주강성일천구백십년'이라는 글이 새겨져 있는 문은 여성이 이용하였다. '대한융희4년'은 1910년으로 건물의 건축 연도를 알 수 있는데, 초창기 한국 교회당의 모습을 볼 수 있는 귀중한 건축물이다.

1982년 11월 22일 전면 중앙에 4층 구조의 종탑을 설치하여 현재의 모습이 되었다. 지붕은 본래 목조 트러스 구조의 팔작지붕이었으나 종탑부 증축 과정에서 박공지붕으로 변경되었다.

본래 출입문이 양측 각 1개, 정면에 2개, 총 4개가 있었는데 종탑을 만들면서 1개를 없애, 현재 3개만 남아있다.

## 3·1 만세운동

이 교회는 1919년 목포에서 일어난 4·8 독립만세 운동을 주도하였다. 일제 강점기에 옥외에 교회당과 떨어져 별도로 세워져 있는 목조 종탑에서 울리는 종소리를 신호로 시민들이 만세 운동에 참여하였는데, 양동교회도 전국 대부분 지역의 교회와 마찬가지로 만세운동의 구심점 역할을 하였다.

## 박연세 목사 순교

박연세 목사는 군산 구암교회에서 장로로 시무할 당시인 1919년, 군산의 만세운동을 주도하여 2년 6개월간 옥고를 겪었다.

평양신학교를 졸업하고 목포양동교회 제10대 목사로 재직 중, 신사참배 반대 등 일제에 항거하다가 1942년 11월 9일 밤 예배 후 제직 30여 명과 함께 목포경찰서에 구속되어 3년 형을 선고받고 복역 중 대구형무소에 이감되어 1944년 2월 15일 순교하였다.

1953년 교단 분열로 목포양동교회(기장)와 인근의 양동제일교회(통합)로 나뉘었고, 양동제일교회에서 1960년에 새한교회(합동)로 분리되었다. 이러한 이유로 세 교회의 창립일이 1897년 3월 5일이다.

목포 민가와 선교사 가옥 (1906~1907년) 〈출처: 국립민속박물관〉 (http://www.nfm.go.kr)

# 13. 지리산 선교유적지

우리나라에 있는 기독교문화유산 가운데 현장에 접근할 수 없는 곳이 있는데, 바로 지리산 노고단과 왕시루봉에 있는 선교사수양관이다.

## 노고단 유적지

지리산 성삼재 휴게소 주차장[178]에서 노고단 대피소로 걸어서 1시간 정도 천천히 걸어서 올라가면 노고단 대피소가 있다. 노고단 대피소에서 주차장으로 내려가는 길(편안한길) 50m를 내려가면 우측에 "저 건물은 무엇일까요?"라는 표지판이 서 있고 표지판을 올려다보면 위쪽에 부서진 석조건물이 보이는데 선교사 수양관으로 사용했던 건물이다.

올라가는 길 입구를 가로 막대로 막아놓고 '출입금지'라는 간판도 걸려있었다. 약 20m 정도밖에 되지 않는 거리라, 출입금지 표지판을 무시하고 올라가 보고 싶었지만 "성경을 읽기 위해 촛불을 훔치지 않는다."라는 말이 생각나서 멀리서 사진만 한 장 찍고 올 수밖에 없었다.

---

178) 전라남도 구례군 산동면 좌사리 산 110-3

변요한(J. F. Preston) 목사에 의해 건립된 이곳 수양관은 본래 50여 채가 있었으나 1950년대 전후, 여수·순천 사건과 6·25 전쟁을 거치면서 사라지고 현재는 건물 하나의 일부 벽만 남아있는데 멀리서 보기에도 위태하다.

초기 선교사 가족들의 가장 큰 어려움은 질병과의 싸움이었다. 우리나라 사람들에게는 어느 정도 면역이 생긴 말라리아, 세균성 이질, 학질 등에 의해 선교사와 아이들이 너무 쉽게 쓰러지고 목숨을 잃었고, 미국 남장로교 선교회는 한국에서의 철수까지 고려하고 있었다.

이러한 이유로 지리산 언덕을 답사하여 휴양지를 찾도록 했는데 고도 4,000피트(약 1,219m)가 좀 넘는 곳에 풍족한 수원이 있는 노고단을 휴양지로 선택하였고, 1915년 유진벨 목사는 전염병이 창궐하는 시기인 6월 말부터 9월 말까지 저온지에 피해있다가 다시 복귀하는 방법을 제시하여 당시 조선총독부와 지리산 노고단에 대한 영구임대 계약을 맺고 1920년부터 교회 겸 숙소를 건축하였다. 그때부터 노고단의 수양관은 선교사들의 생명을 보존시켜준 피난처로, 선교 활동을 위한 재충전의 장소로 활용되었다.

해방 후 선교사들은 대한민국 정부로부터 노고단 수양의 건물 소유권을 다시 인수하여 6·25 전쟁 전까지 사용하였다.

## 왕시루봉 유적지

왕시루봉 유적지는, 노고단 수양관이 1950년대 전후 6·25전쟁 등으로 파괴되고, 노고단에 등산로가 개설되어 이곳에 인접한 노고단

왕시루봉 예배당

수양관을 더 이상 사용할 수 없게 되자 그 대안으로 왕시루봉에 산림보호를 위한 관리인을 둔다는 조건으로 계약을 맺고, 관리인 사택 겸 교회당을 비롯한 12채의 집을 건축하였다.

왕시루봉에 있는 선교사 유적지를 방문하기 위해 지리산국립공원에 전화로 확인한바, 2007년부터 2026년까지 입산이 금지되어 있었다. 1970년 지리산이 국립공원으로 지정되어, 인휴(Hugh M. Linton) 선교사가 교통사고로 소천한 1984년까지 왕시루봉 수양관은 전나무, 잣나무 등의 식목과 산림보호에 크게 기여했다.

수양관 마을은 해발 1,216m의 왕시루봉 9부 능선인 1,080m에서

샬롯 벨 린튼 가옥

휴 린튼 가옥

1,120m 사이에 남북으로 약 250m, 동서로 약 80m의 공간에 작은 마을을 형성하고 있다.

현재 남아있는 건물은 모두 12채로, '(사)지리산기독교선교유적지보존연합'이 2007년부터 지리산 노고단 건물과 왕시루봉 선교 유적지를 근대문화유산으로 보존하고자 많은 활동을 하고 있다.

왕시루봉 유적지 답사도 생각해 보았으나 노고단 수양관에 올라가지 않은 같은 이유로 단념하였다.

노고단과 왕시루봉에 있는 건물들은 우리가 일반적으로 생각하는 여름 별장이 아니라, 선교사와 가족들의 생명을 보전하기 위한 피난처(도피성)였다. 이 건물들이 잘 보존되기 위해 근대문화유산으로 지정되도록 한국교회가 힘을 모아, 생명을 바쳐 한국인을 사랑한 그들을 기억하는 장소가 되기 바란다.

한국기독교
문화유산답사기

# 5장 | 제주도

제주시에서 시계방향으로 해안선을 따라 답사

  우리나라에서 가장 큰 섬인 제주도는 육지에서 85㎞ 정도 떨어져 있는데, 이기풍 목사 등 한국 사람들에 의해 교회가 세워졌으며, 면적은 1,833.2km²로 이는 남한 면적의 1.83%에 해당하고, 인구는(2021년 주민등록 기준) 약 70만 명이다.

  동서 73km, 남북 31km의 타원형 모양을 하고 있으며, 해안선은 258km에 달한다. 제주도는 온대 기후에 속하며, 겨울에도 거의 영하로 떨어지지 않으나 바람이 많고, 화산섬으로 돌이 많은데 약 90% 이상이 현무암류이다.

# 1. 성내교회 한국인 최초의 목사 이기풍 시무

## 교회 설립

성내교회[179]는 1907년 한국 최초의 목사 7인 중 한 사람인 이기풍(1868~1942) 목사가 평양신학교를 졸업, 목사 안수를 받고, 1908년 2월 김재원, 홍순홍, 김행권 등과 함께 성내교회를 설립했다.

1910년 박영효 대신이 100원을 희사하여 현 위치의 출신청[180] 건물을 매입, 예배당으로 사용하였고, 1917년 김재원, 홍순홍이 최초의 장로로 임직, 당회가 구성되어 조직교회가 되었다. 1921년 목조의 23평의 교회당

179) 제주특별자치도 제주시 관덕로 2길 5
180) 무과에 급제한 사람들이 근무하는 관아

이 건립되고 1924년 4월에 제주 최초의 유치원인 '중앙유치원'을 설립하고, 1938년에는 성내교회 구내에 성경학교와 기숙사를 건립하였다.

1953년 장로교회의 전국적 분열로 기장(한국기독교장로회)과 예장(대한예수교장로회)으로 분열, 기장은 1974년 현재의 건물을 신축하였고, 예장 성내교회는 다른 곳으로 이전하여 두 곳의 성내교회가 생겨났다.

1층에 사진을 전시하여 성내교회의 역사를 알 수 있도록 했다.

### 조봉호 조사의 독립운동

숭실학교를 수학하고 이기풍 목사와 함께 성내교회에서 조사(현재의 전도사)로 시무하던 조봉호는, 상해임시정부를 위해 제주도 독립군 자금 모금을 주도하여 도민 4,450명으로부터 1만 원을 모금 1919년 7월 20일 상해로 보냈는데, 이것이 발각되어 관련자 60여 명이 검거되었으나 혼자 책임을 지고 징역 1년을 선고받아 대구교도소에 수감 중 1920년 4월 28일에 38세로 순국하였다.

### 이기풍 목사

이기풍 목사는 1868년 11월 21일 평양에서 태어났다. 1893년경 그가 평양의 포도청 포졸로 근무할 당시, 평양 선교부 설치를 위해 땅 구입 관련 문제 해결을 위해 평양 시내를 걸어가던 마펫(S. A. Moffett) 선교사를 향해 여러 명의 포졸들과 함께 돌을 던진 사람이다. 그런 그가 1894년 원산에서 윌리엄 스월런(William L. Swallen) 선교사를 만나 세례를 받고, 1902년 평양신학교에 입학하여 1907년 졸업(1회) 후, 독노회에서 제주도에 공식 선교사로 파송 받았다.

그는 제주도에서 많은 핍박과 어려움을 겪으면서 성내교회, 모슬포교회, 금성교회 등 많은 교회를 세웠다.

그 뒤 제주도를 떠나 전라도에서 목회한 이기풍 목사는 전남 우학리 교회 시무당시 신사참배 반대로 인한 일제의 고문 후유증으로 1942년 6월 20일, 74세의 나이로 하나님의 부름을 받았다.

**최초의 목사 7인(1907년)**
(뒷줄 좌측) 방기창, 서경조, 양전백
(앞줄 좌측) 한석진, 이기풍, 길선주, 송인서
〈출처 및 저작권: 한국기독교역사박물관〉

## 2. 강병대교회 군인교회

강병대교회당은 6·25 전쟁 중이던 1952년 5월 1일, 모슬포에 육군
제1훈련소가 정식으로 설치되면서 장도영 훈련소장의 지시로 지어졌다.
제주도산 현무암을 사용하여 벽체를 쌓고 목조 트러스 위에 함석지붕
을 씌운 형태로 공병대에 의해 건축되었다.

강병대교회는 1966년부터 1981년까지 지역주민을 위하여 야간중학
교 신우고등공민학교를 운영하여 13회 200여 명의 졸업생을 배출하였
다. 또한 1952년에 샛별유치원을 개원하여 어린이 교육에도 힘을 쏟았
다. 1965년부터 공군부대 장병들이 예배를 드리고 있는 이 예배당은
국가등록문화재로 지정되었다.

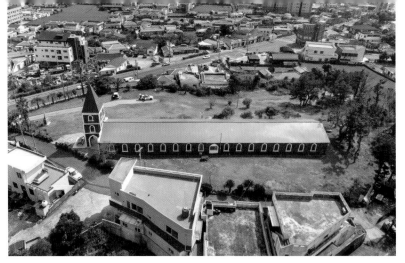

하늘에서 내려다본 강병대교회 예배당〈서귀포시 대정읍 상모대서로 43-3〉
(대지 2,000평, 건물 594.48㎡) 〈자료 제공처: 대한민국 역사박물관〉

## 하멜상선전시관을 경유

　서귀포에서　모슬포교회로　가면서 산방산 아래(해안쪽)에 있는 '하멜상선전시관'에 들렀다. 1653년 8월 16일 네덜란드 상선 스페르베르(Sperwer)호가 풍랑으로 제주도 대정현 지역에 좌초되어, 조선에 첫발을 디딘 기독교인인 하멜을 만나기 위해서다. 그러나 제주에 있는 동안 강풍으로 문을 열지 않아 외관만 구경했다. 상선전시관은 용머리해안 입구에 있다.

　　≫ 하멜에 대한 자세한 내용은 본 책 P.14 참조

멀리 산방산(395m)이 우뚝 솟아 있다.

# 3. 모슬포교회

**교회 설립**

모슬포교회[181]는 1909년 이기풍 목사가 설립하였다.

2대 윤식명 목사는 독립군 자금을 모금하다 10월 징역형을 받았고,
1920년에는 제주 최초의 남녀공학인 광선의숙을 설립하여 민족교육을

---

181) 제주특별자치도 서귀포시 대정읍 하모이삼로15번길 25

감당하였다.

### 한국판 '오스카 쉰들러' 조남수 목사

제주 4·3사건은 모슬포교회에도 몰아쳐 무장대에 의해 허성재 장로 등 4명이 살해되었다.

가까스로 화를 면한 모슬포교회의 조남수 목사는 많은 강연회를 통해 입산자들의 자수를 권유, 약 3천 명의 사람들을 죽음 직전에서 구해내어 1996년 주민들이 공적비[182]를 세웠다.

옛 예배당 뒤편에 현재 예배당이 있다.

조남수 목사 공적비(가운데)

---

182) 공적비 위치: 교회당 앞 큰길에서 우측 150m 거리에 있는 로터리 진입 전 횡단보도 우측

# 4·3 사건 개요

1947년 3월 1일 3·1절 기념식에 참가한 시민들이 외세배격 자주통일을 외치며 시위를 벌이던 중 말을 탄 경찰의 말발굽에 어린아이가 밟혔는데도 그냥 지나가려고 하여 시민들이 경찰을 쫓아가자 경찰이 발포하여 6명이 숨졌고, 이를 계기로 남로당이 파업을 주도하여 제주지역 사업장 95%가 참여, 혼란에 빠졌다. 미군정은 도지사를 비롯한 군정 수뇌부들을 모두 외지인으로 교체하였으며, 응원경찰과 서북청년회(서청) 등을 제주로 보내 1년 동안 2,500명을 체포했다. 1948년 3월 일선 경찰지서에서 세 건의 고문치사 사건을 계기로, 4월 3일 새벽 2시. 총성과 함께 한라산 중턱에서 봉화가 타오르면서 남로당 제주도당이 주도한 무장봉기가 시작되었다. 350명의 무장대는 새벽 경찰지서와 서청 등 우익단체, 요인들의 집을 습격, 경찰과 서청의 탄압중지, 단독선거·단독정부 반대, 통일정부 수립촉구 등을 요구하였다.

경찰이 진압하지 못하자 미군정은 군대에 진압명령을 내렸고, 국방경비대 제9연대의 김익렬 중령은 진압 대신, 귀순 작전을 추진해 4월 말 무장대 측과 평화협상을 벌였다. 그러나 협상은 결렬되고, 연대장은 교체되었다.

1948년 5월 10일, 전국 200개 선거구에서 일제히 국회의원 선거가 실시됐으나 제주도의 세 개 선거구 가운데 두 개 선거구가 투표수 과반수 미달로 국회의원이 선출되지 못했다. 8월 15일 대한민국 정부가 수립되자 10월 11일 제주도에 경비사령부를 설치하고 본토의 군 병력을 제주에 증파시켰다.

1948년 10월 17일 제9연대장 송요찬 소령은 해안선으로부터 5㎞ 이상 들어간 지대를 통행하는 자는 폭도로 간주해 총살하겠다는 포고문을 발표, 중산간 마을 주민들은 해변마을로 강제 이주됐다. 11월 17일 제주도에 계엄령이 선포되고, 이듬해 2월까지 약 4개월 동안, 진압군은 중산간 마을에 불을 질러, 4개월 동안 진행된 토벌대의 초토화 작전으로 중산간 마을 95% 이상이 방화되어, 마을 자체가 없어진 '잃어버린 마을'이 수십 개나 되었다.

1949년 3월 제주도지구 전투사령부가 설치되면서 유재홍 사령관은 한라산에 피신해 있던 사람들의 귀순을 통한 사면정책 발표로 많은 주민들이 하산, 5월 10일 재선거를 성공리에 치렀고, 6월에는 무장대 사령관 이덕구가 사살되어 무장대는 괴멸되었다. 그러나 6·25전쟁이 발발하면서 보도연맹 가입자, 요시찰자, 입산자 가족 등이 '예비검속'이라는 이름으로 붙잡혀 희생되었다.

## 4. 대정교회 제주출신 1호 목사 이도종 순교의 발자취

교회당 옆에 있는 추사 김정희의 유배지 주차장을 이용하면 편리하
다. 대정성 성곽 옆에 있는 대정교회 정문에 들어서면 교회당 건물과 넓
은 잔디마당과 그늘진 쉴 곳 등 모든 것이 깔끔하게 정리되어 있었다.

### 교회 설립

1937년 모슬포교회에서 약 4㎞를 걸어서 다니던 교인들을 위해 분
립하여 대정교회를 세웠다. 교회 마당에는 제주 출신 제1호 목사이며,
1호 순교자가 된 이도종 목사(1892~1948)의 묘지와 순교비가 있다.

## 이도종 목사 순교

이도종 목사는 1908년 고향인 애월읍 금성리에서 이기풍 목사를 만나 복음을 받아들이고, 평양숭실학교 유학 후 전도인으로 협재교회를 개척하여 목회를 시작하였다.

일제 치하에서 순국지사 조봉호 선생과 함께 조선의 독립을 위해 조직된 독립희생회 제주지부를 결성하여 중국 상해에 있던 대한민국 임시정부 자금모금 활동을 주도하였다. 그는 1926년 평양신학교를 졸업하고 1927년 김제읍교회에서 목사 안수를 받았다. 그 무렵 주례사 중에 시국 관련 발언으로 일제에 고초를 받은 것이 계기가 되어 1929년 고향인 제주로 와 성읍, 신풍 등 여러 교회를 목회하였다.

그 후 일제의 압박과 회유로 신사참배 결의를 위해 소집된 평양총회에 장로 총대인 두모교회 김계공 장로와 함께 참석을 거부키로 하여 평양총회에 전국 노회 중에 제주노회와 경남노회 두 노회가 불참하였다.

이도종 목사는 용수교회를 사임하고 지내던 중 1945년 해방이 되자 와해돼 있던 제주 교회들의 회복을 위해 조남수 목사(모슬포교회)와 함께 제주지역의 교인과 교회를 재건하는데 헌신하였고, 대정과 안덕교회 전도목사로 시무하며 조수교회와 중산간 지역 마을의 교인들을 돌보았다. 그러던 중 1948년 4·3 사건 직후인 6월에 주위의 만류에도 불구하고 교인들을 돌보기 위해 고산에서 대정교회를 향해 오다가 무장대에 붙잡혀 57세에 순교하였다.

〈이도종 목사 순교 기념비〉

이도종 목사의 유해는 화장되어 아내 김도전과 함께 이곳에 합장되었다. 기념비는 대정교회 교인들이 제주도 화산석(현무암)중 구멍이 없는 산방산 돌을 수레에 싣고 와서 제작하였다.

# 5. 금성교회

　금성교회[183]는 평양숭실학교에 재학 중이던 조봉호가 기독교 신앙을 접하고 1907년 3월 고향에 내려와 양석봉의 집에서 기도모임을 가지다가 1908년 이기풍 목사가 선교사로 파송되어 기존 교인 8명으로 교회가 세워졌다.

　제주도의 처음 교회는 성내교회이나, 기도 모임을 교회 출발로 보면 금성교회를 최초의 교회로 볼 수 있다.

---

183) *옛 예배당: 제주특별자치도 제주시 애월읍 금성1길 13
　　*현 예배당: 제주특별자치도 제주시 애월읍 금성하안길 3

### 옛 예배당

금성교회는 1924년 초가로 예배당을 지었고, 현재 있는 옛 예배당은 네 번째 건물로 1970년대에 세워졌다. 예배당 안의 사택은 나중에는 집 없는 주민을 위해 사용되었다.

성내교회 조사로 재직할 당시 대한민국 독립군을 위한 자금모금 등 독립운동을 하다가 일제에 의해 1920년 4월 28일 옥중 순국한 초대 교인인 조봉호의 출신교회이며, 1948년 6월 19일 순교한 이도종 목사가 어릴 때 신앙생활을 하던 교회이다.

### 현재 예배당

현재 예배당은 구 예배당에서 약 300m 떨어져 있는데, 미국 뉴욕에 거주하는 금성교회 출신 재미교포의 도움과 교인들의 헌금으로 1994년 봉헌하였다.

제주도의 '목적이 있는 여행'은 제주도의 또 다른 아름다움을 느끼고 가는 귀중한 시간이었다.

서귀포 올레시장 옆에 있는 숙소를 선택하여 저녁에는 시장을 구경

하였고, 오전 6시에는 평상시와 마찬가지로 서귀포 시내를 뛰면서 제주
도의 아침을 느꼈다. 해안도로를 따라 제주도를 한 바퀴 돌면서, 힘차
게 돌아가는 풍력발전소와 바다에 끝없이 펼쳐진 모래사장, 거친 파도
가 있는 곳이면 차를 세워서 그곳의 아름다움을 눈에 담았다.

우리 민족의 손으로 교회가 세워진 제주도
그러나 아직도 복음화율 10% 미만인 제주도
이곳에 그리스도의 계절이 오기를….

# 맺음말

약 6년에 걸친 '한국기독교 문화유산답사기'를 마무리하였다.

2020년은 개인적으로는 33년 2개월의 직장 생활을 마무리하는 해로, 정년퇴직 기념으로 3개월 유럽여행을 계획하였으나 '코로나 19'는 나의 이러한 계획을 무산시켰다.

> "사람이 마음으로 자기의 길을 계획할지라도 그의 걸음을 인도하시는 이는 여호와시니라." (잠언 16장 9절)

외국에 나갈 수 없게 되자, 여행을 다녀와서 정리하려고 잠시 접어 두었던 《한국기독교 문화유산답사기》 발간 작업을 다시 시작하여 2021년 마무리할 수 있었다.

> "모든 것이 합력하여 선을 이루느니라." (로마서 8장 28절)

미국, 영국, 캐나다, 호주 등에서 파송된 선교사들은 고국의 발전된 문명과 안정된 생활을 마다하고, 가난하고 세계열강의 각축장이 된 혼돈의 땅 조선에 들어왔다. 언어와 문화의 차이, 풍토병 등 열악한 환경에서 자신과 가족들의 생명까지 내어준 그들이 있었기에 오늘의 우리가 있음을 확인하였다.

우리나라는 기독교(개신교) 역사가 짧아, 아무리 오래된 유산이라 하더라도 150년이 되지 않는다. 유산의 역사만을 본다면 강화도에 있는 1600년 넘는 사찰의 역사와 비교조차 할 수 없다. 그러나 우리의 짧은 기독교 역사 속에 믿음의 선진들의 희생과 헌신, 그리고 순교의 발자취가 남아있기에 나는 그것을 '기독교 문화유산'이라고 읽는다.

선교사와 믿음의 선배들의 사랑과 희생의 발자취를 잘 보존하여 자녀들과 후손들에게 영원히 기억하게 하여야 한다.

세계 각국에서 온 선교사들이 복음의 씨를 뿌려, 이 땅에 예비한 성도들을 부르시고 많은 순교의 열매를 맺어 오늘의 한국교회가 있게 하심은, 성령의 역사하심이 〈사도행전〉 28장에서 끝난 것이 아니라, 지금도 29장에서 계속되고 있음을 확인할 수 있었다.

나 자신과 우리 교회는 〈사도행전〉 29장에 어떤 내용으로 기록되고 있는지….

끝으로, 이 책이 나오기까지 각종 사진과 자료를 제공해 주시고 책의 내용을 감수해 주신 국내외 34개 기관과 개인에게 감사의 말씀을 전한다.

# 주요 자료 제공처

- 계명대학교 동산병원(https://www.dsmc.or.kr:49848/)
- 광주기독병원(www.kch.or.kr)
- 국립고궁박물관(https://www.gogung.go.kr/)
- 국립민속박물관(https://www.nfm.go.kr/)
- 국립중앙도서관(https://www.nl.go.kr/)
- 국사편찬위원회(www.history.go.kr)
- 대한민국국회(www.assembly.go.kr)
- 대한민국역사박물관 현대사아카이브 (http://www.much.go.kr/)
- 대한예수교장로회 새문안교회 교회역사관(http://archive.saemoonan.org/user/index.html)
- 동아닷컴(www.donga.com/)
- 두동교회
- 문화재청 국가문화유산포털(https://www.heritage.go.kr/heri/idx/index.do)
  (본문의 해당 기관 인용 자료는 문화재청에서 공공누리 제1호 유형으로 개방한 저작물을 이용하였으며,
  '문화재청 국가문화유산포털(http://www.heritage.go.kr)'에서 무료로 다운받을 수 있음. 따로 상술되지
  않은 해당 기관의 자료는 상동(上同))
- 서울역사박물관(https://museum.seoul.go.kr/)
- 손양원 목사 순교기념관(http://www.aeyangwon.org/)
- 연세대학교 박물관(http://museum.yonsei.ac.kr/museum/)
- 유진벨 재단(www.eugenebell.org:50008)
- 일신기독병원(http://www.ilsin.or.kr/)
- 전주예수병원(www.jesushospital.com)
- 전킨기념사업회
- 철원제일교회
- 청주제일교회
- 최용신기념관(https://www2.ansan.go.kr/choiyongshin/main/main.do)
- 크리스찬리뷰(http://www.christianreview.com.au/)
- 한국관광공사(www.visitkorea.or.kr)
- 한국기독교역사박물관(http://www.kchmuseum.org/)

- 한국선교역사기념관(http://www.cmmk.or.kr/)
- 한국이민사박물관(https://www.incheon.go.kr/museum/MU040101)
- 한국최초 성경전래지 기념관(https://bible1816.modoo.at/)
- 공주기독교박물관
- 행곡침례교회
- 한국기독교선교박물관(https://museum-kcm.or.kr/)
- 전주신흥중학교 (https://school.jbedu.kr/jb-shinheung)
- 애양원역사박물관
- 여수애양병원(http://www.wlc.or.kr/)